重庆市骨干高等职业院校建设项目规划教材
重庆水利电力职业技术学院课程改革系列教材

水利水电工程施工组织与管理

主　编　肖云川　周　祥　李　傲　张衍林
副主编　刁明月　樊利容　余从熙　田　青
　　　　陈小林　唐　洁　林雄财
主　审　朱本明

黄河水利出版社
·郑州·

内容提要

本书是重庆市骨干高等职业院校建设项目规划教材、重庆水利电力职业技术学院课程改革系列教材之一，由重庆市财政重点支持，根据高职高专教育水利水电工程施工组织与管理课程标准及理实一体化教学要求编写完成。本书主要阐述了施工组织与管理概论、工程网络计划技术、流水施工的基本原理、施工准备工作、施工组织总设计、施工质量管理、施工成本管理、施工项目进度控制、施工项目合同管理等内容。

本书可作为高职高专水利水电建筑工程专业、水利水电工程管理专业用书，也可供土木工程、水利水电工程基层技术人员、管理人员以及水利类各专业学生学习参考。

图书在版编目(CIP)数据

水利水电工程施工组织与管理/肖云川等主编.—郑州：黄河水利出版社，2016.10

重庆市骨干高等职业院校建设项目规划规材

ISBN 978-7-5509-1571-8

Ⅰ.①水…　Ⅱ.①肖…　Ⅲ.①水利水电工程-施工组织-高等职业教育-教材②水利水电工程-施工管理-高等职业教育-教材　Ⅳ.①TV512

中国版本图书馆 CIP 数据核字(2016)第 263281 号

组稿编辑：王路平　电话：0371-66022212　E-mail：hhslwlp@163.com

出 版 社：黄河水利出版社　网址：www.yrcp.com

地址：河南省郑州市顺河路黄委会综合楼 14 层　邮政编码：450003

发行单位：黄河水利出版社

发行部电话：0371-66026940、66020550、66028024、66022620(传真)

E-mail：hhslcbs@126.com

承印单位：河南承创印务有限公司

开本：787 mm×1 092 mm　1/16

印张：13.25

字数：310 千字　印数：1—1 000

版次：2016 年 10 月第 1 版　印次：2016 年 10 月第 1 次印刷

定价：32.00 元

前 言

按照“重庆市骨干高等职业院校建设项目”规划要求，水利水电建筑工程专业是该项目的重点建设专业之一，由重庆市财政支持、重庆水利电力职业技术学院负责组织实施。按照子项目建设方案和任务书，通过广泛深入的行业、市场调研，与行业、企业专家共同研讨，不断创新基于职业岗位能力的“三轮递进，两线融通”的人才培养模式，以水利水电建设一线的主要技术岗位核心能力为主线，兼顾学生职业迁徙和可持续发展需要，构建基于职业岗位能力分析的教学做一体化课程体系，优化课程内容，进行精品资源共享课程与优质核心课程的建设。经过三年的探索和实践，已形成初步建设成果。为了固化骨干建设成果，进一步将其应用到教学之中，最终实现让学生受益，经学院审核，决定正式出版系列课程改革教材，包括优质核心课程和精品资源共享课程等。

本书根据重庆水利电力职业技术学院《水利水电工程施工组织与管理》教材编写组提出的基本框架及课程标准编写而成。全书共分为 9 个项目，主要阐述了施工组织与管理概论、工程网络计划技术、流水施工的基本原理、施工准备工作、施工组织总设计、施工质量管理、施工成本管理、施工项目进度控制、施工项目合同管理等内容。

本书由重庆水利电力职业技术学院肖云川、周祥、李傲、张衍林担任主编，肖云川负责全书统稿；由重庆水利电力职业技术学院刁明月、田青、唐洁，重庆市渝西水利电力建筑勘测设计院樊利容工程师、余从熙高级工程师、陈小林工程师和长江工程监理咨询有限公司林雄财工程师担任副主编；由重庆市巴南区水利局朱本明高级工程师担任主审。

本书编写过程中，查阅和参考了大量的文献资料和公开出版的有关书籍，在此对其作者表示衷心的感谢！

虽然本书在编写体例和内容取舍上做了大的尝试，但由于编者水平有限，疏漏之处在所难免，恳请广大读者批评指正。

编 者

2016 年 5 月

目 录

前 言
项目1 施工组织与管理概论 …… (1)
任务1.1 建筑产品及其生产的特点 …… (1)
任务1.2 水利水电工程基本建设程序与项目审批 …… (4)
任务1.3 水利水电工程建设项目划分 …… (7)
任务1.4 建设工程组织管理基本模式 …… (10)
思考题 …… (12)
项目2 工程网络计划技术 …… (13)
任务2.1 双代号网络计划 …… (13)
任务2.2 单代号网络计划 …… (24)
任务2.3 网络计划的优化 …… (27)
思考题 …… (29)
项目3 流水施工的基本原理 …… (31)
任务3.1 流水施工的基本概念 …… (31)
任务3.2 流水施工的基本参数 …… (34)
任务3.3 流水施工的组织方法 …… (41)
思考题 …… (47)
项目4 施工准备工作 …… (49)
任务4.1 组织施工的原则 …… (49)
任务4.2 施工准备工作概述 …… (51)
任务4.3 施工现场原始资料的调查 …… (54)
任务4.4 施工技术准备工作 …… (56)
思考题 …… (58)
项目5 施工组织总设计 …… (60)
任务5.1 概 述 …… (60)
任务5.2 施工方案 …… (63)
任务5.3 施工总进度计划 …… (65)
任务5.4 施工总体布置 …… (88)
任务5.5 资源使用计划 …… (96)
思考题 …… (102)

项目6　施工质量管理 ……………………………………………………… (103)
任务6.1　工程质量管理概述 ……………………………………………… (103)
任务6.2　质量体系的建立与运行 ………………………………………… (108)
任务6.3　工程质量统计与分析 …………………………………………… (109)
任务6.4　工程质量事故的处理 …………………………………………… (115)
任务6.5　工程施工质量验收程序和标准 ………………………………… (116)
思考题 ……………………………………………………………………… (132)
项目7　施工成本管理 ……………………………………………………… (134)
任务7.1　建筑及安装工程费的组成 ……………………………………… (134)
任务7.2　施工成本管理概述 ……………………………………………… (138)
任务7.3　施工成本计划和成本控制 ……………………………………… (140)
任务7.4　施工成本核算和分析 …………………………………………… (145)
思考题 ……………………………………………………………………… (152)
项目8　施工项目进度控制 ………………………………………………… (153)
任务8.1　施工项目进度控制概述 ………………………………………… (153)
任务8.2　施工项目进度计划的审核、实施与检查 ………………………… (159)
任务8.3　施工项目进度计划执行情况对比分析 ………………………… (163)
任务8.4　施工项目进度计划的调整与总结 ……………………………… (176)
思考题 ……………………………………………………………………… (181)
项目9　施工项目合同管理 ………………………………………………… (183)
任务9.1　施工项目合同管理概述 ………………………………………… (183)
任务9.2　施工项目合同的内容 …………………………………………… (184)
任务9.3　施工项目合同的签订及履行 …………………………………… (186)
任务9.4　施工索赔 ………………………………………………………… (195)
思考题 ……………………………………………………………………… (204)
参考文献 …………………………………………………………………… (205)

项目1 施工组织与管理概论

教学提示:本章主要介绍了基本建设的概念和内容,阐述了基本建设程序及其相互间关系;根据建筑产品及其生产的特点,叙述施工组织的复杂性和编制施工组织设计的必要性;阐述了各种建设工程组织管理基本模式及优点、缺点。

教学要求:本章让学生了解基本建设的含义及其构成,掌握基本建设程序的主要阶段(环节);了解建筑产品及其生产特点与施工组织的关系,明确施工组织设计的基本任务、作用、分类及编制原则;熟悉各种建设工程组织管理基本模式及优缺点。

任务1.1 建筑产品及其生产的特点

建筑产品是建筑施工的最终成果,建筑产品多种多样,但归纳起来有体积庞大、整体难分、不能移动等特点,这些特点就决定了建筑产品生产与一般的工业产品生产不同,只有对建筑产品及其生产的特点进行研究,才能更好地组织建筑产品的生产,保证产品的质量。

1.1.1 建筑产品的特点

与一般工业产品相比,建筑产品具有自己的特点。

1.1.1.1 建筑产品的固定性

建筑产品是按照使用要求在固定地点兴建的,建筑产品的基础与作为地基的土地直接联系,因而建筑产品在建造中和建成后是不能移动的,建筑产品建在哪里就在哪里发挥作用。在有些情况下,一些建筑产品本身就是土地不可分割的一部分,如油气田、桥梁、地铁、水库等。固定性是建筑产品与一般工业产品的最大区别。

1.1.1.2 建筑产品的多样性

建筑产品一般是由设计和施工部门根据建设单位(业主)的委托,按特定的要求进行设计和施工的。由于对建筑产品的功能要求多种多样,因而对每一建筑产品的结构、造型、空间分割、设备配置、内外装饰都有具体要求。即使功能要求相同、建筑类型相同,但由于地形、地质等自然条件不同以及交通运输、材料供应等社会条件不同,在建造时施工组织、施工方法也存在差异。建筑产品的这种多样性特点决定了建筑产品不能像一般工业产品那样进行批量生产。

1.1.1.3 建筑产品体积庞大

建筑产品是生产与生活的场所,要在其内部布置各种生产与生活必需的设备与用具,因而与其他工业产品相比,建筑产品体积庞大,占有广阔的空间,排他性很强。因其体积庞大,建筑产品对城市的形成影响很大,城市必须控制建筑区位、面积、层高、层数、密度等,建筑必须服从城市规划的要求。

1.1.1.4 建筑产品的高值性

能够发挥投资效用的任一项建筑产品,在其生产过程中都耗用了大量的人、材料、机械及其他资源,不仅实物形体庞大,而且造价高昂,动辄数百万、数千万、数亿人民币,特大工程项目的工程造价可达数十亿、百亿人民币。建筑产品的高值性也使其工程造价关系到各方面的重大经济利益,同时会对宏观经济产生重大影响。就住宅来看,根据国际经验,每套社会住宅房价为工资收入者年平均总收入的 6 ~ 10 倍,或相当于家庭 3 ~ 6 年的总收入。由于住宅是人们的生活必需品,因此建筑领域是一个政府经常介入的领域,如建立公积金制度等。

1.1.2 建筑产品生产的特点

1.1.2.1 建筑产品生产的流动性

建筑产品生产的流动性有两层含义:第一层含义,由于建筑产品是在固定地点建造的,生产者和生产设备要随着建筑物建造地点的变更而流动,相应材料、附属生产加工企业、生产和生活设施也经常迁移,使建筑生产费用增加。同时,由于建筑产品生产现场和规模都不固定,需求变化大,要求建筑产品生产者在生产时遵循弹性组织原则。第二层含义,由于建筑产品固定在土地上,与土地相连,在生产过程中,产品固定不动,人、材料、机械设备围绕着建筑产品移动,要从一个施工段移到另一个施工段,从房屋的一个部位转移到另一个部位。许多不同的工种在同一对象上进行作业,不可避免地会产生施工空间和时间上的矛盾,这就要求有一个周密的施工组织设计,使流动的人、材料、机械等互相协调配合,做到连续、均衡施工。

1.1.2.2 建筑产品生产的单件性

建筑产品的多样性决定了建筑产品生产的单件性。每项建筑产品都是按照建设单位的要求进行设计与施工的,都有其相应的功能、规模和结构特点,所以工程内容和实物形态都具有个别性、差异性。而工程所处的地区、地段不同更增强了建筑产品的差异性,同一类型工程或标准设计,在不同的地区、季节及现场条件下,施工准备工作、施工工艺和施工方法不尽相同,所以建筑产品只能是单件生产,而不能按通用定型的施工方案重复生产。这一特点就要求施工组织设计编制者考虑设计要求、工程特点、工程条件等因素,制订出可行的施工组织方案。

1.1.2.3 建筑产品的生产过程具有综合性

建筑产品的生产由勘察单位进行勘测,设计单位设计,建设单位进行施工准备,建安工程施工单位进行施工,最后经过竣工验收交付使用。所以,建安工程施工单位在生产过程中,要与业主、金融机构、设计单位、监理单位、材料供应部门、分包等单位配合协作。由于生产过程复杂、协作单位多,是一个特殊的生产过程,这就决定了其生产过程具有很强的综合性。

1.1.2.4　建筑产品生产受外部环境影响较大

建筑产品体积庞大，使建筑产品不具备在室内生产的条件，一般都要求露天作业，其生产受到风、霜、雨、雪、温度等条件的影响；建筑产品的固定性决定了其生产过程会受到工程地质、水文条件变化的影响，以及地理条件和地域资源的影响。这些外部因素对工程进度、工程质量、建造成本等都有很大影响。这一特点要求建筑产品生产者提前进行原始资料调查，制订合理的季节性施工措施、质量保证措施、安全保证措施等，科学组织施工，使生产有序进行。

1.1.2.5　建筑产品生产过程具有连续性

建筑产品不能像其他许多工业产品一样可以分解为若干部分同时生产，而必须在同一固定场地上按严格程序连续生产，上一道工序不完成，下一道工序不能进行。建筑产品是持续不断的劳动过程的成果，只有全部生产过程完成，才能发挥其生产能力或使用价值。一个建设工程项目从立项到投产使用要经历五个阶段，即设计前的准备阶段（包括项目的可行性研究和立项）、设计阶段、施工阶段、使用前准备阶段（包括竣工验收和试运行）和保修阶段。这是一个不可间断的、完整的周期性生产过程，它要求在生产过程中各阶段、各环节、各项工作必须有条不紊地组织起来，在时间上不间断、空间上不脱节。要求生产过程的各项工作必须合理组织、统筹安排，遵守施工程序，按照合理的施工顺序科学地组织施工。

1.1.2.6　建筑产品的生产周期长

建筑产品的体积庞大决定了建筑产品生产周期长，有的建筑项目生产周期少则1～2年，多则3～4年、5～6年，甚至10年以上，长期大量占用和消耗人力、物力和财力，要到整个生产周期完结才能出产品。因此，应科学地组织建筑生产，不断缩短生产周期，尽快提高投资效果。

由上可知，建筑产品与其他工业产品相比，有其独具的一系列技术经济特点，现代建筑施工已成为一项十分复杂的生产活动，这就对施工组织与管理工作提出了更高的要求，表现在以下方面：

其一，建筑产品的固定性和其生产的流动性，构成了建筑施工中空间上分布与时间上排列的主要矛盾。建筑产品具有体积庞大和高值性的特点，这就决定了在建筑施工中要投入大量的生产要素（人、材料、机械等），为了迅速完成施工任务，在保证材料、物资供应的前提下，最好有尽可能多的人和机械同时进行生产。而建筑产品的固定性又决定了在建筑生产过程中，各种工人和机械只能在同一场所的不同时间，或在同一时间的不同场所进行生产活动。要顺利进行施工，就必须正确处理这一主要矛盾。在编制施工组织设计时要通盘考虑，优化施工组织，合理组织平行、交叉、流水作业，使生产要素按一定的顺序、数量和比例投入，使所有的工人、机械各司其职、各尽其能，实现时间、空间的最佳利用，以达到连续、均衡施工。

其二，建筑产品具有多样性和复杂性，每一个建筑物或建筑群的施工准备工作、施工工艺方法、施工现场布置等均不相同。因此，在编制施工组织设计时必须根据施工对象的特点和规模、地质水文、气候、机械设备、材料供应等客观条件，从运用先进技术、提高经济效益出发，做到技术和经济统一，选择合理的施工方案。

其三，建筑施工具有生产周期长、综合性强、技术间歇性强、露天作业多、受自然条件影响大、工程性质复杂等特点，进一步增加了建筑施工中矛盾的复杂性，这就要求施工组织设计要考虑全面，事先制订相应的技术、质量、安全、节约等保证措施，避免质量安全事故，确保安全生产。

另外，在建筑施工中，需要组织各种专业的建筑施工单位和不同工种的工人，组织数量众多的各类建筑材料、制品和构配件的生产、运输、储存和供应工作，组织各种施工机械设备的供应、维修和保养工作。同时，要组织好施工临时供水、供电、供热、供气以及安排生产和生活所需的各种临时设施。其间的协作配合关系十分复杂。这要求在编制施工组织设计时要照顾施工的各个方面和各个阶段的联系配合问题，合理安排资源供应，精心规划施工平面布置，合理部署施工现场，实现文明施工，降低工程成本，发挥投资效益。

总之，由于建筑产品及其生产的特点，要求每个工程开工之前，根据工程的特点和要求，结合工程施工的条件和程序，编制出拟建工程的施工组织设计。建筑施工组织设计应按照基本建设程序和客观施工规律的要求，从施工全局出发，研究施工过程中带有全局性的问题。施工组织设计包括确定开工前的各项准备工作，选择施工方案，安排劳动力和各种技术物资的组织与供应，安排施工进度以及规划和布置现场等。施工组织设计用以全面安排和正确指导施工的顺利进行，达到工期短、质量优、成本低的目标。

任务 1.2　水利水电工程基本建设程序与项目审批

1.2.1　水利水电工程基本建设程序

基本建设程序是指基本建设项目从决策、设计、施工到竣工验收全过程中各项工作所必须遵循的先后次序。水利水电工程基本建设因其规模大、施工难、费用高、制约因素多等特点，更具复杂性及失事后的严重性。水利工程建设须经规划、设计、施工等阶段及试运转和验收等过程，各工作环节必须环环相扣、紧密相连，正确反映工程建设的整个过程，确保水利水电工程建设顺利进行。

1.2.1.1　工程基本建设程序的特点

综合分析水利水电工程建设的各个阶段，不难发现水利水电工程基本建设程序具有以下特点：

(1)工程差异大，各具不同特点。水利水电工程建设项目有特定的目的和用途，须单独设计和单独建设。即使是相同规模的同类项目，由于工程地点、地区条件和自然条件(如水文、气象)等不同，其设计和施工也具有一定的差异。

(2)工程耗资大，工期相对较长。水利水电工程建设项目施工中需要消耗大量的人力、物力和财力。由于工程的复杂性和艰巨性，建设周期长，大型水利水电工程工期甚至长达十几年，如小浪底水利枢纽工程、长江三峡工程、南水北调工程等。

(3)工程环节多，需要统筹兼顾。由于水利水电工程建设项目的特殊性，建设地点须经多方案选择和比较，并进行规划、设计和施工等工作。在河道中施工时，需考虑施工导流、截流及水下作业等问题。

(4)涉及面较广,关系错综复杂。水利水电工程建设项目一般为多目标综合开发利用工程(如水库、大坝、溢洪道、泄水建筑物、引水建筑物、电厂、船闸等),具有防洪、发电、灌溉、供水、航运等综合效益,需要科学组织和编写施工组织设计,并采用现代施工技术和科学的施工管理,确保优质、高速地完成预期目标。

1.2.1.2 工程基本建设程序

针对水利水电工程建设的各个阶段,可以看出水利水电工程建设程序如图1-1所示。

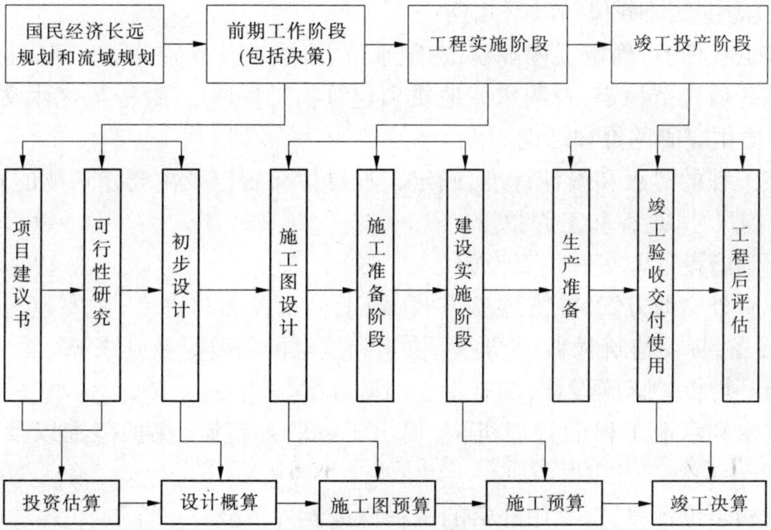

图1-1 水利水电工程建设程序

1. 流域(区域)规划阶段

流域(区域)规划就是根据该流域(区域)的水资源条件和国家长远计划对该地区水利水电工程建设发展的要求,提出该流域(区域)水资源的梯级开发和综合利用的最优方案。

2. 项目建议书阶段

项目建议书阶段是在流域(区域)规划的基础上,由主管部门提出的建设项目轮廓设想,主要是从宏观上衡量分析该项目建设的必要性和可能性,即分析其建设条件是否具备,是否值得投入资金和人力。项目建议书是进行可行性研究的依据。

3. 可行性研究阶段

可行性研究的目的是研究兴建本工程技术上是否可行、经济上是否合理。其主要任务包括以下几点:

(1)论证工程建设的必要性,确定本工程建设任务和综合利用的主次顺序。

(2)确定主要水文参数和成果,查明影响工程的主要地质条件和存在的主要地质问题。

(3)基本选定工程规模。

(4)初选工程总体布置,选定基本坝型和主要建筑物的基本形式。

(5)初选水利工程管理方案。

(6)初步确定施工组织设计中的主要问题,提出控制性工期和分期实施意见。

(7)评价工程建设对环境和水土保持设施的影响。

(8)提出主要工程量和建材需用量,估算工程投资。

(9)明确工程效益,分析主要经济指标,评价工程的经济合理性和财务可行性。

4.初步设计阶段

初步设计是在可行性研究的基础上进行的,是安排建设项目和组织施工的主要依据。初步设计阶段的主要任务包括以下几点:

(1)复核工程任务,确定工程规模,选定水位、流量、扬程等特征值,明确运行要求。

(2)复核区域构造稳定,查明水库地质和建筑物工程地质条件、灌区水文地质条件和设计标准,提出相应的评价和结论。

(3)复核工程的等级和设计标准,确定工程总体布置以及主要建筑物的轴线、结构形式与布置、控制尺寸、高程和工程数量。

(4)提出消防设计方案和主要设施。

(5)选定对外交通方案、施工导流方式、施工总布置和总进度、主要建筑物施工方法及主要施工设备,提出建筑材料、劳动力、供水和供电的需要量及其来源。

(6)提出环境保护措施设计,编制水土保持方案。

(7)拟定水利水电工程的管理机构,提出工程管理范围、保护范围以及主要管理措施。

(8)编制初步设计概算,利用外资的工程应编制外资概算。

(9)复核经济评价。

5.施工准备阶段

项目在主体工程开工之前,必须完成以下各项施工准备工作:

(1)施工现场的征地、拆迁工作。

(2)施工用水、用电、通信、道路、通气和场地平整等工程。

(3)必需的生产、生活临时建筑工程。

(4)组织招标设计、咨询、设备和物资采购等服务。

(5)组织建设监理和主体工程招标投标,并择优选定建设监理单位和施工承包队伍。

6.建设实施阶段

建设实施阶段是指主体工程的全面建设实施,项目法人按照批准的建设文件组织工程建设,保证项目建设目标的实现。主体工程开工必须具备以下条件:

(1)前期工程各阶段文件已按规定批准,施工详图设计可满足初期主体工程施工需要。

(2)建设项目已列入国家或地方水利水电建设投资年度计划,年度建设资金已落实。

(3)主体工程招标已经决标,工程承包合同已经签订,并已得到主管部门同意。

(4)现场施工准备和征地移民等建设外部条件能够满足主体工程开工需要。

(5)建设管理模式已经确定,投资主体与项目主体的管理关系已经理顺。

(6)项目建设所需全部投资来源已经明确,且投资结构合理。

7. 生产准备阶段

生产准备是项目投产前要进行的一项重要工作,是建设阶段转入生产经营的必要条件。项目法人应按照建管结合和项目法人责任制的要求,适时做好有关生产准备工作。生产准备应根据不同类型的工程要求确定,一般应包括以下内容:①生产组织准备;②招收和培训人员;③生产技术准备;④生产物资准备;⑤正常的生活福利设施准备。

8. 竣工验收阶段

竣工验收是工程完成建设目标的标志,是全面考核基本建设成果、检验设计和工程质量的重要步骤。竣工验收合格的项目即可从基本建设转入生产或使用。

当建设项目的建设内容全部完成,经过单位工程验收符合设计要求并按水利基本建设项目档案管理的有关规定完成了档案资料的整理工作,在完成竣工报告、竣工决算等必需文件的编制后,项目法人按照有关规定,向验收主管部门提出申请,根据国家和部颁验收规程组织验收。竣工决算编制完成后,须由审计机关组织竣工审计,其审计报告作为竣工验收的基本资料。

1.2.2 基本建设项目审批

1.2.2.1 规划及项目建议书阶段审批

规划报告及项目建议书编制一般由政府或开发业主委托有相应资质的设计单位承担,并按国家现行规定权限向主管部门申报审批。

1.2.2.2 可行性研究阶段审批

可行性研究报告按国家现行规定的审批权限报批。申报项目可行性研究报告,必须同时提出项目法人组建方案及执行机制、资金筹措方案、资金结构及回收资金办法,并依照有关规定附具有管辖权的水行政主管部门或流域机构签署的规划同意书。

1.2.2.3 初步设计阶段审批

可行性研究报告被批准以后,项目法人应择优选定有与本项目相应资质的设计单位承担勘测设计工作。初步设计文件完成后报批前,一般由项目法人委托有相应资质的工程咨询机构或组织有关专家,对初步设计中的重大问题进行咨询论证。

1.2.2.4 施工准备阶段和建设实施阶段审批

施工准备工作开始前,项目法人或其代理机构须依照有关规定,向水行政主管部门办理报建手续,项目报建须交验工程建设项目的有关批准文件。工程项目进行项目报建登记后,方可组织施工准备工作。

1.2.2.5 竣工验收阶段审批

在完成竣工报告、竣工决算等必需文件的编制后,项目法人应按照有关规定向验收主管部门提出申请,根据国家和部颁验收规程组织验收。

任务1.3 水利水电工程建设项目划分

1.3.1 水利水电工程建设项目划分概述

水利水电工程质量检验与评定应进行项目划分。项目按级划分为单位工程、分部工程、单元工程等三级。工程中永久性房屋(管理设施用房)、专用公路、专用铁路等工程项目,可按相关行业标准划分和确定项目名称。

单位工程是指能独立发挥作用或具有独立施工条件的工程,通常是若干分部工程完成后才能运行或发挥一种功能的工程。单位工程通常是一座独立建(构)筑物,特殊情况下也可以是独立建(构)筑物中的一部分或一个构成部分。

分部工程是指组成单位工程的各个部分。分部工程往往是建(构)筑物中的一个结构部位,或不能单独发挥一种功能的安装工程。

单元工程是指组成分部工程的、由一个工种或几个工种施工完成的最小综合体,是日常质量考核的基本单位。可依据设计结构、施工部署或质量考核要求划分为层、块、区、段等来确定。单元工程与国标中的分项工程概念不同,分项工程一般按主要工种工程划分,可以由大工序相同的单元工程组成,如土方工程、混凝土工程、模板工程、钢结构焊接工程等,完成后不一定形成工程实物量;单元工程则是由一个工种或几个工种施工完成的最小综合体,是形成工程实物量或安装就位的工程。

1.3.2 水利水电工程建设项目划分原则

质量评定项目划分总的指导原则是贯彻执行国家正式颁布的标准、规定,水利工程以水利行业标准为主,其他行业标准参考使用。例如,房屋建筑安装工程按单位工程、分部工程和分项工程划分;水工建筑安装工程按单元工程、分部工程和单位工程划分。

1.3.2.1 单位工程划分原则

(1)枢纽工程按设计结构及施工部署划分。以每座独立的建筑工程或独立发挥作用的安装工程为单位工程。例如,厂(站)房、管理(生活、办公)用房、溢洪道、输水(泄洪)洞、土(石或混凝土)坝、进(分)水闸、节制闸、进(出)水池、交通工程等建筑工程分别为单位工程,独立的金属结构、机电设备、电气设备、通信系统等安装工程分别为单位工程。

(2)渠道工程按渠道级别(干、支渠)或工程建设期、段(以节制闸为界)划分。以一条干(支)渠或同一建设期、段的工程为单位工程,投资或工程量大的建筑物以每座独立的建筑物为单位工程。

(3)堤坝工程按设计结构及施工部署划分。以堤坝身、堤坝基础、堤坝岸防护、交叉连接建筑物等分别为单位工程。

(4)水土保持工程一般以一个独立的小流域或较大的独立建筑物(大型谷坊坝)划分。它由若干沟道或区片或班号组成。

1.3.2.2 分部工程划分原则

1. 枢纽工程划分

枢纽工程按设计结构的主要组成部分划分。例如,基础工程、大坝坝体、防渗工程、金属结构、电气设备、坝顶、渠首进水闸、渠首冲沙闸、导流坝等。

2. 渠道工程、堤坝工程和水土保持工程划分

渠道工程、堤坝工程和水土保持工程按设计结构及施工部署划分。

(1)渠道工程:大车桥、分水闸或支渠口、节制闸、渠段。

(2)堤坝工程:基础工程、护岸工程、堤防堤身工程、护坡工程、堤顶工程、防渗工程、生物防护和道路工程等。

(3)水土保持工程:沟壑或区片或班号治理、成片水平梯田、小型蓄排水工程、成片水保林、成片人工种草、封禁治理、水源及节水灌溉工程等。大型谷坊坝坝基处理、坝体填筑、坝坡防护、溢流口门、坝体及坝基防渗工程等。

为防止项目划分的随意性,同一单位工程中,同类型的各个分部工程的工程量不宜相差太大,不同类型的各个分部工程的投资不宜相差太大,分部工程之间最大不超过1.5倍。每个单位工程的分部工程数目不宜少于5个。

1.3.2.3 单元工程划分原则

1. 枢纽工程划分

枢纽工程按设计结构、施工部署或质量考核要求划分。建筑工程以层、块、段为单元工程;安装工程以工种、工序等为单元工程。

2. 渠道工程划分

明(暗)渠开挖、填筑按施工部位划分,衬砌防渗(冲)工程按变形缝或结构划分。渠道工程划分:当 $Q<30\ m^3/s$ 时单元工程不宜大于100 m,当 $Q\geq 30\ m^3/s$ 时单元工程不宜大于50 m,且须按底板、左边坡衬砌、左边坡垫层或防冻层、右边坡衬砌、右边坡垫层或防冻层、土方开挖、土方回填等划分。建筑物工程划分:基础开挖、基础或护底工程、土方回填、进口八字墙、边墙或闸墩、机架桥混凝土、胸墙混凝土、出口八字墙或刺墙、设备安装等。

3. 堤坝工程划分

堤坝工程按施工方法与施工工作量划分。对于堤身断面较小的堤身填筑工程,一般按长度(200~500 m)或工程量(1 000~2 000 m^3)来划分单元工程。

4. 水土保持工程划分

水土保持工程借鉴水利工程按工序或工程措施或结构组成划分。

(1)水平梯田:田埂、田面、田坎。

(2)造林:水平沟整地、鱼鳞坑整地、苗木栽植、穴播。

(3)种草:整地、播种、管护。

(4)蓄水池、旱水窖:集流场、基坑开挖、沉沙池、窖体及井盖。

(5)水源及节水灌溉工程:须按水源工程、输水工程、调压井、喷灌、滴灌、管灌、防渗渠等工程的结构组成再进一步细划。

(6)护地坝及谷坊坝:基础、坝体、坝体表防护溢流口及消能工。

(7)封育治理:抚育、补植、围栏、标志牌等。

(8)沟头防护埂:土埂体、截水沟、土埂植物措施防护。

为防止项目划分的随意性,同一类型的单元工程的工程量不宜相差太大,不同类型的各个分部工程的投资不宜相差太大,且单元工程之间最大不超过1.5倍。同一分部工程的单元工程数目不宜少于3个。

任务1.4 建设工程组织管理基本模式

1.4.1 建设工程项目管理组织的概念

建设工程项目管理组织是在整个建设工程项目中从事各种管理工作人员的组合。建设工程项目的业主、承包商、设计单位、材料设备供应单位都有自己的建设工程项目管理组织,这些组织之间存在各种联系,有各种管理工作、责任和任务的划分,形成建设工程项目总体的管理组织系统。这种组织系统和建设工程项目组织存在一致性,故一般情况下并不明确区分建设工程项目组织和建设工程项目管理组织,而将其视为同一个系统。

1.4.2 建设工程项目管理组织设计程序

(1)确定建设工程项目管理目标。

(2)确定建设工程项目管理模式,选择建设工程项目管理组织形式。

(3)确定建设工程项目管理工作任务、责任权力。

(4)详细分析建设工程项目管理组织所完成的管理工作,确定建设工程项目管理工作流程、操作程序、工作逻辑关系。

(5)确定详细的各项建设工程项目职能管理工作任务,并将工作任务落实到人员和部门。

(6)建立建设工程项目管理组织各个职能部门的管理行为规范和沟通准则,形成建设工程项目管理规范,作为建设工程项目管理组织内部的规章制度。

(7)选择和任命建设工程项目管理人员。

(8)在上述工作基础上设计建设工程项目管理信息系统。

1.4.3 建设工程项目管理组织的结构形式

1.4.3.1 平行承发包模式

1. 平行承发包模式特点

所谓平行承发包模式,是指业主将建设工程的设计、施工以及材料设备采购的任务经过分解分别发包给若干个设计单位、施工单位和材料设备供应单位,并分别与各方签订合同。各设计单位之间的关系是平行的,各施工单位之间的关系是平行的,各材料设备供应单位之间的关系也是平行的。

采用这种模式首先应合理地进行工程建设任务的分解,然后进行分类综合,确定每个合同的发包内容,以便选择适当的承建单位。

进行任务分解与确定合同数量、内容时应考虑以下因素:

(1)工程情况。建设工程的性质、规模、结构等是决定合同数量和内容的重要因素。建设工程实施时间的长短、计划的安排也对合同数量有影响。

(2)市场情况。首先,由于各类承建单位的专业性质、规模大小在不同市场的分布状况不同,建设工程的分解发包应力求使其与市场结构相适应;其次,合同任务和内容要对市场具有吸引力,中小合同既对中小型承建单位有吸引力,又不妨碍大型承建单位参与竞争;再次,应按市场惯例做法、市场范围和有关规定来决定合同内容和大小。

(3)贷款协议要求。对两个以上贷款人的情况,可能贷款人对贷款使用范围、承包人资格等有不同要求,因此需要在确定合同结构时予以考虑。

2. 平行承发包模式的优缺点

1)优点

(1)有利于缩短工期。设计阶段与施工阶段有可能形成搭接关系,从而缩短整个建设工程工期。

(2)有利于质量控制。整个工程经过分解分别发包给各承建单位,合同约束与相互制约使每一部分能够较好地实现质量要求。

(3)有利于业主选择承建单位。大多数国家的建筑市场中,专业性强、规模小的承建单位一般占较大的比例。这种模式的合同内容比较单一、合同价值小、风险小,使它们有可能参与竞争。因此,无论大型承建单位还是中小型承建单位都有机会竞争。业主可在大范围内选择承建单位,提高择优性。

2)缺点

(1)合同数量多,会造成合同管理困难。合同关系复杂,使建设工程系统内结合部位数量增加,组织协调工作量大。需要加强合同管理的力度,加强各承建单位之间的横向协调工作。

(2)投资控制难度大。这主要表现在:一是总合同价不易确定,影响投资控制实施;二是工程招标任务量大,需控制多项合同价格,增加了投资控制难度;三是在施工过程中设计变更和修改较多,导致投资增加。

1.4.3.2 设计或施工总分包模式

1. 设计或施工总分包模式特点

所谓设计或施工总分包模式,是指业主将全部设计或施工任务发包给一个设计单位或一个施工单位作为总包单位,总包单位可以将其部分任务再分包给其他承包单位,形成一个设计总包合同或一个施工总包合同以及若干各分包合同的结构模式。

2. 设计或施工总分包模式的优缺点

1)优点

(1)有利于建设工程的组织管理。工程合同数量比平行承发包模式要少很多,有利于业主的合同管理,也使业主协调工作量减小,可发挥监理工程师与总包单位多层次协调的积极性。

(2)有利于投资控制。总包合同价格可以较早确定,并且监理单位也易于控制。

(3)有利于质量控制。在质量方面,既有分包单位的自控,又有总包单位的监督,还有工程监理单位的检查认可,对质量控制有利。

(4)有利于工期控制。总包单位具有控制的积极性,分包单位之间也有相互制约的作用,有利于总体进度的协调控制,也有利于监理工程师控制进度。

2)缺点

(1)建设周期较长。在设计和施工均采用总分包模式时,由于设计图纸全部完成后才能进行施工总包的招标,不仅不能将设计阶段与施工阶段搭接,而且施工招标需要的时间也较长。

(2)总包报价可能较高。对于规模较大的建设工程来说,通常只有大型承建单位才具有总包的资格和能力,竞争相对不甚激烈;另外,对于分包出去的工程内容,总包单位都要在分包报价的基础上加收管理费向业主报价。

1.4.3.3 项目总承包模式

1. 项目总承包模式的特点

所谓项目总承包模式,是指业主将工程设计、施工、材料和设备采购等工作全部发包给一个承包单位,由其进行实质性设计、施工和采购工作,最后向业主交出一个已达到动用条件的工程。按这种模式发包的工程也称交钥匙工程。

2. 项目总承包模式的优缺点

1)优点

(1)合同关系简单,组织协调工作量小。合同关系大大简化,监理工程师主要与项目总承包单位进行协调。许多协调工作量转移到项目总承包单位内部及其与分包单位之间,这使建设工程监理单位的协调量大为减小。

(2)缩短建设周期。由于设计和施工由一个单位统筹安排,使两个阶段能够有机地融合,一般都能做到设计阶段与施工阶段相互搭接,因此对进度目标控制有利。

(3)有利于投资控制。通过设计与施工的统筹考虑可以提高项目的经济性,从价值工程或全寿命费用的角度可以取得明显的经济效果,但并不意味着项目总承包的价格低。

2)缺点

(1)招标发包工作难度大。合同条款不易准确确定,容易造成较多的合同争议。因此,虽然合同量最少,但是合同管理的难度一般较大。

(2)业主择优选择承包方范围小。由于承包范围大、介入项目时间早、工程信息未知数多,因此承包方要承担较大的风险,而有此能力的承包单位数量相对较少,往往导致竞争性降低,合同价格较高。

(3)质量控制难度大。其原因一是质量标准和功能要求不易做到全面、具体、准确,质量控制标准制约性受到影响;二是"他人控制"机制薄弱。

思考题

1-1 水利水电工程施工为什么要编制施工组织设计?

1-2 水利水电工程建设项目程序主要包括哪几个阶段?

1-3 水利水电工程项目划分为几级?具体的含义是什么?

1-4 平行承发包模式、设计或施工总分包模式、项目总承包模式的优缺点各是什么?

项目2　工程网络计划技术

知识要点：双代号网络图的绘制、双代号网络计划时间参数的计算、双代号时标网络计划的绘制、单代号网络计划、网络计划的优化。

教学目标：掌握双代号网络计划的绘制、时间参数的计算和关键线路的确定等；了解单代号网络计划；掌握网络计划优化的方法。

任务2.1　双代号网络计划

网络计划是用网络图表达任务的构成、工作顺序并加注工作时间参数的进度计划。双代号网络计划是应用较为普遍的一种网络计划形式。

2.1.1　双代号网络图

双代号网络图是以箭线及其两端节点的编号表示工作的网络图，如图2-1所示。从图2-1中可以看出双代号网络图由箭线、节点、线路三个基本要素组成。

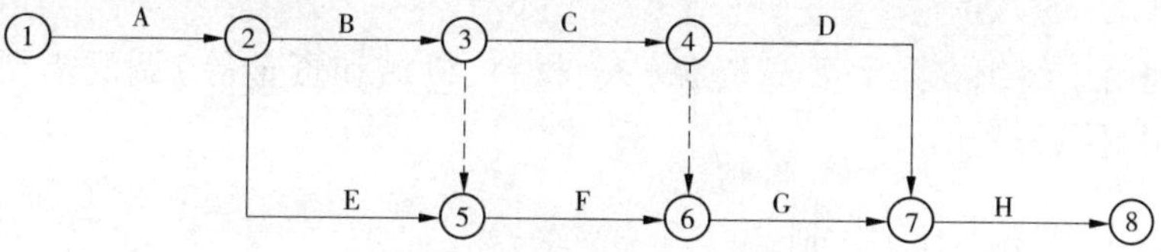

图2-1　基本要素双代号网络图

2.1.1.1　基本要素

1. 箭线

箭线表示一项工作，箭尾节点表示工作的开始，箭头节点表示工作的完成。工作名称标注在箭线上方，完成该项工作所需要的持续时间可标注在箭线下方（见图2-2）。任意一条实箭线都要占用时间、消耗资源。

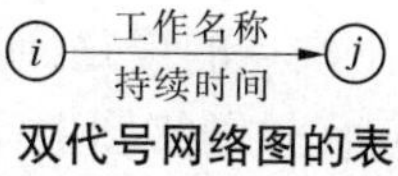

图2-2　双代号网络图的表示方法

在双代号网络图中，为了正确地表述图中工作之间的逻辑关系，往往需要应用虚箭线（如图2-1中节点3到节点5和节点4到节点6的箭线）。虚箭线是实际工作中并不存在的一项虚设工作，故它们既不占用时间，也不消耗资源，一般起着工作之间的联系、区分和断路三个作用。

2. 节点

在双代号网络图中，节点代表一项工作的开始或结束，常用圆圈表示。箭尾节点称为该箭线所示工作的开始节点，箭头节点称为该工作的完成节点。在一个完整的网络图中，除最前的起点节点和最后的终点节点外，其余任何一个节点都具有双重含义，既是前面工作的完成点，又是后面工作的开始点。节点仅为前后两项工作的交接点，只是一个瞬间概念，因此它既不消耗时间，也不消耗资源。

3. 线路

双代号网络图中从起点节点出发，沿着箭头方向连续通过一系列箭线和节点，直至到达终点节点的通道，即称为线路。

网络图中的线路有多条，一条线路上所有工作持续时间之和称为该线路的长度。在各条线路中，所有工作持续时间之和最长的线路称为关键线路。除关键线路外的其他线路都称为非关键线路。位于关键线路上的工作称为关键工作，除关键工作外的其他工作称为非关键工作。

关键工作用较粗的箭线或双箭线来表示，以示与非关键线路上的工作区别。非关键线路上的工作既有关键工作，也有非关键工作。

2.1.1.2 逻辑关系

要绘制出一个正确地反映工作逻辑关系的网络图，首先要搞清楚各项工作之间的逻辑关系。网络图中工作之间相互制约或相互依赖的关系称为逻辑关系，它包括工艺关系和组织关系，在网络中均应表现为工作之间的先后顺序。

1. 工艺关系

生产性工作之间由工艺过程决定的、非生产性工作之间由工作程序决定的先后顺序关系叫工艺关系。

2. 组织关系

工作之间由于组织安排需要或资源(人、材料、机械和资金等)调配需要而规定的先后顺序关系叫组织关系。

2.1.2 双代号网络图的绘制

2.1.2.1 双代号网络计划的绘图规则

(1)双代号网络图必须正确表达已定的逻辑关系。

(2)双代号网络图中，严禁出现循环回路。所谓循环回路，是指从网络图中的某一个节点出发，顺着箭线方向又回到了原来出发点的线路(见图 2-3)。

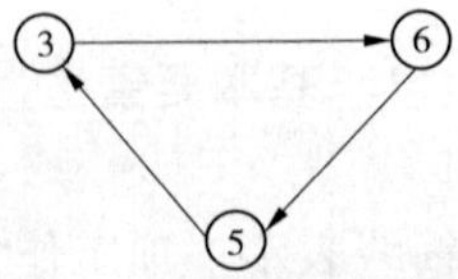

图 2-3 循环线路示意图

(3)双代号网络图中，在节点之间严禁出现带双向箭头或无箭头的连线。

(4)双代号网络图中，严禁出现没有箭头节点或没有箭尾节点的箭线，如图 2-4 所示。

(5)当双代号网络图的某些节点有多条外向箭线或多条内向箭线时，为使图形简洁，可使用母线法绘制(但应满足一项工作用一条箭线和相应的一对节点表示)，如图 2-5 所示。

(6)绘制网络图时，箭线不宜交叉。当交叉不可避免时，可用过桥法、断线法、指向法

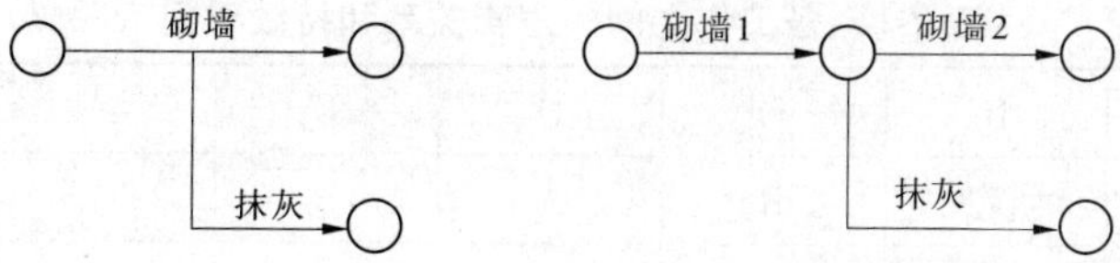

(a)错误　　(b)正确

图2-4　没有箭头节点或没有箭尾节点的箭线

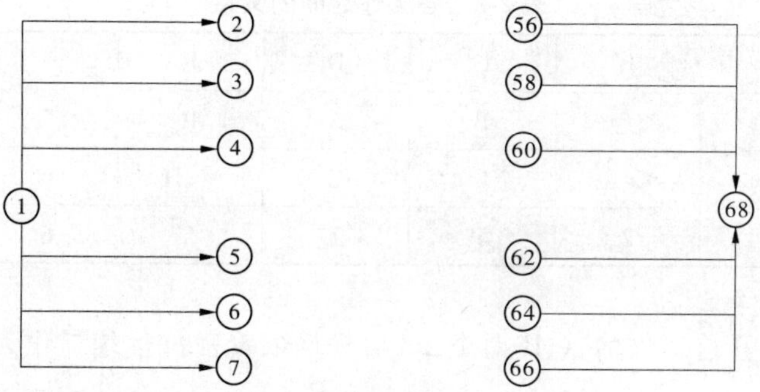

图2-5　母线表示方法

来表示,如图2-6所示。

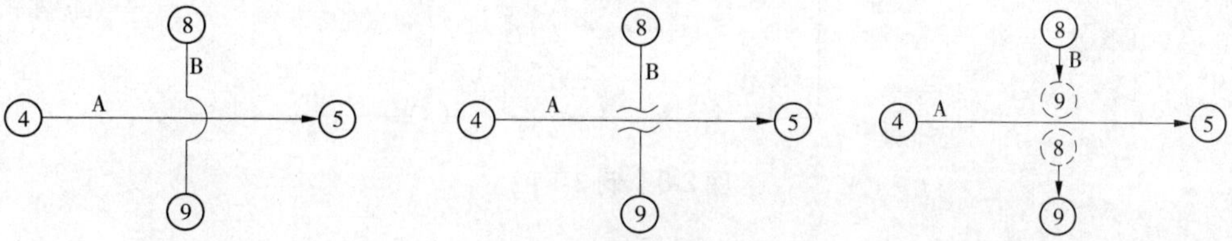

(a)过桥法　　(b)断线法　　(c)指向法

图2-6　箭线交叉表示方法

(7)双代号网络图中应只有一个起点节点和一个终点节点(多目标网络计划除外),而其他所有节点均应是中间节点,如图2-7所示。

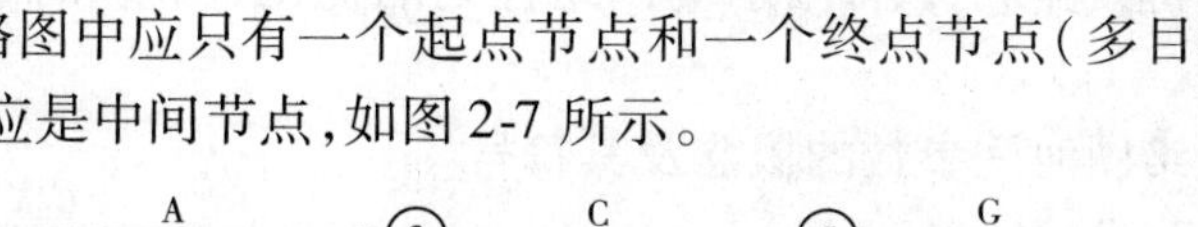

图2-7　一个起点节点、一个终点节点的网络图

(8)双代号网络图应条理清楚,布局合理。

2.1.2.2　双代号网络计划的绘图实例

【例2-1】　根据表2-1中各工作之间的逻辑关系和持续时间绘制其双代号网络图。

表 2-1 各工作之间的逻辑关系和持续时间

工作名称	A	B	C	D	E	F	G	H
紧前工作	无	无	B	A	B	C	D、F、E	E
持续时间	4	2	5	7	6	6	4	8

解:(1)利用已知的紧前工作推出紧后工作如表 2-2 所示。

表 2-2 各工作之间的关系

工作名称	A	B	C	D	E	F	G	H
紧前工作	无	无	B	A	B	C	D、F、E	E
紧后工作	D	C、E	F	G	G、H	G	无	无
持续时间	4	2	5	7	6	6	4	8

(2)先画出无紧前工作的 A、B 两个工作,然后依次画出后续工作如图 2-8 所示。

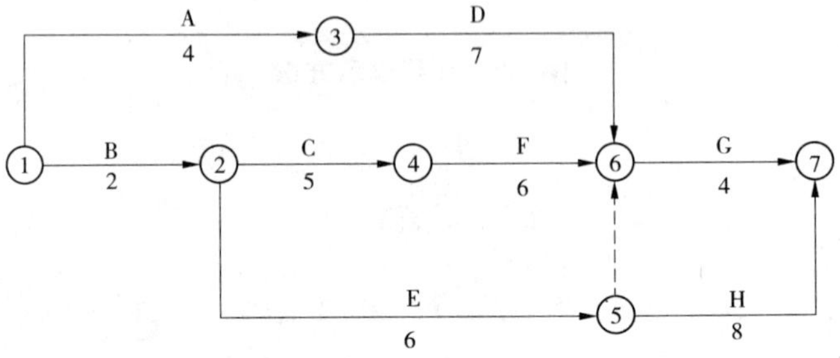

图 2-8 例 2-1 图

2.1.3 双代号网络图时间参数的计算

双代号网络计划时间参数计算的目的在于通过计算各项工作的时间参数,确定网络计划的关键工作、关键线路和计算工期,为网络计划的优化、调整和执行提供明确的时间参数。

2.1.3.1 双代号网络图时间参数的概念及其符号

1. 工作持续时间(D_{i-j})

工作持续时间是对一项工作规定的从开始到完成的时间。在双代号网络计划中,工作 $i-j$ 的持续时间用 D_{i-j} 表示。

工作持续时间的计算方法有两种:一是定额计算法,二是三时估算法。

1)定额计算法(确定型)

定额计算法按下式计算:

$$D_{i-j} = \frac{Q_{i-j}}{RS} = \frac{Q_{i-j}H}{R} \tag{2-1}$$

式中 D_{i-j}——工作 $i-j$ 的持续时间;

Q_{i-j}——工作 $i-j$ 的工程量;

S——产量定额；

R——工人数（机械台班数）；

H——时间定额，$H=1/S$。

2）三时估算法

当工作时间不能用定额计算法计算时，便可以采用三时估算法，其计算公式是：

$$D_{i-j}=\frac{a+4m+b}{6} \tag{2-2}$$

式中 D_{i-j}——工作 i—j 的持续时间；

a——工作 i—j 的乐观持续时间估计值；

b——工作 i—j 的悲观持续时间估计值；

m——工作 i—j 的最可能持续时间估计值。

2. 工期（T）

工期泛指完成任务所需要的时间，一般有以下三种：

（1）计算工期。根据网络计划时间参数计算出来的工期，用 T_c 表示。

（2）要求工期。任务委托人所要求的工期，用 T_r 表示。

（3）计划工期。在要求工期和计算工期的基础上综合考虑需要和可能而确定的工期，用 T_p 表示。网络计划的计划工期 T_p 应按下列情况分别确定：

当已规定了要求工期 T_r 时：

$$T_p \leqslant T_r$$

当未规定要求工期时，可令计划工期等于计算工期：

$$T_p = T_c$$

3. 网络计划中工作的六个时间参数

1）最早开始时间（ES_{i-j}）

最早开始时间（ES_{i-j}）是指在各紧前工作全部完成后，本工作有可能开始的最早时刻。工作 i—j 的最早开始时间用 ES_{i-j} 表示。

2）最早完成时间（EF_{i-j}）

最早完成时间（EF_{i-j}）是指在各紧前工作全部完成后，本工作有可能完成的最早时刻。工作 i—j 的最早完成时间用 EF_{i-j} 表示。

3）最迟开始时间（LS_{i-j}）

最迟开始时间（LS_{i-j}）是指在不影响整个任务按期完成的前提下，本工作必须开始的最迟时刻。工作 i—j 的最迟开始时间用 LS_{i-j} 表示。

4）最迟完成时间（LF_{i-j}）

最迟完成时间（LF_{i-j}）是指在不影响整个任务按期完成的前提下，本工作必须完成的最迟时刻。工作 i—j 的最迟完成时间用 LF_{i-j} 表示。

5）总时差（TF_{i-j}）

总时差（TF_{i-j}）是指在不影响总工期的前提下，本工作可以利用的机动时间。工作 i—j 的总时差用 TF_{i-j} 表示。

6）自由时差（FF_{i-j}）

自由时差（FF_{i-j}）是指在不影响其紧后工作最早开始的前提下，本工作可以利用的机动时间。工作 $i—j$ 的自由时差用 FF_{i-j} 表示。

按工作计算法计算网络计划中各时间参数，其计算结果应标注在箭线之上，如图 2-9 所示。

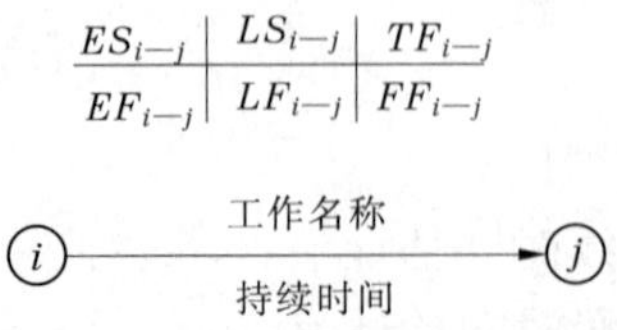

图 2-9　工作时间参数标注形式

2.1.3.2　双代号网络计划时间参数计算

按工作计算法在网络图上计算六个工作时间参数，必须在清楚计算顺序和计算步骤的基础上，列出必要的公式，以加深对时间参数计算的理解。

1. 最早开始时间和最早完成时间的计算

综上所述，工作最早时间参数受到紧前工作的约束，故其计算顺序应从起点节点开始，顺着箭线方向依次逐项计算。

（1）以网络计划的起点节点为开始结点的工作的最早开始时间为零。如网络计划起点节点的编号为 1，则：

$$ES_{i-j} = 0 \quad (i = 1) \tag{2-3}$$

（2）顺着箭线方向依次计算各个工作的最早完成时间和最早开始时间。

最早完成时间等于最早开始时间加上其持续时间：

$$EF_{i-j} = ES_{i-j} + D_{i-j} \tag{2-4}$$

最早开始时间等于各紧前工作的最早完成时间 EF_{h-i} 的最大值：

$$ES_{i-j} = \max[EF_{h-i}] \tag{2-5}$$

或

$$ES_{i-j} = \max[ES_{h-i} + D_{h-i}] \tag{2-6}$$

2. 确定计算工期 T_c

计算工期等于以网络计划的终点节点为箭头节点的各个工作的最早完成时间的最大值。当网络计划终点节点的编号为 n 时，计算工期为

$$T_c = \max[EF_{i-n}] \tag{2-7}$$

当无要求工期的限制时，取计划工期等于计算工期，即 $T_p = T_c$。

3. 最迟开始时间和最迟完成时间的计算

工作最迟时间参数受到紧后工作的约束，故其计算顺序应从终点节点起，逆着箭线方向依次逐项计算。

（1）以网络计划的终点节点（$j = n$）为箭头节点的工作的最迟完成时间等于计划工期 T_p，即

$$LF_{i-n} = T_p \tag{2-8}$$

（2）逆着箭线方向依次计算各个工作的最迟开始时间和最迟完成时间。

最迟开始时间等于最迟完成时间减去其持续时间：

$$LS_{i-j} = LF_{i-j} - D_{i-j} \tag{2-9}$$

最迟完成时间等于各紧后工作的最迟开始时间 LS_{j-k} 的最小值：

$$LF_{i-j} = \min[LS_{j-k}] \tag{2-10}$$

或

$$LF_{i-j} = \min[LF_{j-k} - D_{j-k}] \tag{2-11}$$

4. 计算工作总时差

总时差等于其最迟开始时间减去最早开始时间，或等于最迟完成时间减去最早完成时间：

$$TF_{i-j} = LS_{i-j} - ES_{i-j} \tag{2-12}$$

或

$$TF_{i-j} = LF_{i-j} - EF_{i-j} \tag{2-13}$$

5. 计算工作自由时差

当工作 $i—j$ 有紧后工作 $j—k$ 时，其自由时差应为

$$FF_{i-j} = ES_{j-k} - EF_{i-j} \tag{2-14}$$

或

$$FF_{i-j} = ES_{j-k} - ES_{i-j} - D_{i-j} \tag{2-15}$$

以网络计划的终点节点($j=n$)为箭头节点的工作，其自由时差 FF_{i-n} 应按网络计划的计划工期 T_p 确定，即

$$FF_{i-n} = T_p - EF_{i-n} \tag{2-16}$$

总时差和自由时差的区别在于总时差是在不影响总工期的情况下工作拥有的时差；自由时差是在不影响后续工作的情况下工作拥有的时差。

举个简单的例子，项目 3 d 完成，只有 2 个活动，活动 A 历时 1 d，活动 B 历时 2 d，此时活动 A 的自由浮动时间为 0，因为只要 A 拖延，其后续活动 B 的最早开始时间一定受影响。但是假如项目老板说这个项目可以 4 d 完成，此时利用倒推法，可以算出项目 A 最早开始时间是第一天，最晚开始时间是第二天，总浮动时间是 1 d。

2.1.3.3 关键工作和关键线路的确定

1. 关键工作

总时差最小的工作是关键工作。

2. 关键线路

自始至终全部由关键工作组成的线路为关键线路，或线路上总的工作持续时间最长的线路为关键线路。网络图上的关键线路可用双线或粗线标注。

【例 2-2】 已知网络计划的资料如表 2-3 所示，试绘制双代号网络计划；若计划工期等于计算工期，试计算各项工作的六个时间参数并确定关键线路，标注在网络计划上。

表 2-3 网络计划资料

工作名称	A	B	C	D	E	F	H	G
紧前工作	无	无	B	B	A、C	A、C	D、F	D、E、F
持续时间	4	2	3	3	5	6	5	3

解：(1) 根据表 2-3 中网络计划的有关资料，按照网络图的绘图规则，绘制双代号网络图，并计算出各个时间参数，如图 2-10 所示。

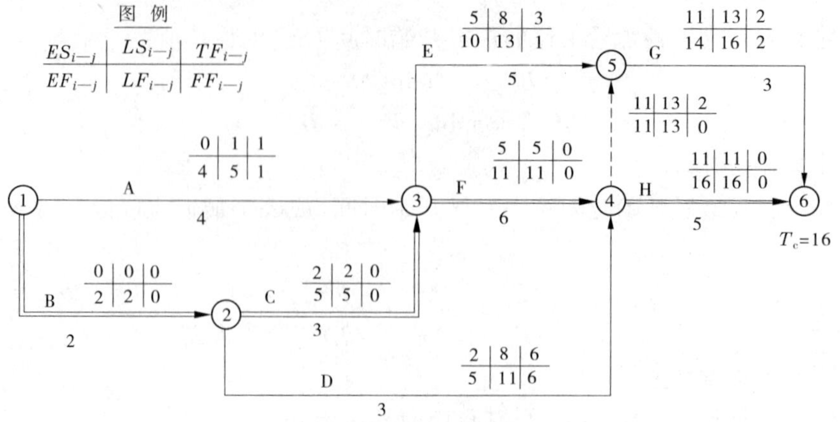

图 2-10 例 2-2 图

(2)各项工作的时间参数计算过程及结果。

①计算各项工作的最早开始时间和最早完成时间。

从起点节点(节点1)开始顺着箭线方向依次逐项计算到终点节点(节点6)。

以网络计划起点节点为开始节点的各工作的最早开始时间为零:

$$ES_{1-2}=ES_{1-3}=0$$

计算各项工作的最早开始时间和最早完成时间:

$$EF_{1-2}=ES_{1-2}+D_{1-2}=0+2=2$$
$$EF_{1-3}=ES_{1-3}+D_{1-3}=0+4=4$$
$$ES_{2-3}=ES_{2-4}=EF_{1-2}=2$$
$$EF_{2-3}=ES_{2-3}+D_{2-3}=2+3=5$$
$$EF_{2-4}=ES_{2-4}+D_{2-4}=2+3=5$$
$$ES_{3-4}=ES_{3-5}=\max[EF_{1-3},EF_{2-3}]=\max[4,5]=5$$
$$EF_{3-4}=ES_{3-4}+D_{3-4}=5+6=11$$
$$EF_{3-5}=ES_{3-5}+D_{3-5}=5+5=10$$
$$ES_{4-6}=ES_{4-5}=\max[EF_{3-4},EF_{2-4}]=\max[11,5]=11$$
$$EF_{4-6}=ES_{4-6}+D_{4-6}=11+5=16$$
$$EF_{4-5}=ES_{4-5}+D_{4-5}=11+0=11$$
$$ES_{5-6}=\max[EF_{3-5},EF_{4-5}]=\max[10,11]=11$$
$$EF_{5-6}=ES_{5-6}+D_{5-6}=11+3=14$$

②确定计算工期 T_c 及计划工期 T_p。

计算工期:

$$T_c=\max[EF_{5-6},EF_{4-6}]=\max[14,16]=16$$

已知计划工期等于计算工期,即计划工期为

$$T_p=T_c=16$$

③计算各项工作的最迟开始时间和最迟完成时间。

从终点节点(节点6)开始逆着箭线方向依次逐项计算到起点节点(节点1)。

以网络计划终点节点为箭头节点的工作的最迟完成时间等于计划工期:

$$LF_{4-6} = LF_{5-6} = 16$$

计算各项工作的最迟开始时间和最迟完成时间:

$$LS_{4-6} = LF_{4-6} - D_{4-6} = 16 - 5 = 11$$
$$LS_{5-6} = LF_{5-6} - D_{5-6} = 16 - 3 = 13$$
$$LF_{3-5} = LF_{4-5} = LS_{5-6} = 13$$
$$LS_{3-5} = LF_{3-5} - D_{3-5} = 13 - 5 = 8$$
$$LS_{4-5} = LF_{4-5} - D_{4-5} = 13 - 0 = 13$$
$$LF_{2-4} = LF_{3-4} = \min[LS_{4-5}, LS_{4-6}] = \min[13, 11] = 11$$
$$LS_{2-4} = LF_{2-4} - D_{2-4} = 11 - 3 = 8$$
$$LS_{3-4} = LF_{3-4} - D_{3-4} = 11 - 6 = 5$$
$$LF_{1-3} = LF_{2-3} = \min[LS_{3-4}, LS_{3-5}] = \min[5, 8] = 5$$
$$LS_{1-3} = LF_{1-3} - D_{1-3} = 5 - 4 = 1$$
$$LS_{2-3} = LF_{2-3} - D_{2-3} = 5 - 3 = 2$$
$$LF_{1-2} = \min[LS_{2-3}, LS_{2-4}] = \min[2, 8] = 2$$
$$LS_{1-2} = LF_{1-2} - D_{1-2} = 2 - 2 = 0$$

④计算各项工作的总时差 TF_{i-j}。可以用工作的最迟开始时间减去最早开始时间或用工作的最迟完成时间减去最早完成时间:

$$TF_{1-2} = LS_{1-2} - ES_{1-2} = 0 - 0 = 0$$

或

$$TF_{1-2} = LF_{1-2} - EF_{1-2} = 2 - 2 = 0$$
$$TF_{1-3} = LS_{1-3} - ES_{1-3} = 1 - 0 = 1$$
$$TF_{2-3} = LS_{2-3} - ES_{2-3} = 2 - 2 = 0$$
$$TF_{2-4} = LS_{2-4} - ES_{2-4} = 8 - 2 = 6$$
$$TF_{3-4} = LS_{3-4} - ES_{3-4} = 5 - 5 = 0$$
$$TF_{3-5} = LS_{3-5} - ES_{3-5} = 8 - 5 = 3$$
$$TF_{4-5} = LS_{4-5} - ES_{4-5} = 13 - 11 = 2$$
$$TF_{4-6} = LS_{4-6} - ES_{4-6} = 11 - 11 = 0$$
$$TF_{5-6} = LS_{5-6} - ES_{5-6} = 13 - 11 = 2$$

⑤计算各项工作的自由时差 TF_{i-j}。等于紧后工作的最早开始时间减去本工作的最早完成时间:

$$FF_{1-2} = ES_{2-3} - EF_{1-2} = 2 - 2 = 0$$
$$FF_{1-3} = ES_{3-4} - EF_{1-3} = 5 - 4 = 1$$
$$FF_{2-3} = ES_{3-5} - EF_{2-3} = 5 - 5 = 0$$
$$FF_{2-4} = ES_{4-6} - EF_{2-4} = 11 - 5 = 6$$

$$FF_{3-4} = ES_{4-6} - EF_{3-4} = 11 - 11 = 0$$
$$FF_{3-5} = ES_{5-6} - EF_{3-5} = 11 - 10 = 1$$
$$FF_{4-5} = ES_{4-5} - EF_{4-5} = 11 - 11 = 0$$
$$FF_{4-6} = T_p - EF_{4-6} = 16 - 16 = 0$$
$$FF_{5-6} = T_p - EF_{5-6} = 16 - 14 = 2$$

(3)确定关键工作及关键线路。

最小的总时差是0,所以凡是总时差为0的工作均为关键工作。该例中的关键工作是:①—②,②—③,③—④,④—⑥(或关键工作是B、C、F、H)。

自始至终全由关键工作组成的关键线路是:①—②—③—④—⑥。关键线路用双箭线进行标注。

2.1.4 双代号时标网络计划

2.1.4.1 时标网络计划的概念与特点

时标网络计划是以时间坐标为尺度编制的网络计划。它通过箭线的长度及节点的位置,可明确表达工作的持续时间及工作之间恰当的时间关系,以实箭线表示工作、以虚箭线表示虚工作、以水平波形线表示工作的自由时差或与紧后工作之间的时间间隔,是目前工程中常用的一种网络计划形式。它具有以下特点:

(1)能够清楚地展现计划的时间进程。

(2)直接显示各项工作的开始时间与完成时间、工作的自由时差和关键线路。

(3)可以通过叠加确定各个时段的材料、机具、设备及人力等资源的需要。

(4)由于箭线的长度受到时间坐标的制约,所以绘图比较麻烦。

2.1.4.2 时标网络计划的绘制

1.绘制要求

(1)时标网络计划需绘制在带有时间坐标的表格上。

(2)节点中心必须对准时间坐标的刻度线,以避免误会。

(3)以实箭线表示工作、以虚箭线表示虚工作、以水平波形线表示工作的自由时差或与紧后工作之间的时间间隔。

(4)箭线宜采用水平箭线或水平段与垂直段组成的箭线形式,不宜用斜箭线。虚工作必须用垂直虚箭线表示,其自由时差应用水平波形线表示。

(5)时标网络计划宜按最早时间编制,以保证实施的可靠性。

2.绘制方法

这里主要介绍直接绘制法。

(1)绘制时标表。

(2)将起点节点定位于时标表的起始刻度线上。

(3)按工作的持续时间在时标表上绘制起点节点的外向箭线。

(4)工作的箭头节点必须在其所有的内向箭线绘出以后,定位在这些内向箭线中最晚完成的实箭线箭头处。

(5)某些内向实箭线长度不足以到达该箭头节点时，用水平波形线补足。虚箭线应垂直绘制，当虚箭线的开始节点和结束节点之间有水平距离时，也以水平波形线补足。

(6)用上述方法自左至右依次确定其他节点的位置。

【例2-3】 已知网络计划的有关资料如表2-4所示，试用直接法绘制双代号时标网络计划。

表2-4 网络计划有关资料

工作名称	A	B	C	D	E	F	G	H	J
紧前工作	—	—	—	A	A、B	D	C、E	C	D、G
持续时间	3	4	7	5	2	5	3	5	4

解：(1)将网络计划的起点节点定位在时标表的起始刻度线的位置上，起点节点的编号为1。

(2)画节点1的外向箭线，即按各工作的持续时间，画出无紧前工作的A、B、C工作，并确定节点2、3、4的位置。

(3)依次画出节点2、3、4的外向箭线工作D、E、H，并确定节点5、6的位置。节点6的位置定位在其两条内向箭线的最早完成时间的最大值处，即定位在时标值7的位置，工作E的箭线长度达不到节点6，则用水平波形线补足。

(4)按上述步骤，直到画出全部工作，确定出终点节点8的位置，时标网络计划绘制完毕，如图2-11所示。

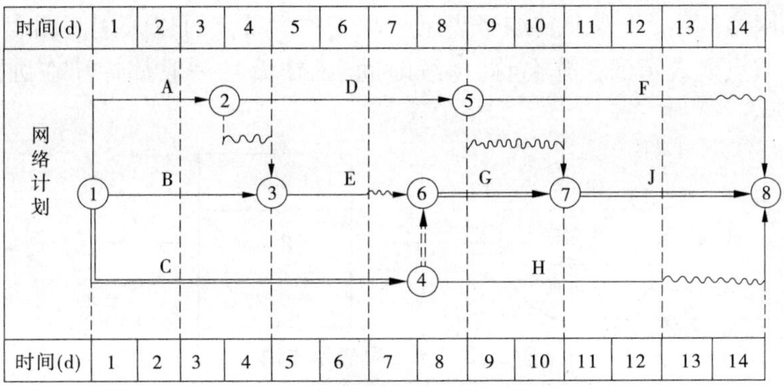

图2-11 例2-3图

(5)确定关键线路和计算工期。

①时标网络计划关键线路的确定，应自终点节点逆箭线方向朝起点节点逐次进行判定：从终点到起点不出现水平波形线的线路即为关键线路。在图2-11中，关键线路是①—④—⑥—⑦—⑧，用双箭线表示。

②时标网络计划的计算工期，应是终点节点与起点节点所在位置之差。在图2-11中，计算工期 $T_c = 14 - 0 = 14(d)$。

任务 2.2 单代号网络计划

单代号网络图也是由许多节点和箭线组成的,但是节点和箭线的意义与双代号有所不同。单代号网络图的一个节点代表一项工作,而箭线仅表示各项工作之间的逻辑关系,所以箭线既不占用时间,也不消耗资源。用这种表示方法,把一项计划的所有施工过程按其先后顺序和逻辑关系从左至右绘制成的网状图形,叫作单代号网络图。用这种网络图表示的计划叫单代号网络计划。

2.2.1 单代号网络图的构成

单代号网络图由节点、箭线和线路三部分组成(见图 2-12)。

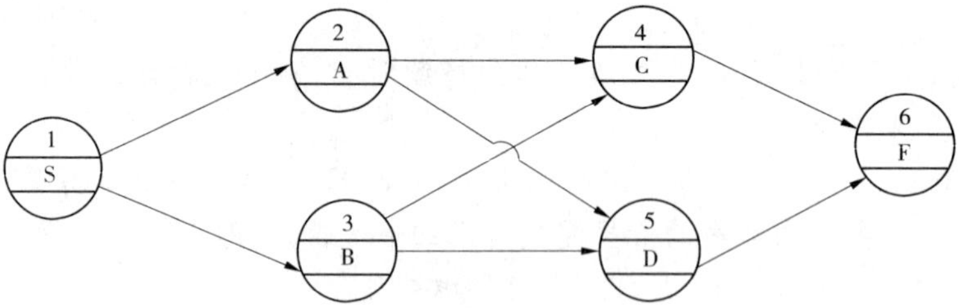

图 2-12 单代号网络图

2.2.1.1 节点

在单代号网络图中,节点及其编号表示一项工作。节点可以采用圆圈表示,也可以采用方框表示。节点所表示的工作名称、持续时间、工作编号一般都标注在圆圈或方框内,如图 2-13 所示。

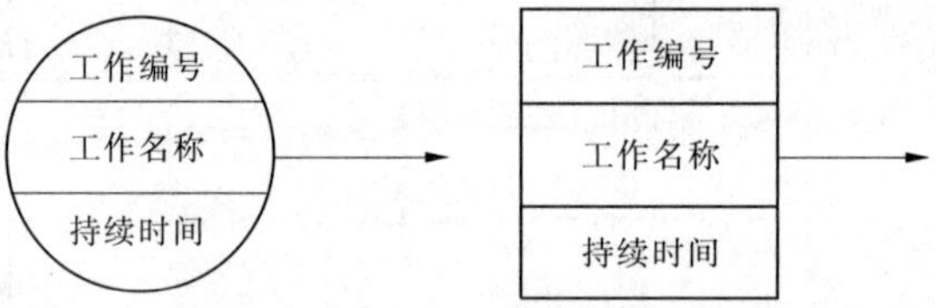

图 2-13 单代号表示方法

单代号网络图中的节点必须编号,其号码可间断但严禁重复。在对网络图的节点进行编号时,箭线的箭尾节点编号应小于箭头节点编号。

2.2.1.2 箭线

单代号网络图中的箭线仅表示工作间的逻辑关系,它既不占用时间也不消耗资源。单代号网络图中表达逻辑关系时并不需要使用虚箭线。箭线应画成水平直线、折线或斜线,且箭线水平投影的方向应自左向右。箭线的箭头表示工作的前进方向,箭尾节点工作为箭头节点工作的紧前工作。

2.2.1.3 线路

单代号网络图中从起点节点出发,沿着箭头方向连续通过一系列箭线和节点,直至到达终点节点的通路,称为线路。

单代号网络图中的线路有多条。在各条线路中,所有工作的持续时间之和最长的线路称为关键线路。除关键线路外的其他线路都称为非关键线路。位于关键线路上的工作称为关键工作,除关键工作外的其他工作称为非关键工作。

关键工作用较粗的箭线或双箭线来表示,以示与非关键线路上的工作区别。

2.2.2 单代号网络图的特点

(1)工作之间的逻辑关系容易表达,且不用虚箭线,故绘图较简单。

(2)网络图便于检查和修改。

(3)由于工作的持续时间表示在节点之中,没有长度,故不够形象直观。

(4)表示工作之间逻辑关系的箭线可能产生较多的纵横交叉现象。

2.2.3 单代号网络图的绘制规则

(1)网络图必须按照已定的逻辑关系绘制。

(2)不允许出现循环线路。

(3)工作代号不允许重复,一个代号只能代表唯一的工作。

(4)当有多项开始工作或多项结束工作时,应在网络图两端分别增加一虚拟的起点节点和终点节点。

(5)严禁出现双向箭头或无箭头的线段。

(6)严禁出现没有箭尾节点或没有箭头节点的箭线。

2.2.4 单代号网络计划时间参数的计算

单代号网络计划时间参数的计算应在确定各项工作的持续时间之后进行。时间参数的计算顺序和计算方法基本上与双代号网络计划时间参数的计算相同。单代号网络计划时间参数的标注形式如图2-14所示。

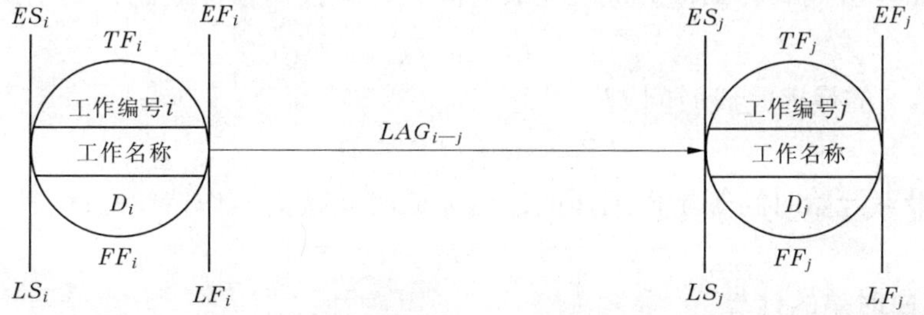

图2-14 单代号网络计划时间参数的标注形式

2.2.4.1 工作最早开始时间和最早完成时间的计算

工作 i 的最早开始时间 ES_i 应从网络图的起点节点开始,顺着箭线方向依次逐个计算。起点节点的最早开始时间 ES_1 若无规定,其值等于零,即

$$ES_1 = 0 \quad (i = 1) \tag{2-17}$$

其他工作的最早开始时间等于该工作紧前工作的最早完成时间的最大值,即

$$ES_i = \max\{EF_h\} = \max\{ES_h + D_h\} \tag{2-18}$$

式中 EF_h——工作 i 的紧前工作 h 的最早完成时间；

ES_h——工作 i 的紧前工作 h 的最早开始时间；

D_h——工作 i 的紧前工作 h 的工作持续时间。

工作的最早完成时间 EF_i 等于工作的最早开始时间加该工作的持续时间，即

$$EF_i = ES_i + D_i \tag{2-19}$$

2.2.4.2 网络计划工期的计算

1. 网络计划的计算工期

当终点节点为 n 时，工作 n 的最早完成时间即网络计划的计算工期 T_c，其计算公式为

$$T_c = EF_n \tag{2-20}$$

2. 网络计划的计划工期

网络计划的计划工期 T_p 的确定应按下述规定：

当已规定了要求工期 T_r 时

$$T_p \leqslant T_r$$

当未规定要求工期时，可令计划工期等于计算工期

$$T_p = T_c$$

2.2.4.3 相邻两项紧前紧后工作时间间隔的计算

工作 i 的最早完成时间 EF_i 与其紧后工作 j 的最早开始时间 ES_j 的时间间隔 LAG_{i-j}，等于工作 j 的最早开始时间 ES_j 与工作 i 的最早完成时间 EF_i 之差，其计算公式为

$$LAG_{i-j} = ES_j - EF_i \tag{2-21}$$

当终点节点 n 为虚拟节点时，其紧前工作 m 与虚拟工作 n 的时间间隔为

$$LAG_{m-n} = T_p - EF_m \tag{2-22}$$

2.2.4.4 工作最迟必须开始时间和最迟必须结束时间的计算

终点节点 n 所代表的工作的最迟完成时间 LF_n 应按网络计划的计划工期 T_p 确定，即

$$LF_n = T_p \tag{2-23}$$

其他工作 i 的最迟完成时间 LF_i 应为

$$LF_i = \min\{LF_j - D_j\} \tag{2-24}$$

工作的最迟开始时间等于该工作的最迟完成时间减去工作持续时间，即

$$LS_i = LF_i - D_i \tag{2-25}$$

2.2.4.5 自由时差的计算

根据自由时差的定义，工作的自由时差等于该工作与其紧后工作之间的时间间隔的最小值：

$$FF_i = \min\{LAG_{i-j}\} \tag{2-26}$$

2.2.4.6 总时差的计算

工作的总时差 TF_i 应从网络计划的终点节点开始，逆着箭线方向依次逐项计算。当部分工作分期完成时，有关工作的总时差必须从分期完成的节点开始逆向逐项计算。

终点节点 n 所代表工作的总时差 TF_n 应按下式计算：

$$TF_n = T_p - EF_n \tag{2-27}$$

其他工作 i 的总时差 TF_i 应按下式计算：

$$TF_i = \min\{TF_j + LAG_{i-j}\} \tag{2-28}$$

任务2.3 网络计划的优化

网络计划中用关键线路控制工期，利用时差进行网络计划的优化。网络计划的优化是通过利用时差，不断改善网络计划的初始方案，在满足既定的条件下，按某一衡量指标（如时间、成本、物资）来寻求最优方案。网络计划的优化可分为工期优化、费用优化和资源优化三种。

2.3.1 工期优化

所谓工期优化，是指网络计划的计算工期不满足要求工期时，通过压缩关键工作的持续时间以满足要求工期目标的过程。

网络计划工期优化的基本方法是在不改变网络计划中各项工作之间逻辑关系的前提下，通过压缩关键工作的持续时间来达到优化目标。在工期优化过程中，按照经济合理的原则，不能将关键工作压缩成非关键工作。此外，当工期优化过程中出现多条关键线路时，必须将各条关键线路的总持续时间压缩相同数值；否则，不能有效地缩短工期。

网络计划的工期优化可按下列步骤进行：

（1）确定初始网络计划的计算工期和关键线路。

（2）按要求工期计算应缩短的时间 ΔT：

$$\Delta T = T_c - T_r \tag{2-29}$$

式中 T_c——网络计划的计算工期；

T_r——要求工期。

（3）选择应缩短持续时间的关键工作。选择压缩对象时宜在关键工作中考虑下列因素：①缩短持续时间对质量和安全影响不大的工作；②有充足备用资源的工作；③缩短持续时间所需增加的费用最少的工作。

（4）将所选定的关键工作的持续时间压缩至最短，并重新确定计算工期和关键线路。若被压缩的工作变成非关键工作，则应延长其持续时间，使之仍为关键工作。

（5）当计算工期仍超过要求工期时，重复上述步骤（2）~（4），直至计算工期满足要求工期或计算工期已不能再缩短。

（6）当所有关键工作的持续时间都已达到其能缩短的极限而寻求不到继续缩短工期的方案，而网络计划的计算工期仍不能满足要求工期时，应对网络计划的原技术方案、组织方案进行调整，或对要求工期重新审定。

2.3.2 费用优化

费用优化又称工期成本优化，是指寻求工程总成本最低时的工期安排，或按要求工期寻求最低成本的计划安排的过程。

在建设工程施工过程中，完成一项工作通常可以采用多种施工方法和组织方法，而不同的施工方法和组织方法，又会有不同的持续时间和费用。由于一项建设工程往往包含许多工作，所以在安排建设工程进度计划时，就会出现许多方案。进度方案不同，所对应的总工期和总费用也就不同。为了能从多种方案中找出总成本最低的方案，必须首先分析费用和时间之间的关系。

2.3.2.1 工程费用与工期的关系

工程总费用由直接费和间接费组成。直接费由人工费、材料费、机械使用费等组成。施工方案不同，直接费也就不同；如果施工方案一定，工期不同，直接费也不同。直接费会随着工期的缩短而增加。间接费包括企业经营管理的全部费用，它一般会随着工期的缩短而减少。在考虑工程总费用时，还应考虑工期变化带来的其他损益，包括效益增量和资金的时间价值等。工程费用与工期的关系如图 2-15 所示。

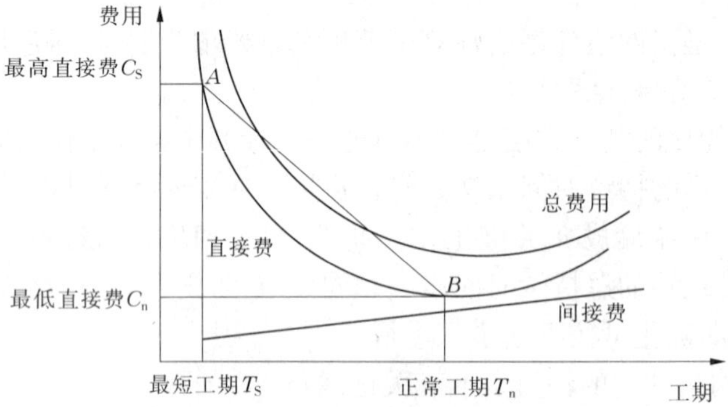

图 2-15 工程费用与工期的关系

2.3.2.2 工作直接费与持续时间的关系

由于网络计划的工期取决于关键工作的持续时间，为了进行工期成本优化，必须分析网络计划中各项工作的直接费与持续时间的关系，它是网络计划工期成本优化的基础。

工作的直接费与持续时间的关系类似于工程直接费与工期的关系，工作的直接费随着持续时间的缩短而增加，如图 2-15 所示。为简化计算，工作的直接费与持续时间的关系被近似地认为是一条直线关系。当工作划分不是很粗时，其计算结果还是比较精确的。

工作的持续时间每缩短单位时间而增加的直接费称为直接费用率。工作的直接费用率越大，说明将该工作的持续时间缩短一个时间单位所需增加的直接费就越多；反之，将该工作的持续时间缩短一个时间单位所需增加的直接费就越少。因此，在压缩关键工作的持续时间以达到缩短工期的目的时，应将直接费用率最小的关键工作作为压缩对象。当有多条关键线路出现而需要同时压缩多个关键工作的持续时间时，应将它们的直接费用率之和（组合直接费用率）最小者作为压缩对象。

2.3.3 资源优化

资源是指为完成一项计划任务所需投入的人、材料、机械设备和资金等。完成一项工程任务所需要的资源量基本上是不变的，不可能通过资源优化将其减少。资源优化的目的是通过改变工作的开始时间和完成时间，使资源按照时间的分布符合优化目标。

在通常情况下，网络计划的资源优化分为两种，即“资源有限，工期最短”的优化和“工期固定，资源均衡”的优化。前者是通过调整计划安排，在满足资源限制的条件下，使工期延长最少的过程；后者是通过调整计划安排，在工期保持不变的条件下，使资源需用量尽可能均衡的过程。这里所讲的资源优化，其前提条件是：

(1)在优化过程中，不改变网络计划中各项工作之间的逻辑关系。

(2)在优化过程中，不改变网络计划中各项工作的持续时间。

(3)网络计划中各项工作的资源强度(单位时间所需资源数量)为常数，而且是合理的。

(4)除规定可中断的工作外，一般不允许中断工作，应保持其连续性。

思考题

2-1　简述双代号网络计划的关键线路及其确定方法。

2-2　某工程计划中A工作的持续时间为3 d，总时差为8 d，自由时差为4 d。如果A工作实际进度拖延18 d，则会影响工程计划工期多少天？

2-3　在工程网络计划中，M工作的最早开始时间为第19天，其持续时间为2 d，该工作有三项紧后工作，它们的最早开始时间分别为第22天、第23天、第25天，则M工作的自由时差为多少天？

2-4　图2-16中网络计划的计算工期是多少？

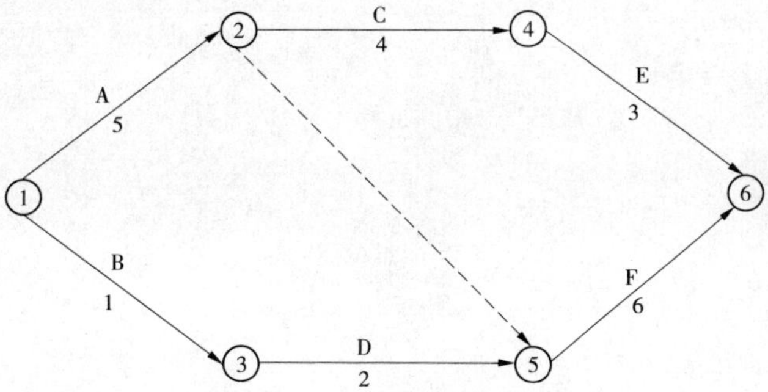

图2-16　思考题2-4图

2-5　某工程双代号网络计划如图2-17所示，找出该计划的关键线路。

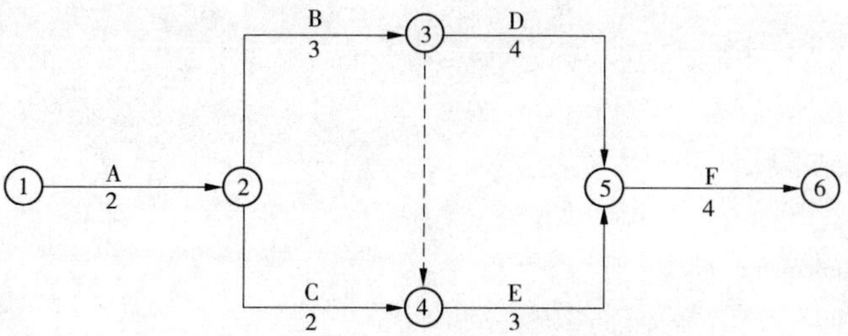

图2-17　思考题2-5图

2-6　某工程项目施工计划工作的逻辑关系和作业时间见表2-5，试绘制其时标网络图。

表 2-5 思考题 2-6 表

施工过程	A	B	C	D	E	F	G	H
持续时间	2	3	3	2	4	3	2	5
紧后工作	C、D	E、F	E、F	G	G	H	无	无

2-7 简述工期优化的步骤。

2-8 利用思考题 2-6 的已知条件,绘制其单代号网络计划。

项目3　流水施工的基本原理

教学提示：本章主要介绍了组织施工的方式，流水施工的概念、分类和表达方式；重点阐述了流水施工参数及其确定、组织流水施工的基本方式，并结合实例阐述了流水施工组织方式在实践中的应用步骤和方法；同时介绍了流水施工的评价方法。

教学要求：通过本章教学，使学生了解流水施工的分类、概念及评价方法；熟悉组织施工的方式及特点、流水施工在实际中应用的步骤和方法；掌握流水施工的主要参数及其确定方法；掌握等节奏流水、成倍流水和无节奏流水的组织方法。

任务3.1　流水施工的基本概念

生产实践已经证明，在所有的生产领域中，流水作业法是组织产品生产的理想方法，流水施工也是工程施工最有效的科学组织方法。流水施工应建立在分工协作的基础上，使施工过程具有连续性、均衡性和节奏性，能合理地组织施工，取得较好的经济效益，所以在工程施工组织中被广泛采用。但是，由于工程产品及其生产的特点不同，其流水施工的概念、特点和效果与其他产品的流水作业也有所不同。

工程流水施工是将工程划分为几个施工段，组织若干个班组（或工序），按照一定的施工顺序、一定的时间间隔，依次从一个施工段转移到另一个施工段，使同一施工过程的施工班组能够连续、均衡地工作，不同的施工过程尽可能平行搭接施工。

3.1.1　组织施工的方式

在工程施工中，可以采用依次施工（亦称顺序施工法）、平行施工和流水施工等组织方式。对于相同的施工对象，当采用不同的作业组织方法时，其效果也各不相同。下面以例3-1为引例加以说明。

【例3-1】　现有4幢同类型房屋进行同样的装修，按一幢为一个施工段。已知每幢房屋基础分部工程大致分为顶棚、墙面、地面、踢脚线4个分项工程，各分项工程所花时间均为3周，挖土施工班组的人数为10人、垫层施工班组的人数为15人、砖基础施工班组的人数为10人、回填土施工班组的人数为5人。要求分别采用依次、平行、流水的施工方式对其组织施工,分析各种施工方式的特点。

解:组织施工的方式如图 3-1 所示。

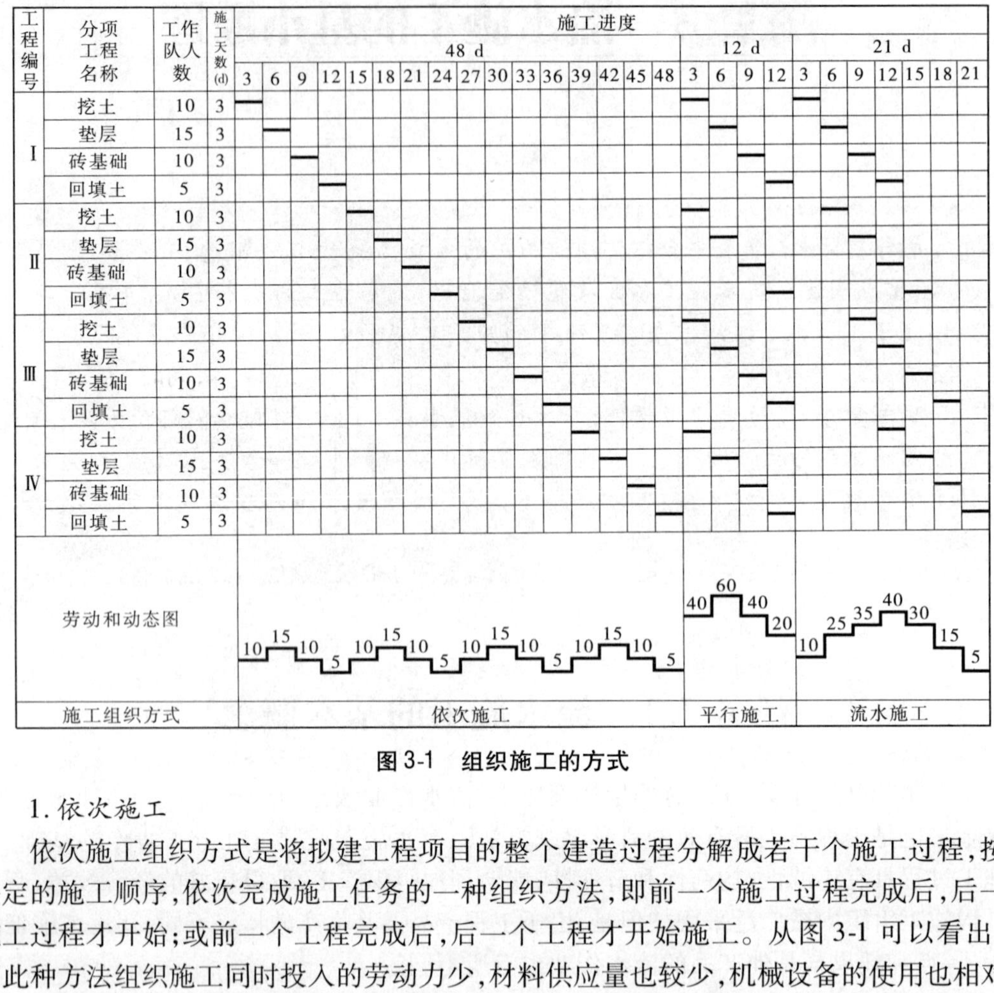

图 3-1 组织施工的方式

1. 依次施工

依次施工组织方式是将拟建工程项目的整个建造过程分解成若干个施工过程,按照一定的施工顺序,依次完成施工任务的一种组织方法,即前一个施工过程完成后,后一个施工过程才开始;或前一个工程完成后,后一个工程才开始施工。从图 3-1 可以看出,采用此种方法组织施工同时投入的劳动力少,材料供应量也较少,机械设备的使用也相对较少。但是采用这种施工方法各施工专业队伍的工作是间歇进行的,因此不能充分利用时间和空间,拖长了工程的周期,工期长达 48 d。

2. 平行施工

平行施工就是将若干个工程对象交给若干个施工队伍施工,它们既要同时开工,也要同时完工,中间任何施工过程中的工作节奏也一样。从图 3-1 可以看出,采用这种施工方法具有各个专业班组工作互不干扰、不空歇、工作面充分利用的优点,工程的周期仅为一幢楼施工的时间(12 d)。但是,同时投入的施工队伍增加到 4 个,相应的材料、机械设备的使用也有所增加,这就造成了技术与资源的高度集中,增加了临时设施的费用,而且采用这种施工方法必须是在施工场地不受限制的前提下进行的,然而在实际的大多数水利装修项目中,施工的空间是有限的,无法满足超过限度的施工人员和设备进场施工。因此,这种方法的实施具有很大的局限性,只有在拟建工程任务十分紧迫、工作面允许以及有充足资源保证供应的条件下才能采用。

3. 流水施工

将拟建工程项目的全部建造过程在工艺上分解为若干个施工过程，在平面上划分为若干个施工段，在竖向上划分为若干个施工层，然后按照施工过程组建专业工作队（或组），并使其按照规定的顺序依次连续地投入各施工段，完成各个施工过程。从图 3-1 可以看出，采用这种施工方法既能充分利用时间又能充分利用空间，大大缩短了工期，4 幢楼基础分部工程总工期为 21 d。同时克服了平行施工资源高度集中的缺点，所以流水施工法是一种先进有效的作业组织法。

流水施工法可保证生产的连续性和均衡性，而生产的连续性和均衡性势必使各种材料可以均衡使用，消除工作组的施工间歇，大大缩短工期，一般可缩短 1/3 ~ 1/2。此外，流水施工中各工作队可以实行专业化施工，因而为工人提高技术熟练程度以及改进操作方法和生产工具创造了有利条件，可充分提高劳动生产率。劳动生产率得到提高，相应地可以减少工人人数和临时设施的数量，从而可以节约投资、降低成本；同时专业化施工有助于保证工程质量。

流水施工是实现施工管理科学化的重要组成内容，是与工程设计标准化、施工机械化等现代施工内容紧密联系、相互促进的，是实现企业进步的重要手段。

3.1.2 组织流水施工的条件

（1）划分施工过程。

将拟建工程的整个建造过程分解为若干个施工过程。划分施工过程的目的是对施工对象的建造过程进行分解，以便逐一实现局部对象的施工，从而使施工对象整体得以实现。只有这种合理的分解才能组织专业化施工和有效协作。

（2）划分施工段。

根据组织流水施工的需要，将拟建工程在平面上或空间上尽可能地划分为劳动量大致相同的若干个施工段。

施工段可以是固定的，也可以是不固定的。在固定施工段的情况下，所有施工过程都采用同样的施工段，施工段的分界对所有施工过程来说都是固定不变的。在不固定施工段的情况下，对不同的施工过程分别规定出一种施工段划分方法，施工段的分界对于不同的施工过程是不同的。固定的施工段便于组织流水施工，采用较广，而不固定的施工段则较少采用。

（3）每个施工过程组织独立的施工班组。

在一个流水组中，每个施工过程尽可能组织独立的施工班组，其形式可以是专业班组，也可以是混合班组。这样可使每个施工班组按施工顺序，依次、连续、均衡地从一个施工段转移到另一个施工段进行相同的操作。

（4）主要施工过程必须连续、均衡地施工。

主要施工过程是指工程量较大、作业时间较长的施工过程。对于主要施工过程，必须连续、均衡地施工；对于其他次要的施工过程，可考虑与相邻的施工过程合并。如不能合并，为缩短工期，可安排间断施工。

（5）不同施工过程尽可能组织平行搭接施工。

根据施工顺序,不同的施工过程在有工作面的条件下,除必要的技术和组织间歇时间外,应尽可能组织平行搭接施工。

3.1.3 流水施工的技术经济效果

流水施工在工艺划分、时间排列和空间布置上的统筹安排,必然会给相应的项目经理部带来显著的经济效益,具体可归纳为以下几点:

(1)由于流水施工的连续性,减少了专业工作的间隔时间,达到了缩短工期的目的,可使拟建工程项目尽早竣工,交付使用,产生投资效益。

(2)便于改善劳动组织,改进操作方法和施工机具,有利于提高劳动生产率。

(3)专业化的生产可提高工人的技术水平,使工程质量得到相应提高。

(4)工人技术水平和劳动生产率的提高,可以减少用工量和施工暂设建造量,降低工程成本,提高利润水平。

(5)可以保证施工机械和劳动力得到充分、合理的利用。

(6)由于工期短、效率高、用人少、资源消耗均衡,可以减少现场管理费和物资消耗,实现合理的储存与供应,有利于提高项目经理部的综合经济效益。

任务 3.2 流水施工的基本参数

3.2.1 流水施工的分级和表达方式

3.2.1.1 流水施工的分级

根据流水施工组织的范围划分,流水施工通常可分为如下几级。

1. 分项工程流水施工

分项工程流水施工也称为细部流水施工,它是在一个专业工种内部组织起来的流水施工。在项目施工进度计划表上,它是一条标有施工段或工作队编号的水平进度指示线段或斜向进度指示线段。

2. 分部工程流水施工

分部工程流水施工也称为专业流水施工,它是在一个分部工程内部、各分项工程之间组织起来的流水施工。在项目施工进度计划表上,它由一组标有施工段或工作队编号的水平进度指示线段或斜向进度指示线组成。目前,一个工程需要确定多少施工过程数目没有统一的规定,一般以既能表达一个工程的完整施工过程,又能做到简单明了进行安排为原则,数量不宜过多(以主导施工过程为主),以便于流水作业。制备类和运输类施工过程一般不占有施工对象的空间,不影响项目总工期,在进度表上不反映;只有当它们占有施工对象的空间并影响项目总工期时,才会被列入项目施工进度计划中。

3.2.1.2 流水强度

每一施工过程在单位时间内所完成的工程量(如浇捣混凝土施工过程中,工程量为每工作班能浇筑的混凝土立方数)叫流水强度,又称为流水能力或生产能力。

(1)机械施工过程的流水强度按式(3-1)计算:

$$V_i = \sum_{i=1}^{x} R_i S_i \tag{3-1}$$

式中 V_i——流水强度；

R_i——某种施工机械台数；

S_i——该种施工机械台班产量；

x——用于同一施工过程的主导施工机械种数。

例如，某铲运机铲运土方工程，推土机1台，$S_1 = 1\ 562.5\ m^3$/台班；铲运机3台，$S_2 = 223.2\ m^3$/台班，则该机械施工过程的流水强度为

$$V_i = 1 \times 1\ 562.5 + 3 \times 223.2 = 2\ 232.1(m^3/台班)$$

（2）人工操作过程的流水强度按式（3-2）计算：

$$V_i = R_i S_i \tag{3-2}$$

式中 V_i——某施工过程的人工操作流水强度；

R_i——投入施工过程的专业工作队工人数；

S_i——投入施工过程的专业工作队平均产量定额。

例如，某饰面工程每日安排4名工人施工，其产量定额为5 m^2/工日，则该饰面工程流水强度为20 m^2/工日。

3.2.2 空间参数

在组织流水施工时，用以表达流水施工在空间布置上所处状态的参数称为空间参数。空间参数主要包括工作面、施工段和施工层。

3.2.2.1 工作面

工作面又称为工作线，是指在施工对象上可能安置的操作工人的人数或布置施工机械的地段。它用来反映施工过程中（工人操作、机械布置）在空间上布置的可能性。

对于某些施工过程，在施工一开始时就已经在整个长度或广度上形成了工作面，这种工作面称为完整的工作面（如铺地砖）。

有些施工过程的工作面是随着施工过程的进展逐步形成的，这种工作面称为部分工作面。

工作面的大小可以采用不同的单位来计量。例如，门窗的油漆可以采用门窗洞的面积以 m^2 为单位，靠墙扶手沿长度以 m 为单位。

在确定一个施工过程必要的工作面时，不但要考虑前一施工过程为这一施工过程可能提供的工作面大小，还必须严格遵守施工规范和安全技术的有关规定。因此，工作面的形成直接影响到流水施工的组织。有关工种的工作面及其说明见表3-1。

3.2.2.2 施工段

为了有效地组织流水施工，通常把拟建工程项目在平面上划分成若干个劳动量大致相等的施工段落，这些施工段落称为施工段。施工段的数目通常以 M 或 m 表示，它是流水施工的基本参数之一。

表 3-1 有关工种的工作面及其说明

工作项目	每个技工的工作面	说明
砖基础	7.6 m/人	以 1.5 砖计,2 砖乘以 0.8,3 砖乘以 0.55
砌砖墙	8.5 m/人	以 1 砖计,1.5 砖乘以 0.7,2 砖乘以 0.57
毛石墙基	3 m/人	以 60 cm 计
毛石墙	3.3 m/人	以 40 cm 计
混凝土柱、墙基础	8 m^3/人	机拌、机捣
混凝土设备基础	7 m^3/人	机拌、机捣
现浇钢筋混凝土柱	2.45 m^3/人	机拌、机捣
现浇钢筋混凝土梁	3.2 m^3/人	机拌、机捣
现浇钢筋混凝土墙	5 m^3/人	机拌、机捣
现浇钢筋混凝土楼板	5.3 m^3/人	机拌、机捣
预制钢筋混凝土柱	3.6 m^3/人	机拌、机捣
预制钢筋混凝土梁	3.6 m^3/人	机拌、机捣
预制钢筋混凝土屋架	2.7 m^3/人	机拌、机捣
预制钢筋混凝土平板、空心板	1.91 m^3/人	机拌、机捣
预制钢筋混凝土大型屋面板	2.62 m^3/人	机拌、机捣
混凝土地坪及面层	40 m^2/人	机拌、机捣
外墙抹灰	16 m^2/人	
内墙抹灰	18.5 m^2/人	
卷材屋面	18.5 m^2/人	
防水水泥砂浆屋面	16 m^2/人	
门窗安装	11 m^2/人	

1. 划分施工段的目的

划分施工段是组织流水施工的基础,其目的是由于工程产品生产的单件性,导致它不适于组织流水施工,但是工程产品体积庞大的固有特征又为组织流水施工提供了空间条件,可以把这个体积庞大的"单件产品"划分成具有若干个施工段、施工层的"批量产品",使其满足流水施工的基本要求;在保证工程质量的前提下,为专业工作队确定合理的空间活动范围,使其按流水施工的原理集中人力和物力,迅速地、依次地、连续地完成各段的任务，为相邻专业工作队尽早地提供工作面，达到缩短工期的目的。

2. 划分施工段的原则

在不同的分部工程中，施工段的划分可以采用相同或不同的划分办法。在同一分部工程中最好采用统一的段数，但也不能排除特殊情况。例如，在单层工业厂房的预制工程中，柱和屋架的施工段划分就不一定相同。对于多幢同类型房屋的施工，可以栋号为段组织大流水施工。为了使施工段划分得更科学、更合理，通常应遵循以下的原则：

(1)施工段的数目要满足组织流水施工的要求，施工段数目过多，会降低施工速度，延长工期；施工段数目过少，不利于充分利用工作面，可能造成窝工。

(2)专业工作队在各个施工段上的劳动量要大致相等，其相差幅度不宜超过10%～15%。

(3)为了充分发挥工人、主导机械的效率，每个施工段要有足够的工作面，使其所容纳的劳动力人数或机械台数能满足合理劳动组织的要求。

(4)为了保证拟建工程项目的结构整体完整性，施工段的分界线应尽可能与结构的自然界线（如沉降缝、伸缩缝等）相一致。如果必须将分界线设在墙体中间，应将其设在对结构整体性影响较小的部位。

(5)对于多层的拟建工程项目，既要划分施工段，又要划分施工层，以保证相应的专业工作队在施工段与施工层之间有节奏、连续、均衡地进行流水施工。

(6)对多层或高层工程建筑，施工段的数目要满足合理流水施工组织的要求，即$m \geq n$（n为施工过程数）。

☆**知识链接**

施工缝：受到施工工艺的限制，按计划中断施工而形成的接缝，称为施工缝。混凝土结构由于分层浇筑，在本层混凝土与上一层混凝土之间形成的缝隙，就是最常见的施工缝，但它并不是真正意义上的缝，而应该是一个面。

沉降缝：为克服结构不均匀沉降而设置的缝，须从基础到上部结构完全分开。沉降缝是用来调节建筑物垂直方向上的形变的。

伸缩缝：为克服过大的温度应力而设置的缝，基础可不断开。伸缩缝是用来调节建筑物水平方向上的形变的。

抗震缝：为使建筑物较规则，以期有利于结构抗震而设置的缝，基础可不断开。

3. 施工段数(m)与施工过程数(n)的关系

(1)当$m=n$时，工作队连续施工，施工段上始终有施工的班组，工作面能被充分利用，无停歇现象，也不会产生工人窝工现象，是理想的流水施工。

(2)当$m>n$时，工作队仍能连续施工，虽然有停歇的工作面，但不一定是不利的，有时还是必要的，如利用这些停歇时间做养护、备料、弹线等工作。

(3)当$m<n$时，工作队不能连续施工，会出现窝工现象，这对一个建筑物的水利工程组织流水施工是不适宜的。

施工段有空闲停歇，一般会影响工期，但在空闲的工作面上如能安排一些准备或辅助工作(如运输类施工过程),则会使后续工作顺利,也不一定是不利的。而工作队工作不连续则是不可取的,除非能将窝工的工作队转移到其他工地进行工地间大流水。

需要注意的是,施工段数 m 不能过大,否则施工材料、作业人员、机械设备过于集中,影响施工效率和效益,同时容易发生安全生产事故。

3.2.2.3 施工层

在组织流水施工时,为满足专业工种对操作高度的要求,通常将施工项目在竖向上划分为若干个作业层,这些作业层均称为施工层。施工层的划分要根据建筑物的楼层高度来确定,如砌砖墙的施工层高为 1.2 m,室内抹灰、木装饰、油漆、玻璃和水电安装等可按楼层进行施工层划分。

3.2.3 时间参数

时间参数是指在组织流水施工时,用以表达流水施工在时间安排上所处状态的参数,主要包括流水节拍、流水步距、工艺技术间歇时间、组织间歇时间、提前插入时间和流水施工工期等。

3.2.3.1 流水节拍

流水节拍是指每个专业班(组)在各个施工段上完成相应的施工任务所需要的工作延续时间,通常用 t_i 表示($i=1,2,3,\cdots,n$)。

流水节拍是流水施工的主要参数之一,它表明流水施工的速度和节奏性。流水节拍小,其流水速度快、节奏感强;反之则相反。流水节拍决定了单位时间的资源供应量,同时流水节拍是区别流水施工组织方式的特征参数。

同一施工过程的流水节拍,主要由所采用的施工方法、施工机械以及在工作面允许的前提下投入施工的工人数、机械台班数和采用的工作班次等因素确定。

流水节拍的计算方法如下:

(1)定额计算法。根据各施工段的工程量和现有能够投入的资源量(劳动力、机械台数和材料量等),按式(3-3)进行计算:

$$t_i = \frac{Q_i}{S_i R_i b} = \frac{Q_i H_i}{R_i} = \frac{P_i}{R_i} \tag{3-3}$$

式中 t_i——某水利工程在某施工段上的流水节拍;

Q_i——某水利工程在某施工段上的工程量;

S_i——某水利工程的产量定额;

H_i——某水利工程的时间定额;

R_i——某水利工程的施工人数或机械台班数;

b——每天工作班数;

P_i——某水利工程在某施工段上的劳动量。

☆知识链接

如果根据工期要求采用倒排进度的方法确定流水节拍,则可用式(3-3)反算出所需要的施工人数或机械台班数。但在此时,必须检查劳动力、材料和施工机械供应的可能性,以及工作面是否足够等。

(2)经验估算法。根据以往的施工经验进行估算，多适用于采用新工艺、新材料和新方法等没有定额可循的工程。一般为了提高其准确程度，往往先估算出该流水节拍的最长、最短和正常三种时间，然后据此求出期望时间作为某专业工作队在某施工段上的流水节拍。该估算法也称为三点时间估算法，按式(3-4)进行计算。

$$t = \frac{a + 4c + b}{6} \tag{3-4}$$

式中 t——某施工过程在某施工段上的流水节拍；

a——某施工过程在某施工段上的最短估算时间；

b——某施工过程在某施工段上的最长估算时间；

c——某施工过程在某施工段上的正常估算时间。

3.2.3.2 流水步距

流水步距是指组织流水施工时，相邻两个施工过程（或专业工作队）相继开始施工的最短间隔时间。流水步距一般用 $K_{i,i+1}$ 表示。它是流水施工的主要参数之一。

流水步距的数目取决于参加流水的施工过程数。如果施工过程数为 n，则流水步距的总数为 $n-1$。

流水步距的大小取决于相邻两个施工过程（或专业工作队）在各个施工段上的流水节拍及流水施工的组织方式。确定流水步距时，一般应满足以下基本要求：

(1)各施工过程按各自流水速度施工，始终保持工艺先后顺序。

(2)各施工过程的专业工作队投入施工后尽可能保持连续作业。

(3)相邻两个施工过程（或专业工作队）在满足连续施工的条件下，能最大限度地实现合理搭接。

根据以上基本要求，在不同的流水施工组织形式中可以采用不同的方法确定流水步距。

一般情况下可用式(3-5)来确定：

$$\begin{cases} K_{i,i+1} = t_i + (t_j - t_d) & (t_i \leqslant t_{i+1}) \\ K_{i,i+1} = mt_i - (m-1)t_{i+1} + (t_j - t_d) & (t_i > t_{i+1}) \end{cases} \tag{3-5}$$

式中 t_j——技术与组织间歇时间；

t_d——相邻两个施工过程之间的搭接时间。

3.2.3.3 工艺技术间歇时间（通常以 G 表示）

在组织流水施工中，除考虑两相邻施工过程间的正常流水步距外，有时应根据施工工艺的要求考虑工艺间合理的时间间隔。例如，混凝土浇筑后的养护时间、砂浆抹面和油漆面的干燥时间等均为工艺技术间歇时间，它的存在会使工期延长。

3.2.3.4 组织间歇时间（通常以 Z 表示）

在流水施工中，由于施工技术或施工组织的因素，两相邻的施工过程在规定的流水步距以外增加必要的时间间隔，称为组织间歇时间。例如，回填土以前对埋设的地下管道进行检查验收所消耗的时间;又如基础混凝土浇筑并养护后,施工人员必须进行主体结构轴线位置的弹线;还有施工人员、机械设备转移所消耗的时间等均为组织间歇时间。

在组织流水施工时,工艺技术间歇时间及组织间歇时间可根据间歇时间的发生阶段一并考虑或分别考虑,以灵活应用工艺技术间歇和组织间歇的时间参数特点,简化流水施工组织。

3.2.3.5 提前插入时间(通常以 C 表示)

为了缩短工期,在工作面允许的条件下,有时在同一施工段中,当前一个专业工作队完成部分施工任务后,后一个专业工作队可以提前进入,两者形成平行搭接施工,这个搭接的时间称为提前插入时间。

3.2.3.6 流水施工工期

流水施工工期是指从第一个专业工作队投入流水施工开始,到最后一个专业工作队完成流水施工为止的整个持续时间。由于一项建设工程往往包含许多流水组,故流水施工工期一般不是整个工程的总工期。

$$T = \sum K_{i,i+1} + T_N \tag{3-6}$$

式中 $\sum K_{i,i+1}$ ——流水施工中各流水步距之和;

T_N——流水施工中最后一道施工过程的持续时间。

式(3-6)适用于任何节奏的专业流水施工的工期计算。式(3-6)中既包含了主要流水施工参数,也充分反映了这些参数之间的联系和制约关系,熟练地掌握这些关系是组织流水施工的基础。

【例3-2】 某分部工程有A、B、C、D 4个分项工程,划分为4个施工段组织流水施工,各施工过程的流水节拍分别为 $t_A=3$ d,$t_B=3$ d,$t_C=4$ d,$t_D=2$ d,B过程完成后需有2 d的工艺技术间歇时间,求各施工过程之间的流水步距、该分部工程的工期,并绘制施工进度图。

解:

(1)确定各施工过程之间的流水步距。

①工作过程A、B之间的流水步距 $K_{A,B}$。因为 $t_A=t_B=3$ d,$t_j=0$,$t_d=0$,所以:$K_{A,B}=t_A+(t_j-t_d)=3+0-0=3$(d)。

②工作过程B、C之间的流水步距 $K_{B,C}$。因为 $t_B<t_C$,$t_j=2$,$t_d=0$,所以:$K_{B,C}=t_B+(t_j-t_d)=3+2-0=5$(d)。

③工作过程C、D之间的流水步距 $K_{C,D}$。因为 $t_C>t_D$,$t_j=0$,$t_d=0$,所以:$K_{C,D}=mt_C-(m-1)t_D+(t_j-t_d)=4\times4-(4-1)\times2+0-0=10$(d)。

(2)确定该分部工程的工期 T。

$$T = \sum K_{i,i+1} + T_N = K_{A,B} + K_{B,C} + K_{C,D} + mt_D = 3+5+10+2\times4 = 26(\mathrm{d})$$

(3)绘制施工进度图如图3-2所示。

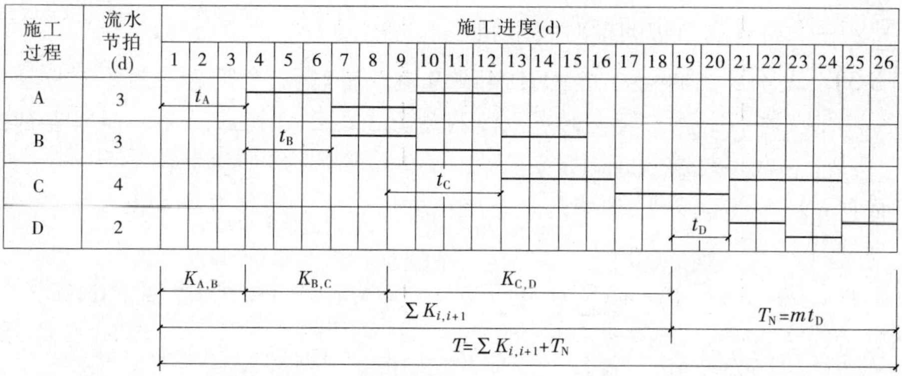

图 3-2　例 3-2 图

任务 3.3　流水施工的组织方法

组织一个项目或某分部工程的流水施工，就是参与流水作业的各施工过程的专业队或班组有节奏地从施工对象的各施工段逐个有规律地连续施工。根据施工对象及各施工过程的特点，工程的流水施工按流水节拍可分成有节奏流水施工和无节奏流水施工两大类。

3.3.1　有节奏流水施工

组织流水施工的各专业队在各施工段的工作持续时间（流水节拍）相同时，称为有节奏流水施工。有节奏流水施工又可分为等节奏流水施工和异节奏流水施工两种。

3.3.1.1　等节奏流水施工

在组织流水施工时，如果每个施工过程在各个施工段上的流水节拍都彼此相等，其流水步距也等于流水节拍，则这种流水施工方式称为等节奏流水施工。

1. 等节奏流水施工的特点

(1) 所有施工过程在各个施工段上的流水节拍均相等。

(2) 相邻施工过程的流水步距相等，且等于流水节拍。

(3) 专业工作队数等于施工过程数，即每一个施工过程成立一个专业工作队，由该队完成相应施工过程中所有施工段上的任务。

(4) 各个专业工作队在各施工段上能够连续作业，施工段之间没有空闲时间。

2. 确定等节奏流水施工工期

1) 有间歇时间的等节奏流水施工

所谓间歇时间，是指相邻两个施工过程之间由于工艺或组织安排需要而增加的额外等待时间，包括工艺技术间歇时间和组织间歇时间。对于有间歇时间的等节奏流水施工，其流水施工工期为

$$T = (m + n - 1)t + \sum G + \sum Z \tag{3-7}$$

式中　$\sum G$—— 所有的工艺技术间歇时间之和；

$\sum Z$——所有的组织间歇时间之和。

【例 3-3】 某分部工程由 A、B、C、D 4 个分项工程组成，它们在平面上划分为 4 个施工段，各分项工程在各个施工段上的流水节拍均为 3 d，B、C 两道工序之间需要的工艺技术间歇时间 2 d。试编制流水施工方案。

解：根据题设条件和要求，该案例只能组织有间歇时间的等节奏流水施工。

(1) 确定计算总工期。

$$T = (m + n - 1)t + \sum G + \sum Z = (4 + 4 - 1) \times 3 + 2 = 23(\mathrm{d})$$

(2) 绘制流水施工横道图，如图 3-3 所示。

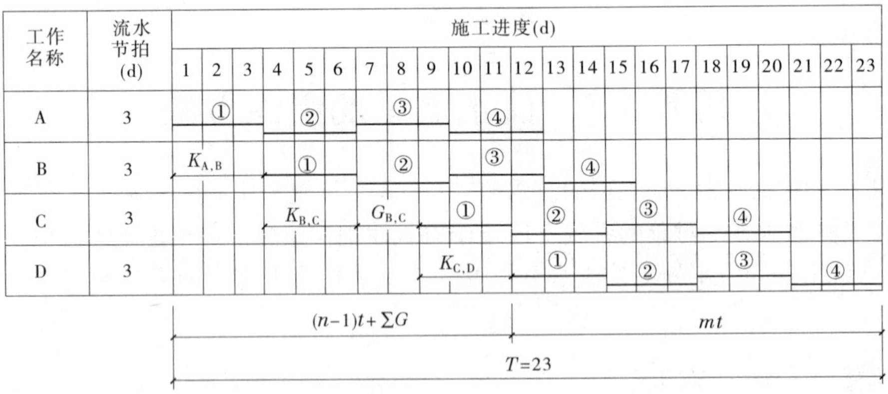

图 3-3 例 3-3 图

2) 有提前插入时间的等节奏流水施工

所谓提前插入时间，是指相邻两个专业工作队在同一施工段上共同作业的时间。在工作面允许和资源有保证的前提下，专业工作队提前插入施工，可以缩短流水施工工期。对于有提前插入时间的等节奏流水施工，其流水施工工期为

$$T = (m + n - 1)t + \sum G + \sum Z - \sum C \tag{3-8}$$

式中 $\sum C$——所有的提前插入时间之和。

【例 3-4】 某分部工程由 A、B、C、D 4 个分项工程组成，它们在平面上划分为 3 个施工段。各分项工程在各个施工段上的流水节拍均为 3 d，B、C 两道工序各可提前插入 1 d 施工，D 工序可提前插入 2 d 施工。试编制流水施工方案。

解：根据题设条件和要求，该案例只能组织有提前插入时间的等节奏流水施工。

(1) 确定计算总工期。

$$T = (m + n - 1)t + \sum G + \sum Z - \sum C = (3 + 4 - 1) \times 3 - (1 + 1 + 2) = 14(\mathrm{d})$$

(2) 绘制流水施工横道图，如图 3-4 所示。

3.3.1.2 异节奏流水施工

1. 成倍节拍流水施工

通常情况下，组织等节奏流水施工是比较困难的，因为在任一施工段上，不同的施工过程，其复杂程度不同，影响流水节拍的因素也各不相同，很难使得各个施工过程的流水

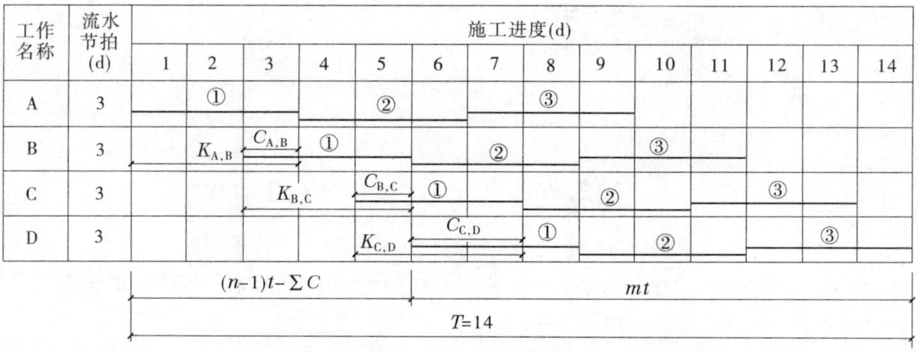

图3-4　例3-4图

节拍都彼此相等。但是,如果施工段划分得合适,保持同一施工过程各施工段的流水节拍相等是不难实现的。使某些施工过程的流水节拍成为其他施工过程流水节拍的倍数,即形成了成倍节拍流水施工。

1)成倍节拍流水施工的特点

(1)同一施工过程在其各个施工段上的流水节拍均相等;不同施工过程的流水节拍不等,但其值为倍数关系。

(2)相邻施工过程的流水步距相等,且等于流水节拍的最大公约数 t_{min}。

(3)专业工作队数大于施工过程数,即有的施工过程只成立一个专业工作队;而对于流水节拍大的施工过程,可按其倍数增加相应专业工作队的数目。

(4)各个专业工作队在施工段上能够连续作业,施工段之间没有空闲时间。

2)成倍节拍流水施工的组织步骤

(1)确定施工起点流向,划分施工段。

(2)分解施工过程,确定施工顺序。

(3)按以上要求确定每个施工过程的流水节拍。

(4)令流水步距 $K_{i,i+1}$ 为流水节拍的最大公约数 t_{min}。

(5)确定专业工作队数目 $b_i = t_i / t_{min}$。

(6)确定专业工作队数目总和 $N' = \sum b$ 。

(7)计算总工期:$T = (m + n' - 1)t_{min} + \sum G + \sum Z - \sum C$。

3)成倍节拍流水施工示例

【例3-5】　某工程由支模板、绑钢筋和浇混凝土3个分项工程组成,它在平面上划分为6个施工段。上述3个分项工程在各个施工段上的流水节拍依次为6 d、4 d和2 d。试编制工期最短的流水施工方案。

解:根据题设条件和要求,该案例只能组织成倍节拍流水施工。假定题设3个分项工程依次由专业工作队Ⅰ、Ⅱ、Ⅲ来完成,其施工段编号依次为①、②、③、④、⑤、⑥。

(1)确定流水节拍的最大公约数 t_{min} = 最大公约数{6,4,2} =2。

(2)令流水步距 $K_{i,i+1} = t_{min} = 2$。

(3)确定专业工作队数目 $b_i = t_i / t_{min}$。

$$b_1 = t_1/t_{min} = 6/2 = 3(\text{个})$$
$$b_2 = t_2/t_{min} = 4/2 = 2(\text{个})$$
$$b_3 = t_3/t_{min} = 2/2 = 1(\text{个})$$

(4)确定专业工作队数目总和。

$$n' = \sum b_i = b_1 + b_2 + b_3 = 6\text{个}$$

(5)计算总工期。

$$T = (m + n' - 1)t_{min} + \sum G + \sum Z - \sum C = (6 + 6 - 1) \times 2 + 0 + 0 - 0 = 22(\text{d})$$

(6)绘制流水施工进度图,如图 3-5 所示。

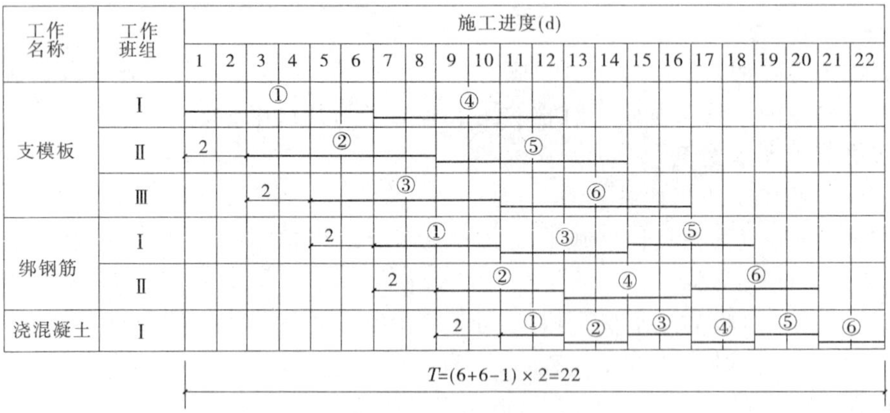

图 3-5 例 3-5 图

2. 不等节拍流水施工

在组织流水施工时,如果同一个施工过程在各个施工段上的流水节拍相等,而不同施工过程之间的流水节拍不一定相等,则这种流水施工方式称为不等节拍流水施工。

1)不等节拍流水施工的特点

(1)同一施工过程流水节拍相等,不同施工过程流水节拍不一定相等。

(2)相邻施工过程的流水步距不一定相等。

(3)每个专业队都能够连续施工,施工段可能有空闲时间。

(4)专业工作队数等于施工过程数。

2)流水步距及工期的确定方法

不等节拍流水施工的流水步距和工期计算方法详见例 3-2。

3.3.2 无节奏流水施工

在工程项目的实际施工中,很难做到每个施工过程在各施工段上工程量相等,又由于各专业工作队生产效率上的差异,使大多数的流水节拍彼此也不相等,不可能组织成全等节拍或成倍节拍的专业流水施工,也不可能组织成异节拍的专业流水。

无节奏流水施工是在保证施工工艺、满足施工顺序要求的前提下,按照一定的计算方法确定相邻专业工作队之间的流水步距,使相邻专业工作队在开工时间上最大限度地、合理地搭接起来。它不像有节奏流水施工那样受时间规律的约束,但比有节奏流水施工在施工进度的安排上更具有灵活性和自由性。

3.3.2.1 无节奏流水施工的特点

(1)各施工过程在各施工段的流水节拍不全相等,而且无变化规律。

(2)流水步距与流水节拍之间存在着某种函数关系,流水步距也多数不相等。

(3)专业工作队数等于施工过程数。

(4)每个专业工作队都能够连续作业,施工段可能有间歇时间。

3.3.2.2 无节奏流水施工的组织步骤

(1)确定施工起点流向,分解施工过程。

(2)确定施工顺序,划分施工段。

(3)计算各施工过程在各个施工段上的流水节拍。

(4)按一定的方法确定相邻专业工作队之间的流水步距。

(5)计算流水施工的计划工期。

3.3.2.3 无节奏流水施工时间参数计算

无节奏流水施工由于在各施工段上的流水节拍不等,很容易造成工艺停歇或工艺超前现象,因此必须正确地计算流水步距。使用潘特考夫斯基法(也称为“最大差法”,简称累加数列法)计算等节拍、无节奏流水施工时间参数较为简捷、准确。其计算步骤如下:

(1)将每一个施工过程在各施工段上的流水节拍依次累加,求得各施工过程流水节拍的累加数列。

(2)将相邻施工过程流水节拍累加数列中的后者错后一位,相减后求得一个差数列。

(3)在错位相减的结果中,取数值最大者为相邻施工过程进入第一施工段的时间间隔,即流水步距。

3.3.2.4 无节奏流水施工案例

【例3-6】 已知某无节奏流水施工的各个施工过程在各施工段上的流水节拍如表3-2所示,试组织无节奏流水施工。

表3-2 流水节拍及施工段

施工过程	施工段			
	①	②	③	④
Ⅰ	3	5	5	6
Ⅱ	4	4	6	3
Ⅲ	3	5	4	4
Ⅳ	5	3	3	2

解:

(1)求各施工过程流水节拍的累加数列。

Ⅰ: 3, 8, 13, 19

Ⅱ: 4, 8, 14, 17

Ⅲ: 3, 8, 12, 16

Ⅳ: 5, 8, 11, 13

(2)确定流水步距。

错位相减：

$K_{Ⅰ-Ⅱ}$

$$\begin{array}{llllll} & Ⅰ: & 3 & 8 & 13 & 19 & \\ -) & Ⅱ: & & 4 & 8 & 14 & 17 \\ \hline & & 3 & 4 & 5 & 5 & -17 \end{array}$$

$$K_{Ⅰ-Ⅱ}=\max\{3,4,5,5,-17\}=5(\mathrm{d})$$

$K_{Ⅱ-Ⅲ}$

$$\begin{array}{llllll} & Ⅱ: & 4 & 8 & 14 & 17 & \\ -) & Ⅲ: & & 3 & 8 & 12 & 16 \\ \hline & & 4 & 5 & 6 & 5 & -16 \end{array}$$

$$K_{Ⅱ-Ⅲ}=\max\{4,5,6,5,-16\}=6(\mathrm{d})$$

$K_{Ⅲ-Ⅳ}$

$$\begin{array}{llllll} & Ⅲ: & 3 & 8 & 12 & 16 & \\ -) & Ⅳ: & & 5 & 8 & 11 & 13 \\ \hline & & 4 & 3 & 4 & 5 & -13 \end{array}$$

$$K_{Ⅲ-Ⅳ}=\max\{4,3,4,5,-13\}=5(\mathrm{d})$$

(3)确定施工工期。

$$T=\sum K_{i,i+1}+\sum t_n+\sum Z+\sum G-\sum C=(5+6+5)+(5+3+3+2)+0+0-0=29(\mathrm{d})$$

(4)绘制流水施工进度计划。

施工进度图如图3-6所示。

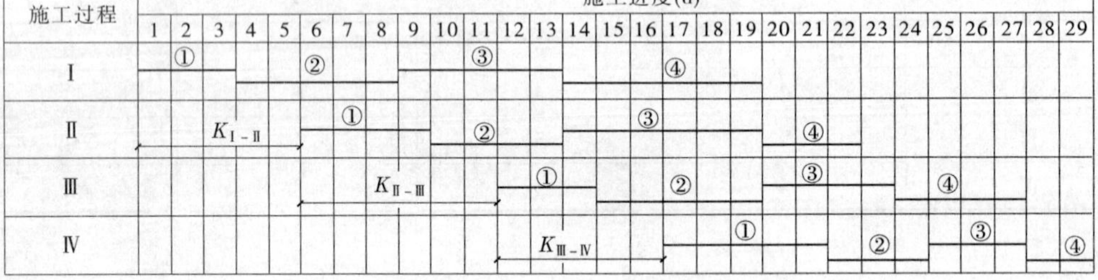

图3-6 例3-6图

3.3.2.5 无节奏流水施工的应用

(1)同一施工过程流水节拍不等，不同施工过程流水节拍也不完全相等(包括有工艺技术间歇时间、组织间歇时间和搭接时间以及无工艺技术间歇时间、组织间歇时间与搭接时间两种情况)。

(2)同一施工过程流水节拍相等,不同施工过程流水节拍不相等,但为最小流水节拍倍数,当受到劳动力限制,无法通过增加专业工作队组织成倍节拍流水时,也可采用无节奏流水施工。

思考题

3-1 什么是依次施工、平行施工和流水施工?

3-2 简述流水施工的概念并说明流水施工的特点。

3-3 说明流水参数的概念、种类并解释其含义。

3-4 在组织流水施工时,哪些施工过程应组织在流水中?哪些施工过程不能列入流水中?为什么?

3-5 试述划分施工段的目的和原则。

3-6 施工段数与施工过程数的关系是怎样的?

3-7 试说明成倍节拍流水施工的概念和组建步骤。组织成倍节拍流水施工的条件是什么?

3-8 无节奏流水施工的流水步距如何确定?

3-9 流水施工按节奏特征不同可分为哪几种方式?各有什么特点?

3-10 案例分析题

1. 某分部工程划分为A、B、C、D、E 5个分项工程,分4个施工段组织流水施工,流水节拍均为3 d,A、B间有1 d工艺技术间隙时间,B、C间有1 d搭接时间。试组织等节拍不等步距流水施工,计算流水步距和工期,并绘制施工进度计划表。

2. 某建设工程由6幢框架结构楼房组成,每幢楼房为一个施工段,施工过程划分为基础工程、主体结构、屋面工程、室内装修工程和室外装修工程5项,基础工程在各幢的持续时间为6周,主体结构在各幢的持续时间为12周,屋面工程在各幢的持续时间为3周,室内装修工程在各幢的持续时间为12周,室外装修工程在各幢的持续时间为6周。

问题:

(1)为了加快施工进度,在各项资源供应能够满足的条件下,可以按何种方式组织流水施工?该流水施工方式有何特点?

(2)如果资源供应受到限制,不能加快施工进度,该工程应按何种方式组织流水施工?

3. 某项工程流水节拍见表3-3。试组织流水施工方案。

表3-3 流水节拍

施工过程	施工段			
	①	②	③	④
Ⅰ	3	2	4	2
Ⅱ	2	3	3	2
Ⅲ	4	2	3	2

4. 某工程划分为A、B、C、D、E 5个施工过程，5个施工段，流水节拍分别为$t_A=3$ d，$t_B=5$ d，$t_C=3$ d，$t_D=4$ d，$t_E=2$ d。

问题：

(1)确定流水步距。

(2)计算出总工期。

(3)绘制进度计划表。

项目4 施工准备工作

教学提示:本章主要介绍了组织施工的原则,阐述了施工准备工作的内容;介绍了根据工程特点,如何调查和分析原始资料;阐述了施工组织技术准备工作。

教学要求:本章让学生了解组织施工的原则及施工准备工作内容,重点掌握工程开工之前原始资料的调查以及施工技术准备工作具体包括哪些内容。

任务4.1 组织施工的原则

4.1.1 贯彻执行党和国家关于基本建设各项制度,坚持基本建设程序

我国关于基本建设的制度有:对基本建设项目必须实行严格的审批制度、施工许可制度、从业资格管理制度、招标投标制度、总承包制度、发承包合同制度、工程监理制度、建筑安全生产管理制度、工程质量责任制度、竣工验收制度等。这些制度为建立和完善建筑市场的运行机制、加强建筑活动的实施与管理,提供了重要的法律依据,必须认真贯彻执行。

建设程序是指建设项目从决策、设计、施工到竣工验收整个建设过程中的各个阶段及其先后顺序。各个阶段有着不容分割的联系,但不同的阶段有不同的内容,既不能相互代替,也不许颠倒或跳跃。实践证明,凡是坚持建设程序,基本建设就能顺利进行,就能充分发挥投资的经济效益;反之,违背了建设程序,就会造成施工混乱,影响质量、进度和成本,甚至对建设工作带来严重的危害。因此,坚持建设程序,是工程建设顺利进行的有力保证。

4.1.2 严格遵守国家和合同规定的工程竣工及交付使用期限

对于总工期较长的大型建设项目,应根据生产或使用的需要,安排分期分批建设、投产或交付使用,以期早日发挥建设投资的经济效益。在确定分期分批施工的项目时,必须注意使每期交工的项目可以独立地发挥效用,即主要项目同有关的辅助项目应同时完工,可以立即交付使用。

4.1.3 合理安排施工程序和顺序

建筑产品的特点之一是产品的固定性,这使得建筑施工各阶段工作始终在同一场地

上进行。没有前一段工作,后一段工作就不可能进行,即使它们之间交叉搭接地进行,也必须严格遵守一定的程序和顺序。施工程序和顺序反映客观规律的要求,其安排应符合施工工艺,满足技术要求,有利于组织立体交叉、流水作业,有利于为后续工程施工创造良好的条件,有利于充分利用空间、争取时间。

4.1.4 尽量采用国内外先进施工技术,科学地确定施工方案

先进的施工技术是提高劳动生产率、改善工程质量、加快施工进度、降低工程成本的主要途径。在选择施工方案时,要积极采用新材料、新设备、新工艺和新技术,努力为新结构的推行创造条件;要注意结合工程特点和现场条件,使技术的先进适用性和经济合理性相结合,还要符合施工验收规范、操作规程的要求和遵守有关防火、保安及环卫等规定,确保工程质量和施工安全。

4.1.5 采用流水施工方法和网络计划技术安排进度计划

在编制施工进度计划时,应从实际出发,采用流水施工方法组织均衡施工,以达到合理使用资源、充分利用空间、争取时间的目的。网络计划技术是当代计划管理的有效方法,采用网络计划技术编制施工进度计划,可使计划逻辑严密、层次清晰、关键问题明确,同时便于对计划方案进行优化、控制和调整,并有利于电子计算机在计划管理中的应用。

4.1.6 贯彻工厂预制和现场预制相结合的方针,提高建筑工业化程度

建筑技术进步的重要标志之一是建筑工业化,在制订施工方案时必须注意根据地区条件和构件性质,通过技术经济比较,恰当地选择预制方案或现场浇筑方案。确定预制方案时,应贯彻工厂预制与现场预制相结合的方针,努力提高建筑工业化程度,但不能盲目追求装配化程度的提高。

4.1.7 充分发挥机械效能,提高机械化程度

机械化施工可加快工程进度,减轻劳动强度,提高劳动生产率。为此,在选择施工机械时,应充分发挥机械的效能,并使主导工程的大型机械(如土方机械、吊装机械)能连续作业,以减少机械台班费用;同时,应使大型机械与中小型机械相结合,机械化与半机械化相结合,扩大机械化施工范围,实现施工综合机械化,以提高机械化施工程度。

4.1.8 加强季节性施工措施,确保全年连续施工

为了确保全年连续施工,减少季节性施工的技术措施费用,在组织施工时,应充分了解当地的气象条件和水文地质条件。尽量避免把土方工程、地下工程、水下工程安排在雨期和洪水期施工,把混凝土现浇结构安排在冬期施工;高空作业、结构吊装则应避免在风季施工。对那些必须在冬雨期施工的项目,则应采取相应的技术措施,既要确保全年连续施工、均衡施工,更要确保工程质量和施工安全。

4.1.9 合理地部署施工现场,尽可能地减少暂设工程

在编制施工组织设计及现场组织施工时,应精心地进行施工总平面图的规划,合理地部署施工现场,节约施工用地;尽量利用正式工程、原有建筑物及已有设施,以减少各种临时设施;尽量利用当地资源,合理安排运输、装卸与储存作业,减少物资运输量,避免二次搬运。

任务4.2 施工准备工作概述

施工准备工作是为拟建工程的施工创造必要的技术、物资条件,统筹安排施工力量和部署施工现场,确保工程施工顺利进行所必须事先做好的各项准备工作。它是建设程序中的重要环节,不仅存在于开工之前,而且贯穿在整个施工过程之中。

现代的建筑施工是一项十分复杂的生产活动,它不但需要耗用大量人力、物力,还要处理各种复杂的技术问题,也需要协调各种协作配合关系。如果事先缺乏统筹安排和准备,势必会造成某种混乱,使施工无法正常进行。全面细致地做好施工准备工作,对调动各方面的积极因素,合理组织人力、物力,加快施工进度,提高工程质量,节约建设资金,提高经济效益,都起到重要的作用。

4.2.1 施工准备工作的基本任务

(1)取得工程施工的法律依据包括城市规划、环卫、交通、电力、消防、市政、公用事业等部门批准的法律依据。

(2)通过调查研究,分析掌握工程特点、要求和关键环节。

(3)调查分析施工地区的自然条件、技术经济条件和社会生活条件。

(4)从计划、技术、物资、劳动力、设备、组织、场地等方面为施工创造必备的条件,以保证工程顺利开工和连续进行。

(5)预测可能发生的变化,提出应变措施,做好应变准备。

4.2.2 施工准备工作的内容

一般工程的准备工作可归纳为以下六个方面:

(1)调查收集原始资料。本部分内容将在任务4.3小节详细阐述,此处不再赘述。

(2)技术资料准备。工作包括熟悉和会审图纸,编制施工图预算,编制施工组织设计。

(3)施工现场准备。包括清除障碍物,搞好三通一平,测量放线,搭设临时设施。

(4)物资准备工作。主要材料的准备,地方材料的准备,模板、脚手架的准备,施工机械、机具的准备。

(5)施工人员、组织准备工作。包括研究施工项目组织管理模式,组建项目经理部;规划施工力量的集结与任务安排,建立健全质量管理体系和各项管理制度;完善技术检测措施;落实分包单位,审查分包单位资质,签订分包合同。

(6)季节施工准备工作。包括拟订和落实冬雨期施工措施。

每项工程施工准备工作的内容视该工程本身及其具备的条件而有所不同。只有按照施工项目的规划来确定准备工作的内容,并拟订具体的、分阶段的施工准备工作实施计划,才能充分地为施工创造一切必要的条件。

4.2.3 施工准备工作的分类

4.2.3.1 按工程所处施工阶段分类

按工程所处施工阶段分类,施工准备工作可分为开工前的施工准备工作和工程作业条件的施工准备工作。

1. 开工前的施工准备工作

开工前的施工准备工作指在拟建工程正式开工前所进行的一切施工准备工作,它是为工程正式开工创造必要的施工条件。它带有全局性和总体性。若没有这个阶段,则工程不能顺利开工,更不能连续施工。

2. 工程作业条件的施工准备工作

工程作业条件的施工准备工作指开工之后,为某一单位工程、某个施工阶段或某个分部(分项)工程所做的施工准备工作,它带有局部性和经常性。一般来说,冬雨期施工准备都属于这种施工准备工作。

4.2.3.2 按准备工作范围分类

按准备工作范围分类,施工准备工作可分为全场性施工准备、单位工程施工条件准备、分部(分项)工程作业条件准备。

1. 全场性施工准备工作

全场性施工准备工作是以整个建设项目或建筑群为对象所进行的统一部署的施工准备工作。它不仅要为全场性的施工活动创造有利条件,而且要兼顾单位工程施工条件的准备。主要内容包括:

(1)施工单位要参与初步设计、技术设计方案的讨论,并据此组织编制施工组织设计。这是施工准备的中心环节,各项施工准备工作都必须按此进行。

(2)施工单位要与建设、设计单位签订合同和有关协议,在确定建设工期和经济效益的前提下,明确分工协作的责任和权限。几个施工单位共同施工的建设项目,由总包单位与建设单位签订总包合同,总包单位与分包单位签订分包合同,分包单位对总包单位负责,总包单位对建设单位负责,总包单位和分包单位之间的职责划分要明确详尽。施工单位要主动协助建设单位、设计单位做好有关工作,这也是为本身的施工准备工作创造条件。

(3)调整部署施工力量。根据工程任务特点,调整施工组织机构,特大的工程项目要组建新的施工机构。部署结集施工力量,既要满足工程进度的要求,又要有利于提高劳动生产率,做到工种配套、人机配套、机具配套,并根据工程布局相对固定施工和劳动组织。

(4)生产和生活基地的建设。生产基地包括预制混凝土构件、混凝土搅拌、钢筋加工、木材加工、金属加工、机修厂等的建设。在新建工业区,这项工作必须提前进行,加工厂要统一规划,分期建设。在原有城市内建设时,要根据当地建筑构配件的生产能力进行补充调整,签订供需合同。对于施工队伍的居住和生活福利建筑,要最大限度地利用永久性建筑,尽可能减少临时建筑。

(5)确定建筑材料、成品、半成品的资源和运输方式,要尽量减少中间装卸环节,充分利用当地已有生产能力和运输力量。地方材料在建筑材料中占很大比重,要特别注意安排好它们的生产和运输。还要根据“产、供、运、用”相结合的原则,经济合理地布置材料堆放场地。

(6)接通水源、电源、场内外交通道路、排水渠道。修建现场供水、排水、供电、供热干线、主要道路和防洪工程。要充分利用永久工程设施,尽量少建临时性管线工程。一般要根据先场外后场内,先室外后室内,先地下后地上的原则,合理安排各类管线工程的施工顺序和进度,尽可能减少管道工程的重复开挖。铁路专用线要和仓库、加工厂等配合建设。

(7)进行建设区域的工程测量、放线定位,设置永久性的经纬坐标和水平基桩,补作必需的现场水文、地质勘定工作,清除现场施工障碍和平整场地。土方工程要全面规划,挖填平衡,采用机械化一次性场地平整,尽可能减少重复倒运量。

2. 单位工程施工条件准备工作

单位工程施工条件准备工作是以一个建筑物或构筑物为施工对象而进行的施工条件准备工作,不仅为该单位工程在开工前做好一切准备工作,而且要为分部(分项)工程的作业条件做好施工准备工作。

在单位工程的施工准备工作完成,并具备开工条件后,项目经理部应申请开工,递交开工报告,报审批后方可开工。实行建设监理的工程,企业还应将开工报告送监理工程师审批,由监理工程师签发开工通知书,在限定时间内开工,不得拖延。

单位工程应具备的开工条件如下:

(1)施工图纸已经会审并有记录。

(2)施工组织设计已经审核批准并已进行交底。

(3)施工图预算和施工预算已经编制并审定。

(4)施工合同已签订,施工证照已经审批办好。

(5)现场障碍物已清除。

(6)场地已平整,施工道路、水源、电源已接通,排水沟渠畅通,能满足施工需要。

(7)材料、构件、半成品和生产设备等已经落实并能陆续进场,保证连续施工的需要。

(8)各种临时设施已经搭设,能满足施工和生活的需要。

(9)施工机械、设备的安排已落实,先期使用的已运入现场、已试运转并能正常使用。

(10)劳动力安排已经落实,可以按时进场。

(11)现场安全守则、安全宣传牌已建立,安全、防火的必要设施已具备。

3. 分部(分项)工程作业条件准备工作

分部(分项)工程作业条件准备工作是以一个分部(分项)工程为施工对象而进行的作业条件准备工作。由于对某些施工难度大、技术复杂的分部(分项)工程需要单独编制施工作业设计,应对其所采用的施工工艺、材料、机具、设备及安全防护设施等分别进行准备。

任务4.3　施工现场原始资料的调查

原始资料是工程设计及施工组织设计的重要依据之一。原始资料的调查主要是对工程条件、工程环境特点和施工条件等施工技术与组织的基础资料进行调查,以此作为施工准备工作的依据。原始资料调查工作应有计划、有目的地进行,且事先要拟订明确、详细的调查提纲。调查的范围、内容、要求等,应根据拟建工程的规模、性质、复杂程度、工期及对当地熟悉了解程度而定。

原始资料调查内容一般包括建设场址勘察和技术经济资料调查。

4.3.1　建设场址勘察

建设场址勘察主要是了解建设地点的地形、地貌、地质、水文、气象以及场址周围环境和障碍物情况等,勘察结果一般可作为确定施工方法和技术措施的依据。

4.3.1.1　地形、地貌勘察

地形、地貌勘察要求提供工程的建设规划图、区域地形图(1/10 000 ~ 1/25 000)、工程位置地形图(1/1 000 ~1/2 000)、该地区城市规划图、水准点及控制桩的位置、现场地形地貌特征、勘察高程及高差等。对于地形简单的施工现场,一般采用目测和步测;对于地形复杂的施工现场,可用测量仪器进行观测,也可向规划部门、建设单位、勘察单位等进行调查。这些资料可作为选择施工用地、布置施工总平面图、场地平整及土方量计算、了解障碍物及其数量的依据。

4.3.1.2　工程地质勘察

工程地质勘察的目的是查明建设地区的工程地质条件和特征,包括地层构造、土层的类别及厚度、土的性质、承载力及地震级别等。应提供的资料有:钻孔布置图;工程地质剖面图;土层类别、厚度;土壤物理力学指标,包括天然含水量、孔隙比、塑性指数、渗透系数、压缩试验及地基土强度等;地层的稳定性、断层滑块、流沙;最大冻结深度;地基土破坏情况等。工程地质勘察资料可为选择土方工程施工方法、地基土的处理方法以及基础施工方法提供依据。

4.3.1.3　水文地质勘察

水文地质勘察所提供的资料主要有以下两方面:

(1)地下水文资料。地下水最高、最低水位及时间,包括水的流速、流向、流量,地下水的水质分析及化学成分分析,地下水对基础有无冲刷、侵蚀影响等。所提供资料有助于选择基础施工方案、选择降水方法以及拟订防止侵蚀性介质的措施。

(2)地面水文资料。邻近江河湖泊距工地的距离;洪水、平水、枯水期的水位、流量及航道深度,水质分析,最大、最小冻结深度及冻结时间等。地面水文勘察是为确定临时给水方案、施工运输方式提供依据。

4.3.1.4　气象资料调查

气象资料一般可向当地气象部门进行调查,调查资料作为确定冬雨期施工措施的依据。气象资料包括以下几方面:

(1)降水资料。全年降雨量、降雪量,一日最大降雨量,雨期起止日期、年雷暴日数等。

(2)气温资料。年平均气温、最高气温、最低气温,最冷月、最热月及逐月的平均温度。

(3)风向资料。主导风向、风速、风的频率,大于或等于8级风全年天数,并应将风向资料绘成风玫瑰图。

4.3.1.5 周围环境及障碍物调查

周围环境及障碍物调查包括施工区域现有建筑物、构筑物、沟渠、水井、树木、土堆、电力架空线路、地下沟道、人防工程、上下水管道、埋地电缆、煤气及天然气管道、地下杂填垒积坑、枯井等。这些资料要通过实地踏勘,并向建设单位、设计单位等调查取得,可作为布置现场施工平面的依据。

4.3.2 技术经济资料调查

技术经济资料调查的目的是查明建设地区地方工业、资源、交通运输、动力资源、生活福利设施等地区经济因素,获取建设地区技术经济资料,以便在施工组织中尽可能利用地方资源为工程建设服务,同时可作为选择施工方法和确定费用的依据。

4.3.2.1 建设地区的能源调查

能源一般指水源、电源、气源等。能源资料可向当地城建、电力、燃气供应部门及建设单位等进行调查,主要用作选择施工用临时供水、供电和供气的方式,提供经济分析比较的依据。调查内容主要有:施工现场用水与当地水源连接的可能性、供水距离、接管距离、地点、水压、水质及水费等资料;利用当地排水设施排水的可能性、排水距离、去向等;可供施工使用的电源位置、引入工地的路径和条件,可以满足的容量、电压及电费;建设单位、施工单位自有的发变电设备、供电能力;冬季施工时附近蒸汽的供应量、接管条件和价格;建设单位自有的供热能力;当地或建设单位可以提供的煤气、压缩空气、氧气的能力及其至工地的距离等。

4.3.2.2 建设地区的交通调查

交通运输方式一般有铁路、公路、水路、航空等。交通资料可向当地铁路、交通运输和民航等管理局的业务部门进行调查。收集交通运输资料是调查主要材料及构件运输通道的情况,包括道路,街巷,途经的桥涵宽度、高度,允许载重量和转弯半径限制等资料。有超长、超高、超宽或超重的大型构件、大型起重机械和生产工艺设备需整体运输时还要调查沿途架空电线、天桥的高度,并与有关部门商议避免大件运输对正常交通产生干扰的路线、时间及解决措施。所收集资料主要用作组织施工运输业务、选择运输方式、提供经济分析比较的依据。

4.3.2.3 主要材料及地方资源情况调查

该项调查的内容包括三大材料(钢材、木材和水泥)的供应能力、质量、价格、运费情况;地方资源如石灰石、石膏石、碎石、卵石、河沙、矿渣、粉煤灰等能否满足建筑施工的要求;开采、运输和利用的可能性及经济合理性。这些资料可向当地计划、经济等部门进行调查,作为确定材料的供应计划、加工方式、储存和堆放场地及建造临时设施的依据。

4.3.2.4 建筑基地情况调查

该项调查主要调查建设地区附近有无建筑机械化基地、机械租赁站及修配厂，有无金属结构及配件加工厂，有无商品混凝土搅拌站和预制构件厂等。这些资料可用作确定构配件、半成品及成品等货源的加工供应方式、运输计划和规划临时设施。

4.3.2.5 社会劳动力和生活设施情况调查

该项调查的内容包括当地能提供的劳动力人数、技术水平、来源和生活安排；建设地区已有的可供施工期间使用的房屋情况；当地主副食、日用品供应，文化教育、消防治安、医疗单位的基本情况以及能为施工提供的支援能力。这些资料是制订劳动力安排计划、建立职工生活基地、确定临时设施的依据。

4.3.2.6 参加施工的各单位能力调查

该项调查主要调查施工企业的资质等级、技术装备、管理水平、施工经验、社会信誉等有关情况。这些可作为了解总包单位、分包单位的技术及管理水平，选择分包单位的依据。在编制施工组织设计时，为弥补原始资料的不足，有时可借助一些相关的参考资料来作为编制依据，如冬雨期参考资料、机械台班产量参考指标、施工工期参考指标等，这些参考资料可利用现有的施工定额、施工手册、施工组织设计实例或通过平时的施工实践活动来获得。

任务 4.4 施工技术准备工作

施工技术准备工作是施工准备工作的核心。由于任何技术的差错或隐患都可能引起人身安全和质量事故，造成生命、财产和经济的巨大损失，因此必须认真地做好施工技术准备工作。具体有如下内容。

4.4.1 熟悉、审查设计图纸和有关的设计资料

4.4.1.1 熟悉、审查设计图纸的依据

(1)建设单位和设计单位提供的初步设计或扩大初步设计(技术设计)、施工图设计、建筑总平面图、土方竖向设计和城市规划等资料文件。

(2)调查、收集的原始资料。

(3)设计、施工验收规范和有关技术规定。

4.4.1.2 熟悉、审查设计图纸的目的

(1)能够按照设计图纸的要求顺利地进行施工，生产出符合设计要求的最终建筑产品(建筑物或构筑物)。

(2)能够在拟建工程开工之前，使从事建筑施工技术和经营管理的工程技术人员充分地了解和掌握设计图纸的设计意图、结构与构造特点和技术要求。

(3)通过审查发现设计图纸中存在的问题和错误，使其改正在施工开始之前，为拟建工程的施工提供一份准确、齐全的设计图纸。

4.4.1.3 熟悉、审查设计图纸的内容

(1)审查拟建工程的地点、建筑总平面图同国家、城市或地区规划是否一致，以及建

筑物或构筑物的设计功能和使用要求是否符合卫生、防火及美化城市方面的要求。

(2)审查设计图纸是否完整、齐全,以及设计图纸和资料是否符合国家有关工程建设的设计、施工方面的方针和政策。

(3)审查设计图纸与说明书在内容上是否一致,以及设计图纸与其各组成部分之间有无矛盾和错误。

(4)审查建筑总平面图与其他结构图在几何尺寸、坐标、标高、说明等方面是否一致,技术要求是否正确。

(5)审查工业项目的生产工艺流程和技术要求,掌握配套投产的先后次序和相互关系,以及设备安装图纸与其相配合的土建施工图纸在坐标、标高上是否一致,掌握土建施工质量是否满足设备安装的要求。

(6)审查地基处理与基础设计同拟建工程地点的工程水文、地质等条件是否一致,以及建筑物或构筑物与地下建筑物或构筑物、管线之间的关系。

(7)明确拟建工程的结构形式和特点,复核主要承重结构的强度、刚度和稳定性是否满足要求,审查设计图纸中的复杂、施工难度大和技术要求高的分部分项工程或新结构、新材料、新工艺,检查现有施工技术水平和管理水平能否满足工期和质量要求并采取可行的技术措施加以保证。

(8)明确建设期限、分期分批投产或交付使用的顺序和时间,以及工程所用的主要材料、设备的数量、规格、来源和供货日期;明确建设、设计和施工等单位之间的协作、配合关系,以及建设单位可以提供的施工条件。

4.4.1.4 熟悉、审查设计图纸的程序

熟悉、审查设计图纸的程序通常分为自审、会审和现场签证三个阶段。

(1)设计图纸的自审阶段。施工单位收到拟建工程的设计图纸和有关技术文件后,应尽快地组织有关的工程技术人员熟悉和自审图纸,写出自审图纸的记录。自审图纸的记录应包括对设计图纸的疑问和对设计图纸的有关建议。

(2)设计图纸的会审阶段。一般由建设单位主持,由设计单位和施工单位参加,三方进行设计图纸的会审。图纸会审时,首先由设计单位的工程主设人向与会者说明拟建工程的设计依据、意图和功能要求,并对特殊结构、新材料、新工艺和新技术提出设计要求;然后施工单位根据自审记录以及对设计意图的了解,提出对设计图纸的疑问和建议;最后在统一认识的基础上,对所探讨的问题逐一地做好记录,形成"图纸会审纪要",由建设单位正式行文,参加单位共同会签、盖章,作为与设计文件同时使用的技术文件和指导施工的依据,以及建设单位与施工单位进行工程结算的依据。

(3)设计图纸的现场签证阶段。在拟建工程施工的过程中,如果发现施工的条件与设计图纸的条件不符,或者发现图纸中仍然有错误,或者因为材料的规格、质量不能满足设计要求,或者因为施工单位提出了合理化建议,需要对设计图纸进行及时修订时,应遵循技术核定和设计变更的签证制度,进行图纸的施工现场签证。如果设计变更的内容对拟建工程的规模、投资影响较大,则要报请项目的原批准单位批准。在施工现场进行的图纸修改、技术核定和设计变更等,都要有正式的文字记录,归入拟建工程施工档案,作为指导施工、竣工验收和工程结算的依据。

4.4.2 原始资料的调查分析

为了做好施工准备工作，除要掌握有关拟建工程的书面资料外，还应该进行拟建工程的实地勘测和调查，获得有关数据的第一手资料，这对于拟订一个先进合理、切合实际的施工组织设计是非常必要的，因此应该做好以下几个方面的调查分析：

(1)建设地区自然条件的调查分析。主要内容有地区水准点和绝对标高等情况；地质构造、土的性质和类别、地基土的承载力、地震级别和裂度等情况；河流流量和水质、最高洪水和枯水期的水位等情况；地下水位的高低变化情况，含水层的厚度、流向、流量和水质等情况；气温、雨、雪、风和雷电等情况；土的冻结深度和冬雨期的期限等情况。

(2)建设地区技术经济条件的调查分析。主要内容有地方建筑施工企业的状况，施工现场的动迁状况，当地可利用的地方材料状况，国拨材料供应状况，地方能源和交通运输状况，地方劳动力和技术水平状况，当地生活供应、教育和医疗卫生状况，当地消防、治安状况和参加施工单位的力量状况。

4.4.3 编制施工图预算和施工预算

4.4.3.1 编制施工图预算

施工图预算是施工技术准备工作的主要组成部分之一，这是按照施工图确定的工程量、施工组织设计所拟定的施工方法、建筑工程预算定额及其取费标准，由施工单位编制的确定建筑安装工程造价的经济文件，它是施工企业签订工程承包合同、工程结算、建设银行拨付工程价款、进行成本核算、加强经营管理等方面工作的重要依据。

4.4.3.2 编制施工预算

施工预算是根据施工图预算、施工图纸、施工组织设计或施工方案、施工定额等文件进行编制的，它直接受施工图预算的控制。它是施工企业内部控制各项成本支出、考核用工、“两算”对比、签发施工任务单、限额领料、基层进行经济核算的依据。

4.4.4 编制施工组织设计

施工组织设计是施工准备工作的重要组成部分，也是指导施工现场全部生产活动的技术经济文件。建筑施工生产活动的全过程是非常复杂的物质财富再创造的过程，为了正确处理人与物、主体与辅助、工艺与设备、专业与协作、供应与消耗、生产与储存、使用与维修以及它们在空间布置、时间排列之间的关系，必须根据拟建工程的规模、结构特点和建设单位的要求，在原始资料调查分析的基础上，编制出一份能切实指导该工程全部施工活动的科学方案(施工组织设计)。

思考题

4-1 简述施工准备工作的意义。

4-2 简述图纸会审的程序。

4-3 什么是施工方案？施工方案要解决的问题主要是什么？

4-4 施工准备中物资准备工作的主要内容有哪些？

4-5 施工现场准备包括哪些内容？

4-6 水利水电工程混凝土搅拌站所用的机械、设备有哪些？

项目 5 施工组织总设计

教学提示：施工组织总设计(也称施工总体规划)，是以整个建设项目或群体工程为对象编制的，是整个建设项目或群体工程施工准备和施工的全局性、指导性文件。本章概述了施工组织总设计编制的程序及依据；施工部署的主要内容；施工总进度计划编制的原则、步骤和方法；暂设工程的组织；施工总平面图设计的原则步骤和方法；施工组织总设计的评价方法。

教学要求：通过本章教学使学生了解施工组织总设计的编制原则、依据和内容；了解并能根据相关资料编写具有一定深度的施工组织总设计；熟悉施工总进度计划编制的原则、步骤和方法；熟悉施工总平面图设计的原则步骤和方法；掌握暂设工程的组织方法。

任务 5.1 概 述

5.1.1 施工组织总设计的作用

施工组织总设计是用以指导施工组织与管理、施工准备与实施、施工控制与协调、资源的配置与使用等全面性的技术经济文件，是对施工活动的全过程进行科学管理的重要手段。其作用具体表现在以下几方面：

(1)施工组织总设计是施工准备工作的重要组成部分，同时是做好施工准备工作的依据和保证。

(2)施工组织总设计是根据工程各种具体条件拟订的施工方案，施工顺序，劳动组织、技术组织措施等，是指导开展紧凑、有序施工活动的技术依据。

(3)施工组织总设计所提出的各项资源需要量计划，直接为组织材料、机具、设备、劳动力需要量的供应和使用提供数据。

(4)通过编制施工组织总设计，可以合理利用和安排为施工服务的各项临时设施，可以合理地部署施工现场，确保文明施工、安全施工。

(5)通过编制施工组织总设计，可以将工程的设计与施工、技术与经济、施工全局性规律和局部性规律、土建施工与设备安装、各部门之间、各专业之间有机结合，统一协调。

(6)通过编制施工组织总设计，可分析施工中的风险和矛盾，及时研究解决问题的对策、措施，从而提高施工的预见性，减少盲目性。

(7)施工组织总设计是统筹安排施工企业生产的投入与产出过程的关键和依据。工程产品的生产和其他工业产品的生产一样,都是按要求投入生产要素,通过一定的生产过程生产出成品,中间转换的过程离不开管理。施工企业也是如此,从承接工程任务开始到竣工验收交付使用的全部施工过程的计划、组织和控制的基础就是科学的施工组织设计。

(8)施工组织总设计可以指导投标与签订工程承包合同,并作为投标书的内容和合同文件的一部分。

5.1.2　施工组织总设计的分类

施工组织总设计是一个总的概念,根据工程项目的类别、工程规模、编制阶段、编制对象和范围的不同,在编制的深度和广度上也有所不同。

5.1.2.1　按施工组织总设计阶段和作用的不同分类

根据工程施工组织总设计阶段和作用的不同,工程施工组织总设计可以划分为两类:一类是投标前编制的施工组织总设计(简称标前设计),另一类是签订工程承包合同后编制的施工组织总设计(简称标后设计)。两类施工组织总设计的特点见表5-1。

表5-1　两类施工组织总设计的特点

种类	服务范围	编制时间	编制者	主要特性	追求主要目标
标前设计	投标与签约	投标书编制前	经营管理层	规划性	中标和经济效益
标后设计	施工准备至验收	签约后开工前	项目管理层	作业性	施工效率和效益

5.1.2.2　按施工组织总设计的工程对象范围分类

按施工组织总设计的工程对象范围分类,可分为施工组织总设计、单位工程施工组织总设计及分部(分项)工程施工组织总设计。

1. 施工组织总设计

施工组织总设计是以整个建设项目或民用建筑群为对象编制的用以指导整个工程项目施工全过程的各项施工活动的全局性、控制性文件。它是对整个建设项目的全面规划,涉及范围较广,内容比较概括。施工组织总设计一般在初步设计或扩大初步设计被批准之后,由总承包企业的总工程师负责,会同建设单位、设计单位和分包单位的工程师共同编制。

施工组织总设计用于确定建设总工期、各单位工程开展的顺序及工期、主要工程的施工方案、各种物资的供需计划、全工地性暂设工程及准备工作、施工现场的布置工作等,同时是施工单位编制年度施工计划和单位工程施工组织设计的依据。

2. 单位工程施工组织总设计

单位工程施工组织总设计是以一个单位工程(一个建筑物或构筑物,一个交工系统)为编制对象,用以指导其施工全过程的各项施工活动的局部性、指导性文件。它是施工单位年度施工计划和施工组织总设计的具体化,用以直接指导单位工程的施工活动,是施工单位编制作业计划和制定季、月、旬施工计划的依据。单位工程施工组织总设计一般在施工图设计完成后、在拟建工程开工前,由工程项目的技术负责人负责编制。单位工程施工组织总设计根据工程规模、技术复杂程度不同,其编制内容的深度和广度亦有所不同。对于简单的单位工程,施工组织总设计一般只编制施工方案并附以施工平面图和施工进度,即“一案、一图、一表”。

5.1.2.3 分部(分项)工程施工组织总设计

分部(分项)工程施工组织总设计主要以分部(分项)工程为对象,编制内容较详细、具体。按照基本建设程序,一般在工程设计阶段要编制施工组织总设计,相对比较宏观、概括和粗略,对工程施工起指导作用,但可操作性差;在工程项目招标投标或施工阶段要编制单项工程施工组织总设计或分部(分项)工程施工组织总设计,编制对象具体,内容也比较翔实,具有实施性,可以作为落实施工措施的依据。

施工组织总设计、单位工程施工组织总设计和分部(分项)工程施工组织设计是同一工程项目,不同广度、深度和作用的三个层次。

5.1.3 施工组织总设计的内容

(1)工程特性分析。

(2)施工部署和施工方案的选择。

(3)施工准备工作计划。

(4)施工进度计划。

(5)各项资源需要量计划。

(6)施工总布置。

(7)各项技术经济指标分析。

施工组织总设计在各设计阶段有不同的深度和要求,其成果组成也有所不同。如初步设计阶段施工组织总设计中的主要成果分列如下:

(1)施工总进度表。

(2)施工准备工程进度表。

(3)施工总体布置图。

(4)施工用地征用范围图。

(5)永久建筑工程和辅助工程建筑安装工程量汇总明细表。

(6)逐年劳动力需用量,最高人数及总工日数。

(7)主要建筑材料需用量及分年度供应量。

(8)主要施工机械设备汇总表及分年度供应量。

施工组织总设计主要包括施工总进度计划、施工总体布置、技术供应三部分。施工总进度计划主要研究合理的施工期限和在既定条件下确定主体工程施工分期及施工程序,在施工安排上使各施工环节协调一致。施工总体布置根据选定的施工总进度计划,研究施工区的空间组织问题,是实施施工总进度计划的重要保证。施工总进度计划决定了施工总体布置的内容和规模。施工总体布置的规模影响准备工程工期的长短和主体工程施工进度。因此,施工总体布置在一定条件下又起到验证施工总进度计划合理性的作用。技术供应的总量及分年度供应量由既定的施工总进度计划和施工总体布置所确定,而技术供应的现实性与可靠性是实现施工总进度计划、施工总体布置的物质保证,从而验证了二者的合理性。

5.1.4 编制施工组织总设计的基本原则

施工组织总设计对工程造价、工期、选择枢纽布置形式等都有重要的影响,因此编制施工组织设计时必须遵循下列基本原则:

(1)严格执行国家有关方针政策、法令、规程规范及标准条例,并符合国内招标投标的规定和国际招标投标的惯例。

(2)面向社会,深入调查,收集市场信息,根据工程特点,因地制宜地提出切实可行的施工方案,并进行全面技术经济比较。

(3)结合国情积极开发和推广新技术、新材料、新工艺和新设备,凡经实践证明技术经济效益显著的科技成果应尽量采用,努力提高技术效益和经济效益。

(4)统筹安排,综合平衡,妥善协调各分部(分项)工程,做到均衡施工。

任务5.2 施工方案

施工方案是对整个建设项目全局做出统筹规划和全面安排,其主要解决影响建设项目全局的重大战略问题。它是施工组织总设计的中心环节,是对整个建设项目带有全局性的总体规划。

由于建设项目的性质、规模、客观条件不同,施工方案的内容和侧重点也各不相同。因此,在进行施工方案设计时,应对具体情况进行具体分析,按总工期、合同工期的要求事先制定出必须遵循的原则,制订出切实可行的施工方案。

5.2.1 拟定施工程序

(1)在保证工期要求的前提下,尽量实行分期分批施工。

为了充分发挥工程建设投资的效果,对于大中型、总工期较长的工程建设项目,一般应当在保证总工期的前提下,实行分期分批施工,既可使各具体项目迅速建成,及早发挥工程效益,又可在全局上实现施工的连续性和均衡性,减少临时工程数量,降低工程成本。

至于如何进行分期分批施工,则要根据生产工艺要求、工程规模大小、施工难易程度、建设单位要求、资金和技术资源情况等,由建设单位、监理单位和施工单位共同研究确定。

(2)统筹安排各项工程施工。

在安排施工项目先后顺序时,既要保证重点,又要兼顾其他,应按照各工程项目的重要程度,优先安排以下工程:

①先期投入生产或起主导性作用的工程项目。

②工程量大、施工难度大、施工工期长的工程项目。

③生产需先期使用的机修、车床、办公楼及部分宿舍等。

④供施工使用的项目。如钢筋加工厂、木材加工厂、各种预制构件加工厂、混凝土搅拌站,采沙(石)场等附属企业及其他为施工服务的临时设施。

(3)注意施工顺序的安排。施工顺序是指互相制约的工序在施工组织上必须加以明确，而又不可调整的安排。建筑施工活动由于建筑产品的固定性，必须在同一场地上进行，如果没有前一阶段的工作，后一阶段工作就不能进行。在施工过程中，即使交错搭接地进行，也必须遵守一定的顺序。

满足施工工艺的要求，不能违背各施工顺序间存在的工艺顺序关系。例如，堤（坝）护坡工程的施工顺序为：堤（坝）坡面平整、碾压→垫层铺设→护坡块的砌筑。

考虑施工组织的要求，有的施工顺序可能有多种方式，此时必须按照对施工组织有利和方便的原则确定。例如，水闸的施工，闸室基础较深，而相邻结构基础浅，则应根据施工组织的要求，先施工闸室深基础，再施工相邻的浅基础。

考虑施工质量的要求。例如，现浇混凝土的拆模，必须等到混凝土强度达到一定要求后，方可拆模。

施工顺序一般要求如下：

①先地下后地上：主要指应先完成基础工程、土方工程等地下部分，然后进行地面结构施工，即使单纯的地下工程也应执行先深后浅的程序。

②先主体后围护：指先对主体框架进行施工，再施工围护结构。

③先土建后设备安装：指先对土建部分进行施工，再进行机电金属结构设备等安装的施工。

（4）注意施工季节的影响。

不同季节对施工有很大影响，它不仅影响施工进度，而且影响工程质量和投资效益，在确定工程开展程序时，应特别注意。例如，在多雨地区施工，就必须考虑先进行土方工程施工，再进行其他工程的施工；大规模的土方工程和深基础工程施工，最好不要安排在雨季；寒冷地区的工程施工，最好在入冬时转入室内作业和进行设备安装。

5.2.2 施工方法与施工机械的选择

施工方案编制的依据主要是施工图纸，施工现场勘察调查的资料和信息，施工验收规范，质量检查验收标准，安全与技术操作规程，施工机械性能手册，新技术、新设备、新工艺等资料。

施工方案编制的主要内容包括确定主要的施工方法、施工工艺流程、施工机械设备等。对施工方法的确定，要兼顾技术工艺的先进性和经济的合理性；对施工工艺流程的确定，要符合施工的技术规律；对施工机械的选择，应使主要施工机械的性能满足工程的需要，辅助配套机械的性能应与主导施工机械相适应，并能充分发挥主导施工机械的工作效率。

在现代化施工条件下，施工方法与施工机械关系极为密切，一旦确定了施工方法，施工机械也就随之而定。施工方法的选择随工种工程的不同而不同，例如，土石方工程中，确定土石方开挖方法或爆破方法；钢筋混凝土工程中，确定模板类型及支撑方法，选择混凝土的搅拌、运输和浇筑方法等。所选择的机械化施工总方案不仅要在技术上先进、适用，而且在经济上是合理的。

5.2.3 施工方案的评价

施工方案的评价是对施工方案进行技术经济评价的重要一环,评价的目的在于对单位工程各可行的施工方案进行比较,选择出工期短、质量好、成本低的最佳方案。

施工方案评价的方法主要有两种:

(1)定量分析评价。指通过计算各方案的一些主要技术经济指标,进行综合比较分析,从中选出综合指标较佳方案的一种评价方法。主要技术经济指标包括工期指标、劳动量指标、主要材料消耗指标和成本指标。

(2)定性分析评价。指结合施工经验,对多个施工方案的优缺点进行分析比较,最后选定较优方案的评价方法。

水利水电工程施工组织总设计的编制工作非常复杂,而作用又十分突出,因此要求在编制施工组织总设计时,既要敢于创新,又不能盲目冒进,只有编制出切合实际的施工组织总设计,才能保证水利水电工程建设的顺利进行。

任务5.3 施工总进度计划

施工总进度计划的任务是分析工程所在地区的自然条件、社会经济资源、工程施工特性和可能的施工进度方案,研究确定关键性工程的施工分期和施工程序,协调平衡地安排其他单项工程的施工进度,使整个工程施工前后兼顾,互相衔接,减少干扰,均衡生产,最大限度地合理使用建设资金、劳动力、机械设备和建筑材料,在保证工程质量和施工安全的前提下,按时或以较短工期建成投产,发挥效益,满足国民经济发展的需要。

5.3.1 施工总进度计划的编制原则

5.3.1.1 水利水电工程建设阶段的划分

编制施工总进度计划时,应依据我国施工组织管理水平和施工机械化程度,合理安排施工期;应分析论证业主对施工总工期提出的要求。

对于大中型水利水电工程建设,施工组织总设计规范规定工程建设全过程可划分为四个阶段。

1. 工程筹建期

工程筹建期指工程正式开工前,业主单位为主体工程施工承包商具备进场开工创造条件所需的时间,筹建工作有对外交通、施工供电、通信系统、征地、移民以及招标、评标、签约等。

2. 工程准备期

工程准备期指准备工程开工起至关键线路上的主体工程开工或河道截流闭气前的工期。所做的必要准备工作一般包括四通一平、导流工程、临时房屋和施工工厂设施建设等。

3. 主体工程施工期

主体工程施工期指自关键线路上的主体工程开工或一期围堰截流闭气后开始,至第一台机组发电或工程开始发挥效益的工期。

4. 工程完建期

工程完建期指自水电站第一台发电机组投入运行或工程开始受益起，至工程竣工的工期。

编制施工总进度计划时，工程施工总工期应为后三项工期之和。工程建设相邻两个阶段的工作可交叉进行。

施工总进度计划应综合反映工程建设各阶段的主要施工项目及其进度安排，并充分体现总工期的目标要求。

5.3.1.2 编制原则

(1)认真贯彻执行国家法律法规，主管部门对本工程建设的指示应满足国家和上级部门对本工程建设的要求。

(2)力求缩短建设周期，加强施工组织总设计与各专业设计的密切联系，统筹考虑，并以关键性工程的施工工期和施工程序为主导，协调安排好各单项工程的施工进度，经过必要的方案比较，选择最优方案。

(3)在充分掌握和认真分析基本资料的基础上，尽可能采用先进施工技术、设备，最大限度地组织均衡施工，力争全年施工，加快施工进度。同时，应做到实事求是，留有适当余地，保证工程质量和安全施工。当施工情况发生变化时，要及时调整和落实施工总进度计划。

(4)充分重视和合理安排准备工程的施工进度，在主体工程开工前，相应各项准备工程应基本完成，为主体工程开工和顺利进行创造条件。

(5)对高坝大库工程，应研究分期建设或分期蓄水的可能性，尽可能减少第一批机组投产前的工程投资。

5.3.2 施工总进度计划的编制内容和类型

5.3.2.1 施工总进度计划的编制内容

(1)可行性研究阶段编制轮廓性施工总进度计划。根据工程具体条件和施工特点，对拟订的各种坝址坝型和水工枢纽布置方案，分别进行施工进度的研究工作，提出施工进度资料，参与方案选择和评价水工枢纽布置方案，在既定方案基础上，配合拟订和选择施工导流方案，研究确定主体工程施工分期和施工程序，提出施工控制性进度表及主要工程的施工强度，估算劳动力高峰人数和总工日数。

(2)初步设计阶段编制施工总进度计划。根据主管部门对可行性研究报告的审查意见、设计任务书以及实际情况的变化，在参与选择和评价水工枢纽布置方案和配合选择施工导流方案过程中，提出和修改施工控制性进度；对既定水工枢纽布置方案和施工导流方案的控制性进度进行方案比较，选择最优方案，以利施工组织总设计各专业开展工作。在各专业设计分析研究和论证的基础上进一步调查，完善、确定施工控制性进度，编制施工总进度计划和准备工程进度计划，提出主要施工强度、施工强度曲线、劳动力需要量曲线等资料。

(3)技术设计(招标设计)阶段编制单项工程施工总进度计划。根据初步设计编制的施工总进度计划和水工建筑物形式、工程量的局部修改，结合施工方法和技术供应条件，选择合适的劳动定额，制订单项工程施工总进度计划，并据以调整施工总进度。

5.3.2.2 施工总进度计划的类型

施工总进度计划常用施工进度表等形式表示，施工进度表分为横道图（甘特图）、网络图两种类型。

1. 横道图（甘特图）

横道图上标有各单项工程主要项目的施工时段、施工工期和平均强度，并有经平衡后汇总的主要施工强度曲线和劳动力需要量曲线。由于它具有图面简单明确、使用时直观易懂等优点，故在实际工程中广泛应用。其缺点是不能反映各分项工程间的逻辑关系，不能反映进度安排的工期、投资或资源的相互制约关系，并且进度的调整修改工作十分复杂，优化也十分困难。

2. 网络图

网络图能明确反映各分项工程之间的依存关系，并能标示出控制工期的关键线路，便于施工的控制和管理，同时有利于采用计算机等先进的计算手段，因此施工进度计划的优化或调整比较方便。

5.3.3 施工总进度计划的编制步骤

5.3.3.1 收集基本资料

在编制施工总进度计划之前和在工作过程中，要收集和不断完善编制施工总进度计划所需的基本资料。

(1)可行性研究报告及审查意见。

(2)初步设计各专业阶段成果。

(3)工程建设地点的对外交通现状及近期发展规划。

(4)施工期（包括初期蓄水期）通航和下游用水等要求情况。

(5)建筑材料的来源和供应条件调查资料。

(6)施工区水源、电源情况及供应条件。

(7)地方及各部门对工程建设期的要求和意见。

(8)当地可能提供修理、加工能力的情况。

(9)当地承包市场及可能提供的劳动力情况。

(10)当地可能提供的生活必需品的供应情况，居民的生活习惯。

(11)工程所在河段水文资料、洪水特性、各种频率的流量及洪量、水位流量关系、冬季冰凌情况（北方河流）、各种频率洪水、泥石流以及上下游水利水电工程对本工程的影响情况。

(12)工程地点的气温、水温、地温、降水、风、冻层、冰情和雾等气象资料。

(13)工程地点的地形、地质、水文工程地质条件等资料。

(14)与工程有关的国家政策、法律和规定。

5.3.3.2 编制轮廓性施工总进度计划

在进行流域规划阶段和可行性研究阶段，一般基本资料不齐全，但设计方案较多，有些项目尚未进行工作，不可能对主体建筑的施工分期、施工程序进行详细的分析，因此这一阶段的施工总进度计划属于轮廓性的，称为轮廓性施工总进度计划。

在流域规划阶段，轮廓性施工总进度计划是最终成果；在可行性研究阶段，是编制控制性施工总进度计划的中间成果，其目的一是配合拟订可能成立的导流方案，二是对关键性工程项目进行粗略规划，拟订工程的受益日期和总工期，并为编制控制性施工总进度计划做好准备；在初步设计阶段，可不编制轮廓性施工总进度计划。

轮廓性施工总进度计划，可根据初步掌握的基本资料和水工布置方案，结合其他专业设计的工作，对关键性工程施工分期。对施工程序进行粗略的研究之后，参考已建同类工程的施工进度指标，概估工程受益工期和总工期。

5.3.3.3 编制控制性施工总进度计划

控制性施工总进度计划在可行性设计阶段，是施工总进度计划的最终成果；在初步设计阶段，是编制施工总进度计划的重要步骤，并作为中间成果提供给施工组织总设计的有关专业，作为设计工作的初步依据。

控制性施工总进度计划同导流工程、施工方法设计等专业有密切的联系，在编制过程中，应根据建设总工期的要求，确定施工分期和施工程序，以拦河坝为主要主体建筑的工程，还应解决好施工导流和主体工程施工方法设计之间在进度安排上的矛盾，协调各主体工程在施工中的衔接关系。因此，控制性施工进度的编制必然是一个反复调整的过程。

完成控制性施工总进度计划的编制后，涉及施工总进度计划中的主要技术问题应当基本解决。

5.3.3.4 施工总进度计划方案比较

在可行性研究阶段或初步设计阶段的前期，一般常有几个水工布置方案，对于具有代表性的水工方案，都应编制控制性施工总进度计划表，提出施工总进度计划指标和对水工方案的评价意见，作为水工布置方案比较的依据之一。有时，就一个水工布置方案可能做出几种不同的施工方案，因而可以编制出多个相应的施工总进度计划方案，需要对施工总进度计划方案进行比较和优选。

5.3.3.5 编制施工总进度计划表

在初步设计阶段的后期，即选定水工总体布置方案之后，对以拦河坝为主要主体建筑的工程在导流方案确定之后，编制选定方案的施工总进度表。

在编制施工总进度表时，以控制性施工总进度计划为基础，列入非控制性的工程项目，进一步修改、完善控制性施工总进度计划表，并编制各阶段施工形象进度图，绘制劳动力需要量曲线。同时，要提出准备工程施工总进度计划表。准备工程的规模和工程量由对外交通、施工总体布置和辅助企业专业提供。

施工总进度计划表是施工总进度计划的最终成果。除应绘出主要施工强度曲线外，还应绘出劳动力需要量曲线，并计算整个工程的总工日数。

5.3.4 施工总进度计划的编制要点

5.3.4.1 控制性施工总进度计划的编制

编制控制性施工总进度计划，首先要选定关键性工程项目，根据工程特点和施工条件，拟订关键性工程项目的施工程序。在此基础上，初拟控制性施工总进度计划表，然后由施工方法设计等专业进行施工方法设计，对初拟的施工总进度计划加以论证。经过反复修改、调整，最后确定控制性施工总进度计划。

控制性施工总进度计划表应列出控制性施工进度指标的主要工程项目，并显示工程的开工，截流，各项主体建筑物的施工程序和开工、完工日期，大坝各期上升高程，工程受益日期和总工期，以及主要工种的施工强度。

1. 分析选定关键性工程项目

水利水电工程项目繁多，编制控制性施工总进度计划时，应以关键性工程项目为主线，慎重研究其施工分期和施工程序，其他非控制性的工程项目则可围绕关键性工程项目的工期要求，考虑节约资源和施工强度平衡的原则进行安排。

选定关键性工程项目的方法如下：

(1)分析工程所在地区的自然条件。在编制控制性施工总进度计划之前，应当首先取得工程所在地区的水文、气象、地形、地质等基本资料，并进行认真的分析研究。例如，河流的水文条件对拦河坝施工的影响；降雨、气温等对土料填筑和混凝土工程施工的影响；地形、地质条件对坝基处理，高边坡开挖和地下工程施工的影响等。

(2)分析主体建筑物的施工特性。在编制控制性施工总进度计划之前，应取得主要水工建筑物的布置图和剖面图。根据水工建筑物图纸，研究大坝坝型、高度、宽度和施工特点；研究地下厂房跨度、高度和可能的出渣通道；引水隧洞的洞径、长度，可能开挖方式，是否有施工支洞等。

(3)分析主体建筑物的工程量。水工设计提供工程量之后，应对各建筑物的工程量分布进行分析。例如，位于河床水上部分和水下部分、右岸和左岸、上游和下游，以及在某些控制高程以上或以下的工程量，分析施工期洪水对这些工程施工的影响。

(4)选定关键性工程。通过以上分析，用施工进度参考指标，粗估各项主体建筑物的控制工期，即可初步选定控制工程受益工期的关键性工程。随着控制性施工总进度计划编制工作的深入，可能发现新的关键性工程，于是控制性施工总进度计划就应以新的关键性工程为主进行编制。

2. 初拟控制性施工总进度计划表

选定关键性工程之后，首先分析研究关键性工程的施工进度，而后以关键性工程的施工进度为主线，安排其他单项工程的施工进度，拟订初步的控制性施工总进度计划表。

以下就拦河坝为关键性工程项目，说明初拟控制性施工总进度计划表的步骤和方法。

(1)结合研究导流方案，确定拦河坝的施工程序。拦河坝的施工进度与施工导流方式以及施工期历年度汛方案有密切的关系。不同的导流方案有不同的施工程序，安排控制性进度时,可以参考表5-2。

表5-2 不同导流方案大坝施工程序

导流方式	大坝施工程序	安排进度注意事项
隧洞导流	1. 建成导流隧洞后进行河床截流。 2. 上、下游围堰一次拦断河床。 3. 进行基坑开挖和处理。 4. 大坝全断面平起。 (1)土石坝可采用经济断面施工; (2)混凝土坝汛期坝体预留缺口过水。 5. 大坝达到拦洪高程	1. 土石坝: (1)一个枯水期内大坝应达到拦洪高度; (2)完成泄洪建筑物后才允许封堵导流洞。 2. 混凝土坝: (1)施工过程中,汛期允许坝体过水; (2)当大坝高程达到围堰顶高以上,后期导流措施可行时即可封堵导流洞
明渠导流	1. 修建一期上、下游围堰形成基坑,修建一、二期共用纵向围堰和明渠及坝段基础,利用枯水期修建一、二期共用纵向围堰和明渠时,最好同时完成明渠坝段基础部分。 2. 修建二期上、下游围堰形成二期基坑。 3. 进行基坑开挖和基础处理。 4. 修建河床坝段。 5. 封堵明渠(或修建三期围堰)和修建明渠坝段。 6. 大坝全断面达到拦洪高程	1. 土石坝工程: 封堵明渠后一个枯水期达到拦洪高程。 2. 混凝土坝工程: (1)河床坝段留底孔,对于高坝也可在明渠坝段留底孔; (2)明渠坝段力争在一个枯水期内修至汛期水位以上避免坝体过水
分期导流	1. 先在河床一岸修建第一期围堰,形成一期基坑。 2. 进行一期基坑开挖,修建一期坝体,形成二期导流条件。 3. 拆除一期围堰,二期河床截流,修建二期围堰形成二期基坑。 4. 进行二期基坑开挖,修建二期坝体。 5. 大坝全断面达到拦洪高程	1. 分析先围左岸或右岸的优缺点,考虑因素如下: (1)先围电站厂房一岸,利于提前发电; (2)工程施工先易后难; (3)先围对外交通进场和主要施工场地一岸; (4)先围礁滩和浅水河床一岸; (5)先围岸坡开挖量较少一岸。 2. 选择纵向围堰位置时,应考虑两岸工程量要比较均衡。 3. 对于大流量的河流,除坝体设底孔外,还考虑留缺口导流,缺口高程须考虑后期加高的进度

(2)确定准备工程的工期。在编制控制性施工总进度计划时,首先要分析确定准备工程的工期,才能安排导流工程、其他准备工程和岸坡开挖的开始时间。

(3)确定截流时段、坝基开挖工期和基础处理工期。

①确定截流时段。截流时段一般均安排在河流的枯水季节。当采用隧洞或明渠导流方案时,在隧洞(明渠)完工并具备通水条件之后的枯水期安排河床截流。为了有较多的时间进行基坑开挖和修建围堰,截流最好安排在枯水期开始的时段。例如,采用分期导流方案,第一期围堰也应安排在枯水期初合龙闭气时段。

②确定坝基开挖工期。坝基开挖的顺序一般是先岸坡，后河床。岸坡开挖在准备工程就绪后开始，在截流前完成。河床坝基在围堰截流闭气并完成基坑排水后开始。在安排控制进度时，从截流到开始进行开挖应留1.5～2个月的时间进行围堰基础防渗体施工和基坑排水及道路工作。

坝基开挖强度应根据地质条件、采用的施工方法、施工设备及基坑开挖面积等因素进行分析计算。根据初步拟订的开挖强度安排坝基开挖强度。当采用过水围堰时，在进度中应扣除基坑过水的影响时间。

③确定基础处理工期。基础处理主要包括帷幕灌浆、固结灌浆、接触灌浆、断层破碎带处理和混凝土防渗墙施工等。在水库蓄水前应完成蓄水高程以下的灌浆，在水库水位蓄至正常蓄水位之前应完成全部灌浆任务。

帷幕灌浆一般都在廊道内进行，施工一般不受水文气象条件的影响，受大坝施工干扰较小，其进度可视施工单位的装备水平，在蓄水前均衡地安排。

固结灌浆和接触灌浆与大坝基础混凝土浇筑穿插进行，一般不影响关键线路工期。

断层破碎带处理视断层破碎带的部位、处理方案、工作量大小安排工期。

混凝土防渗墙施工根据工作面上可能布置的冲击钻台数、按每台日进尺3 m安排进度。

(4)确定坝体各期上升高程。是编制控制性施工总进度计划的重要内容之一。一般步骤如下：根据导流分期和拟订的施工程序，绘制坝体分期分段的高程—工程量累计曲线；分析统计坝体施工有效工日，研究确定拦洪高程和拦洪日期；根据导流和各年的度汛要求，初步拟订控制性部位的各期上升高程；计算各时段的上升速度和施工强度，根据采用的施工设备的生产能力，分析达到各期上升高程的可能性和可靠性；进行反复调整，确定合理的上升高程。

(5)确定底孔(导流洞)封堵、蓄水和发电日期。底孔(导流洞)封堵时，封孔(洞)日期可按表5-3所列的要求确定。导流泄水建筑下闸后，水库开始蓄水，在水库蓄至死水位，第一台机组安装完成后，电站开始发电。

表5-3　封孔(洞)日期

一般原则		1.闸门操作水头不超过45 m； 2.安排在工程已具备发电条件的枯水期内； 3.下闸至汛期前应能满足封堵工程的工期要求； 4.永久泄洪建筑物已具备泄洪条件
特殊要求	混凝土坝	1.大坝已浇筑至坝顶上，在采取后期导流措施后，大坝至少应达到最低发电水位以上； 2.接缝灌浆已灌到最低发电水位； 3.当底孔数量较多时，应考虑分期分批封堵或在两个枯水期内封堵
	土石坝	1.大坝已达到或接近坝顶； 2.当库容很大时，经蓄水计算后，在确保大坝安全的前提下，可在大坝未达到坝顶时封堵

(6)安排其他单项工程的施工进度。其他单项工程的施工进度,根据其本身在施工期的运用条件以及相互衔接关系,围绕拦河坝的施工进度进行安排和调整。

(7)初拟控制性施工总进度计划表。首先以导流工程和拦河坝为主体,绘出导流工程和拦河坝的施工进度计划表,绘出截流日期,定出具体各期上升高程和封孔(洞)日期,算出各时段的开挖及混凝土浇筑(或土石料填筑)的月平均强度。其次绘制各单项工程的施工进度计划表,计算施工强度(土石方开挖和混凝土浇筑)。最后计算和绘制施工强度曲线,反复调整,使各项进度合理,施工强度曲线平衡。

3. 编制控制性施工总进度计划

初拟控制性施工总进度计划表之后,提交施工技术专业进行主要建筑物的施工方法设计,并编制单项工程施工总进度计划表,通过施工方法设计的论证之后,对初拟的控制性施工总进度计划表进行调整和平衡,并最终完成控制性施工总进度计划的编制。

5.3.4.2 准备工程施工总进度计划的编制

为了有计划、有步骤地进行准备工程,为高速度、高质量地建设主体工程创造条件,在初步设计阶段,应当编制准备工程施工总进度计划。

准备工程的主要项目和内容见表5-4。

表5-4 准备工程的主要项目和内容

主要项目	细目	主要项目	细目
对外交通	1. 准轨铁路及站场; 2. 窄轨铁路; 3. 公路专用线; 4. 大型桥涵、隧洞; 5. 转运站	施工辅助企业	1. 砂石料开采加工系统; 2. 混凝土系统; 3. 其他
		施工电源	1. 场外输变电; 2. 变电站;
场内交通	1. 准轨铁路及站场; 2. 窄轨铁路; 3. 场内公路; 4. 大型桥、涵、渡口	仓库、办公房屋、生活设施	1. 仓库; 2. 办公房屋; 3. 居住生活设施、房屋
		风、水、电管线铺设及安装	1. 风管铺设; 2. 水管铺设; 3. 电线架设;

准备工程施工总进度计划应按以下方法编制:

(1)准备工程施工总进度计划在初步设计的后期进行编制,以初步完成的控制性总进度计划为依据。

(2)单项准备工程的工期可根据工程规模和工程量,参考已建成工程的实际工期,结合本工程具体条件,安排准备工程进度。

(3)场内交通主干线应先行安排施工,并确定施工道路投入使用时间。

(4)宜创造条件提前建设砂石系统、混凝土生产系统,根据主体工程施工进度要求确定系统投入正常运行的建设时间。

(5)其他准备工程如场地平整、供电系统、供水系统、供风系统、场内通信系统、施工工厂设施、生活和生产房屋等的建设应与所服务的主体工程施工进度协调安排。

5.3.4.3　**导流工程施工总进度计划的编制**

(1)对于一次拦断和分期导流的一期导流工程宜安排在施工准备期内进行,若为关键工程则应根据工程需要提早安排施工。

(2)河道截流宜安排在枯水期或汛后期进行,但不宜安排在封冻期和流冰期,截流时间应根据围堰施工所需施工时段和安全度汛要求,结合所选时段各月或旬的平均流量大小,合理分析确定。

(3)围堰闭气和堰基防渗完成后,即可进行基坑抽水作业。对于土石围堰与软质基础的基坑,应考虑控制排水下降速度。

(4)采用过水围堰导流方案时,应分析围堰过水期限及过水前后对工期带来的影响,在多泥沙河流上应考虑围堰过水后清淤所需工期。

(5)根据挡水建筑物施工进度安排确定施工期临时度汛时期,并应论证在要求的时间前挡水建筑物的施工具备拦挡设计度汛洪水标准要求。

(6)导流泄水建筑物完成导流任务后,封堵时段宜选在汛后,使封堵工程能在一个枯水期内完成。例如,汛前封堵,应有充分论证和确保工程安全度汛措施。

5.3.4.4　**基础开挖与地基处理工程施工总进度计划的编制**

1. 坝基开挖施工进度的安排方法

(1)根据基坑开挖面积,岩土级别,开挖方法,出渣道路及按工作面分配的施工设备型号、性能、数量等分析计算坝基开挖强度及相应的工期。

(2)根据各个部位的开挖量和初步拟订的开挖强度,按施工程序的要求,在施工总进度计划表中绘出开挖进度线。

(3)把初步绘制的施工总进度计划表交给担任开挖的施工设计人员,进行开挖施工方法设计。如果经过施工设计,认为控制进度中规定的施工强度难以达到,则应修改控制进度的开工日期和竣工日期。

2. 安排坝基开挖进度应注意的问题

(1)坝基和河床式厂房基础岸坡开挖可安排与导流工程平行施工,并在河道截流前完成。

(2)河床基础开挖应安排在围堰闭气和基坑排水后进行。采用大型机械开挖时,还应考虑一定的准备工作和创造工作面的工期。对于大型工程,从截流到开始进行开挖,一般应有1~2个月的闭气、抽水和准备工期。

(3)在深陡狭窄的坝址,岸坡开挖的石渣将大部分或全部落入河床,应根据地形条件分析可能落入河床的石渣数量,基坑开挖进度中,应考虑出渣所用的工期。

(4)当采用过水围堰时,应分析基坑过水损失的工期,对于含沙量大的河流,还应分析过水后清淤所占用的工期。

3. 地基处理工程进度安排

水利水电工程地基处理一般包括灌浆、断层破碎带处理和混凝土防渗墙工程施工,其施工进度主要是根据施工总进度要求，结合本身的施工特性而安排。

(1)应根据地质条件、处理方案、工程量、施工程序、施工水平、设备生产能力和总进度要求等因素研究决定。地质条件复杂、技术要求高、对总工期起控制作用的地基处理，应分析论证对施工总进度的影响。

(2)不良地质基础处理宜安排在建筑物覆盖前完成。固结灌浆宜在混凝土浇筑1～2层后进行，但经过论证，也可在混凝土浇筑前进行。帷幕灌浆可在坝基混凝土浇筑面或廊道内进行，不宜占直线工期，应在本坝段和相邻坝段坝基固结灌浆完成后进行。

(3)两岸岸坡有地质缺陷的坝基，应根据地基处理方案安排施工工期，当处理部位在坝基范围以外或地下时，可考虑与坝体浇筑(填筑)同时进行，在水库蓄水前按设计要求处理完毕。

5.3.4.5 土石坝施工总进度计划的编制

1. 土石坝施工进度的特点

(1)对于采用黏性土料做防渗体的土石坝，降雨和气温条件对施工进度有很大影响。黏性土料一般在0 ℃时就要冻结，不易压实。在雨季和严寒季节，施工有效工日显著减少，为此，必须根据工程所在地区的气象资料，详细分析施工的有效工日。

(2)土石坝在施工期间，一般不允许坝体过水，在截流后的下一个汛前，一般应将坝体填筑到拦洪高程。对于过水土石坝应分析坝体过水后恢复正常施工所需的时间，并应论证在设计要求的过水时间之前完成坝体防护工程施工。土石坝在一个枯水期或在洪水来临之前，能否达到设计的拦洪高程是研究土石坝施工进度的首要问题。

(3)对于土石坝施工，一般常采用全年挡水的围堰，其高度和填筑量均较大，上游围堰常同大坝的坝壳相结合，有时利用围堰代替坝体拦洪。围堰和坝体相结合断面图见图5-1。

(4)对于黏土心墙坝施工，上、下游坝壳受心墙上升速度的制约，而心墙施工首先要进行地基处理(如开挖截水槽或浇筑混凝土防渗墙等)，且心墙填筑受气候因素的影响。因此，黏土心墙坝的施工进度主要由心墙上升速度来控制。

对于黏土斜墙坝的堆石体施工，受气象因素影响较小，可以均衡上升，但斜墙的升高往往落后于堆石体，而大坝拦洪时，要求斜墙也达到拦洪高程。

混凝土面板堆石坝的施工进度主要由石料的运输条件、填筑工艺和上坝强度来控制，应合理安排面板施工时间，减小面板施工和坝壳填筑等相互干扰。

2. 有效工日的分析

采用黏性土料作为防渗体的土石坝，黏性土料的备料和填筑受气温、降雨等气象因素的影响，年内各月的施工有效工日有很大的差异，在我国南方的雨季和北方的冬季，施工有效工日较少，工期受到明显的影响。因此，在安排大坝施工进度之前，首先要分析施工有效工日，作为安排施工进度的依据。

1)停工标准的拟订

由于我国南方和北方气象条件差异很大，各个工程施工的具体条件不同，难以拟订一个统一的标准。表5-5是我国北方某土石坝工程在设计中采用的停工标准。

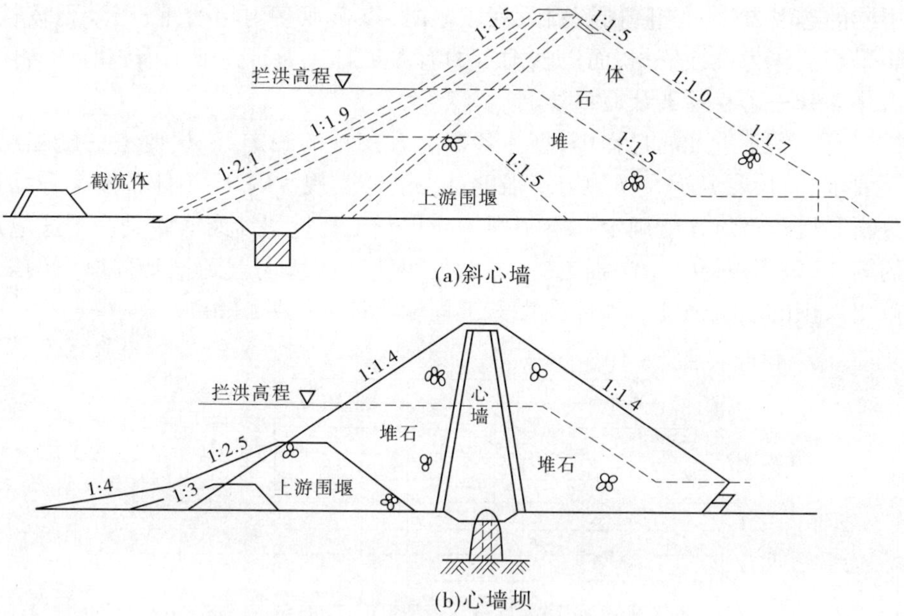

(a)斜心墙

(b)心墙坝

图5-1　围堰和坝体结合断面图

表5-5　我国北方某土石坝工程在设计中采用的停工标准

项目	日降雨量(mm)			
	<0.5	0.6～10	10.1～30	>30.1
土料翻晒	照常施工	雨日施工	雨日停工,雨后施工1 d	雨日停工,雨后施工2 d
土料填筑	照常施工	雨日施工	雨日停工,雨后施工1 d	雨日停工,雨后施工1 d
砂料开采填筑	照常施工	雨日施工	雨日停工	雨日停工
石料开采填筑	照常施工	雨日施工	雨日停工	雨日停工

注:每年11月至次年4月为冰冻期,月平均气温0 ℃以下,土料填筑停工;阴天影响土料翻晒,按平均每年16 d计;对于土砂料填筑,汛期影响停工6 d,特殊事故停工2 d,法定假日停工7 d。

2)有效工日的统计方法

(1)收集气象资料。包括历年逐日降雨量资料,历年逐日平均气温资料,历年各月阴天、风力、风速资料,历年逐日蒸发量资料,历年各月相对湿度资料。

(2)统计历年各月由于降雨而停工的天数。根据历年逐日降雨量资料和拟订的停工标准,分别对黏土备料、黏土填筑、砂砾料开采和填筑、坡积料填筑停工天数进行统计。

(3)统计历年因各月气温、大风和其他因素影响而停工的天数。统计方法与因雨停工统计方法相同。

(4)统计有效工日。

3)有效工日的选取

对有效工日影响最大的是降雨(在我国北方是气温),对因降雨而影响停工的天数,可以有不同的选取方法。当降雨资料系列较短时，以选取多雨年为宜；当系列较长时，可选取多年平均值作为设计依据，而以多雨年的有效工日作为研究施工措施时的备用情况。

3. 坝体高程—工程量累计曲线绘制

安排土石坝施工进度的过程中，坝体各期上升高程的确定，不仅要考虑施工导流、大坝拦洪等要求，而且要分析大坝的填筑强度是否能够实现。因此，坝体各期上升高程要经过反复分析和比较之后才能确定。绘制坝体高程—工程量累计曲线就是为了适应这种工作过程的需要，每当拟订一个高程之后，可以很快地从曲线上查到该高程以下的工程量，准确地算出大坝的填筑强度。坝体高程—工程量累计曲线见图 5-2。

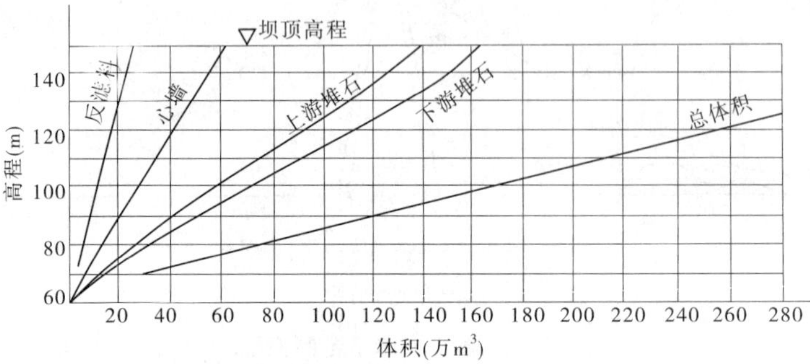

图 5-2 坝体高程—工程量累计曲线

4. 大坝施工分期的拟订

1) 纵断面上的分期

土石坝施工在纵断面上可以采用分段和不分段两种方式进行。

不分段施工示意图见图 5-3。对于河床较窄的河流，一般采用不分段施工方式，即采用岸边隧洞或埋在坝内的涵管导流，大坝由基础全面向上平起，在一个枯水期把基础处理好并把大坝填筑到拦洪高程；也可以采用过水围堰，在第一个枯水期处理地基，填筑一部分坝体，第二个枯水期将坝体填筑到拦洪高程。不分段施工由于坝体在纵断面上不留接缝，对大坝的质量有利，另外施工场面比较大，便于安排坝面流水作业。

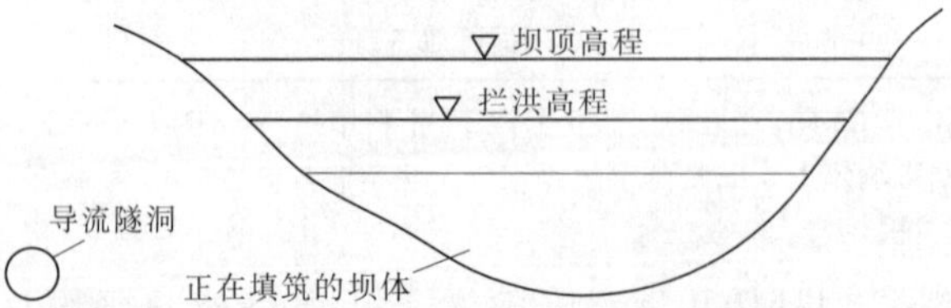

图 5-3 不分段施工示意图

分段施工示意图见图 5-4。对于河床较宽的河流，在一岸或两岸有天然台阶地，大坝可以采用分段施工。第一期在台阶地开挖导流明渠，枯水期明渠导流，进行河床基础处理，将坝体填筑到一定高程，与此同时，台阶地段也可以填筑一部分坝体；第二期封堵导流明渠，改由隧洞（或涵管）导流，集中力量填筑合龙坝体，在一个枯水期内将坝体修到拦洪高程。由于台阶地施工可以利用原河床开挖明渠导流，所以在修建导流隧洞的同时就可以填筑一部分坝体，使坝体填筑强度比较均衡。另外，可以减少坝体的工程量，降低抢修拦洪坝体的施工强度，对保证按期达到拦洪高程有利。如果采料场位于上游较低的高程上，分段施工可以较多地利用上游料场。

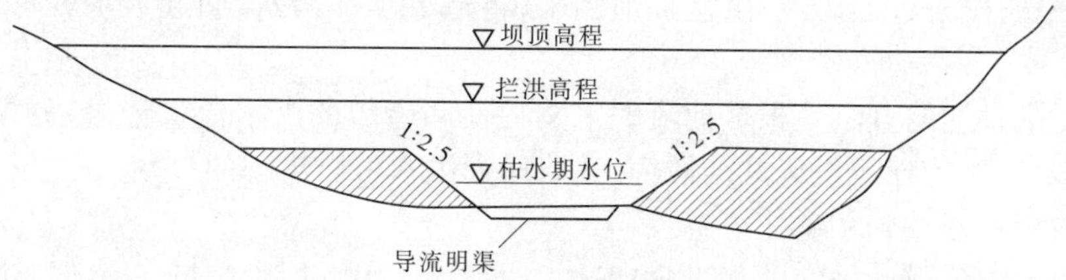

(a)第一期

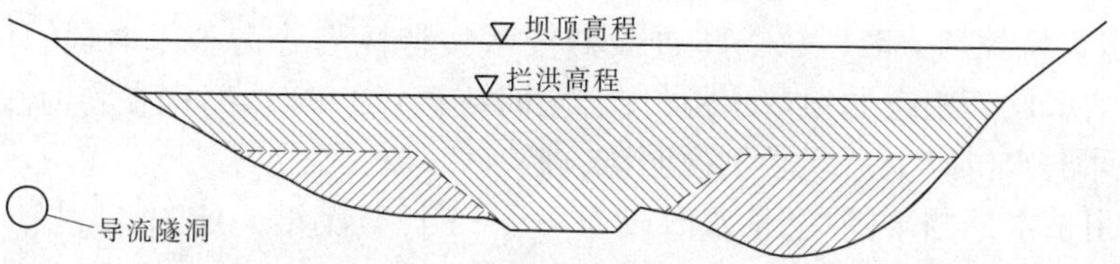

(b)第二期

图 5-4 分段施工示意图

2)横断面上的分期

所谓横断面上的分期，主要指拦洪前采用经济断面施工。对于大型土石坝工程，在抢修拦洪坝体时，工程量大，填筑强度高，施工十分紧张，为了减少拦洪阶段的工程量，降低填筑强度，保证按期达到拦洪高程，可以采用经济断面进行填筑。

根据不同坝型和不同填筑材料的分区情况，拟订分区填筑施工程序。对于黏土斜墙坝，先填堆石料，斜墙紧跟填筑；对于混凝土面板坝，先填坝体到一定高程，然后混凝土面板一次筑成；对于黏土心墙坝，心墙的填筑控制整个坝体升高，一般堆石体可先于心墙填筑一定高程，当条件许可时，心墙与堆石体应同时上升。

5. 施工进度安排

首先结合导流设计，研究坝体在纵断面上的分段和横断面上的分期，安排一个轮廓进度。其次确定坝的拦洪高程和达到拦洪高程的日期，确定坝体各期上升高程，根据有效工日定出各个时段的施工强度和坝体上升速度，由施工设计对此强度和上升速度进行分析论证，经过反复比较修正，最后确定坝的施工进度。

1)确定拦洪高程

拦洪高程是指大坝在施工过程中，按一定的洪水标准确定的坝体挡水高程。

确定拦洪高程是一项综合性的工作，须由导流设计、施工总进度计划、施工方法密切配合，反复比较后才能最后选定。在初步选定拦洪高程后，施工总进度计划着重分析拦洪前的填筑量和填筑强度，并由施工方法加以配合。如果不能达到此高程，则应改变拦洪方案，如加大导流的泄洪能力，以降低拦洪高程，或者采取特殊的泄洪或保坝措施。进行几个拦洪方案的分析与比较，最终选定一个经济上合理、技术上可靠、保证大坝安全的坝体拦洪高程。

2)确定拦洪日期

拦洪日期是指施工进度规定的坝体达到拦洪高程的日期。拦洪日期的确定是安排土石坝施工进度的一个重要问题。安排时间过早,虽然减少了抢修拦洪坝体的工期,但是加大了施工强度;安排过迟,万一洪水提前到来,将造成坝体漫水,引起大坝失事,造成重大损失。

确定拦洪日期的方法是根据河流的水文特性和历年的洪水流量记录,分析历年最大洪水的出现规律,与导流设计共同研究,选取最大洪水可能出现的日期。

3)确定拦洪过渡期坝体上升高程

由枯水期末到设计规定的拦洪日期这一时段,称为拦洪过渡期。确定拦洪过渡期坝体上升高程有以下两种方法:

(1)按水文特性划分时段法。将过渡期按水文特性划分为若干时段,计算各个时段不同频率的洪水及其相应的坝前水位(库容大时应调洪),坝体高程在各时段末应达到下一时段的设计洪水位以上。现举例说明该方法。

某坝采用枯水期挡水围堰,枯水时段为9月15日至次年3月31日,拦洪日期为7月20日,拦洪设计洪水标准为在 $p=1\%$ 条件下流量为11 000 m^3/s。根据本流域的水文特性,将过渡期划分为三个时段,分别计算其不同频率的流量,如表5-6所示。

表5-6 某坝不同时段各种频率的洪水流量

设计频率 p(%)	不同时段(月-日)的洪水流量(m^3/s)		
	04-01~05-15	05-16~06-20	06-21~07-20
10	2 000	3 000	
5	3 000	4 200	5 300
2		6 500	7 300
1			9 000

根据各时段拦河坝的坝高、库容等条件,选定时段设计洪水,并计算其坝前水位,从而确定各时段末的坝体上升高程,如表5-7所示。

表5-7 某坝不同时段坝体上升高程

项目	时段(月-日)				
	枯水期末	04-01~05-15	05-16~06-20	06-21~07-20	07-21
设计频率 p(%)		5	5	2	1
设计流量(m^3/s)		3 000	4 200	7 300	11 000
相应坝前水位(m)		45.5	52.0	60.3	64.3
坝体上升高程(m)	46.0	53.0	61.0	66.0	

(2)按月划分时段法。按月计算不同频率的流量及相应水位,从而确定月末的坝体上升高程。

4)坝体填筑强度的论证

(1)根据坝体各期上升高程,在坝体高程—填筑量累计曲线上查得各控制时段的填筑量,根据各相应时段的有效工日,算出时段的日平均填筑强度。

(2)日平均填筑强度乘以日不均衡系数即为日高峰强度。日不均衡系数与工程的机械化配套程度、施工管理水平、料物性质以及时段的长短有关,可以在1.3~1.6的范围内选取。

(3)确定日高峰强度以后,应进行施工方法设计,研究料物运输、上坝方式、碾压施工方法、坝面流水作业分区等,经过施工方法设计,论证能否达到施工进度规定的施工强度。

5)坝体上升速度的论证

(1)根据坝体各期上升高程和该时段的施工有效工日,计算坝体的日平均上升速度。

(2)黏土心墙坝和斜墙坝的上升速度主要由心墙或斜墙的上升速度控制。心墙、斜墙可能的上升速度与土料的性质、压实机械的性能及压实参数有关,要通过碾压试验确定。

(3)改善上坝运输道路,采用大型运输机械和重型碾压机械,加大铺土厚度,可以提高土石坝的施工强度,加快上升速度,在安排土石坝施工进度时,应结合工程的具体条件,尽可能采用先进的施工方案,加快土石坝的施工进度。

(4)在初步拟订施工进度时,可以参考已建工程的施工进度指标,结合本工程的具体条件,初步拟订坝体的上升速度和施工强度。

5.3.4.6 混凝土坝施工总进度计划的编制

1.混凝土坝施工进度的特点

(1)混凝土坝的施工受气温条件的影响,在高温季节,要加强骨料的降温和混凝土的散热措施;在寒冷季节,当日平均气温稳定在5 ℃以下时,要进行冬季作业,增加混凝土坝的施工难度。因此,在我国南方的高温季节和北方的冬季寒冷地区,混凝土坝的施工强度和上升速度都将受到影响。在安排混凝土施工进度时,应分析有效工作日,大型工程经论证后若需加快浇筑进度,可考虑在冬、雨、夏季采取确保施工质量的措施后施工。混凝土浇筑的月工作日数可按25 d计。对控制关键线路工期的工作日数,宜将气象因素影响的停工天数从设计日历数中扣除。

(2)混凝土坝一般采取柱状分块分层浇筑,浇筑过程中,层与层之间,因温度控制要求,应有一定的间歇时间,特别是基础层,因受基础约束的影响,浇筑层薄,温控要求严格,必须利用有利季节浇筑混凝土,对施工进度有一定的制约。块体之间的间歇期,随混凝土浇筑的准备工序而异。因此,混凝土坝的上升速度与块体多少、分层厚度、温控条件以及混凝土的准备工序有直接关系。常态混凝土的平均升高速度与坝型、浇筑块数量、浇筑高度、浇筑设备能力以及温度控制要求等因素有关,宜通过浇筑排块或工程类比确定。碾压混凝土平均升高速度应综合分析仓面面积、铺筑层厚度、混凝土生产和运输能力、碾压等因素后确定。

(3)混凝土在浇筑过程中,要求各块体均匀上升,相邻块高差有一定的限制。块体之间形成缝面、重力坝的纵缝、拱坝的纵缝和横缝,须在混凝土温度降低到设计灌浆温度时进行水泥灌浆,使坝形成整体,才能承受水压力,因此坝体的二期冷却和接缝灌浆是影响混凝土坝施工进度的一个重要因素。混凝土的接缝灌浆(包括厂坝间接缝灌浆)进度应满足施工期度汛与水库蓄水安全要求。

(4)一般混凝土坝内常设置引水系统和泄洪建筑，埋设件和孔洞、廊道多，施工干扰较大，使坝体上升速度受到限制，同时在施工过程中，要考虑汛期洪水对坝体内孔洞的影响。混凝土坝施工期历年度汛高程与工程面貌应按施工导流要求确定。

2. 确定坝体各期上升高程的一般方法

坝体各期上升高程的确定随坝型、水工布置方案、导流方案的不同而有不同的要求。

1)导流和大坝度汛的要求

(1)当采用上、下游围堰一次拦断河流的导流方案且为全年挡水围堰时，坝体上升不受洪水影响，可以根据施工强度和上升速度的可能性安排均衡上升。

当采用枯水期挡水围堰时，在枯水期按逐月 $p=20\%$、$p=10\%$ 条件下的流量相应地进行水位控制，如果达不到此高程，则至少应浇筑至枯水期的常水位以上，以便在洪水期后，在不恢复围堰的条件下能够继续施工。如果采用允许过水的围堰，则大坝上升高程可不受上述条件限制。

当洪水期大坝过水次数较多，不便在洪水期进行间断施工时，对河床较宽的坝址，应考虑在河床坝段留过水缺口，使两岸坝体在洪水期能继续升高。

(2)当采用分期导流方案时，大坝分作两期或三期施工。第一期坝体浇筑高程，应考虑在二期围堰截流前形成导流泄水建筑物，并达到汛期能够继续施工的高程。有时，为了降低二期围堰高度，可考虑在一期坝体预留一部分坝段作为过水缺口，参与后期导流，缺口的高程一般应定在枯水期常水位以上，以便后期加高，同时应考虑缺口在后期进行加高时，在一个枯水期内能够达到拦洪高程。依次再确定第二期坝体上升高程的方法。

(3)当采用明渠导流方案时，大坝分明渠坝段和河床坝段两期进行施工，其各期上升高程的确定方法和分期导流方案相同。

(4)施工期大坝临时挡水应该校核未进行灌浆坝段的稳定，要求上游坝踵和坝面不出现或出现不大的拉应力。

(5)坝后布置有发电厂房时，在厂房施工时段内，厂房坝段的挡水标准应与下游厂房围堰的标准相适应。

2)蓄水发电的要求

(1)封堵导流隧洞(或底孔)后的下一个汛期，洪水将由溢流坝宣泄，故封孔时或在封孔后的下一个汛前，大坝应浇筑至溢流坝顶，闸墩应浇筑至汛期可以继续施工的高程。

(2)水库蓄水后，在一般情况下，库水位不再降至死水位以下，故在底孔封堵后的下一个汛期之前，坝体接缝必须灌至死水位以上，接缝灌浆时坝体高程应满足接缝灌浆的要求，否则，应推迟下闸蓄水的日期。

(3)设有电站进水口的引水坝段，应在机组投产发电前 3~6 个月达到坝顶，以便进行进水口闸门和启闭机的安装。

3)坝体浇筑进度的论证

坝体浇筑进度应从坝体上升速度和浇筑强度两方面进行安排并加以论证，经过反复调整才能最后确定。

(1)上升速度。首先，根据导流、度汛和蓄水、发电的要求，初步确定坝体各期上升高程，安排大坝控制进度，算出各时段的坝体上升速度。然后，根据分层分块、温控要求和坝体内埋设件等施工条件，拟订层块之间的间歇时间，对关键部位进行浇筑排块，论证进度安排的坝体上升速度是否能够达到。

(2)浇筑强度。在坝体高程—混凝土累计曲线上查得各控制时段的混凝土量，算出混凝土的平均浇筑强度和高峰强度，根据可能布置的混凝土运输、浇筑设备的生产能力，估算可能达到的浇筑强度，论证控制进度所安排的浇筑强度能否达到。采用大型浇筑设备，改进混凝土的运输工艺，采用通仓薄层浇筑，减少浇筑层之间的间歇时间，浇筑干硬性混凝土，采用碾压混凝土施工方法，可以减少坝体接缝灌浆数量，提高混凝土的浇筑强度。

(3)坝体浇筑进度的调整。经过上升速度和浇筑强度的论证，如果确认达不到控制进度的要求，则应反过来修正导流方案和度汛方案。例如，增加导流底孔数量、加大缺口宽度、降低缺口高程等，或者修改初步拟订的控制进度，推迟蓄水、发电日期。经过反复调整和修正，求得导流度汛可靠、施工技术可行的各期坝体上升高程。

5.3.4.7 地面厂房施工总进度计划的编制

(1)地面厂房应在基础开挖(除保护层外)完成后再进行混凝土浇筑施工。若厂房施工为控制进度的关键工程，可安排开挖与混凝土浇筑平行作业，但爆破开挖对已浇筑或新浇筑混凝土不应产生有害影响。

(2)厂房的平均升高速度与厂房形式、混凝土浇筑块数量、浇筑高度、浇筑设备能力以及温度控制要求等因素有关，宜通过浇筑排块或工程类比确定。

(3)混凝土浇筑应统筹兼顾机电设备、金属结构及各种埋件安装等工序。

5.3.4.8 地下工程施工总进度计划的编制

(1)地下工程施工总进度计划应统筹兼顾开挖、支护、浇筑、灌浆、金属结构、机电安装等工序。

(2)地下工程可全年施工，应根据各工程项目规模、地质条件、施工方法及设备配套情况，用关键线路法确定施工程序和各洞室、各工序间的相互衔接和合理工期。

(3)地下工程月进尺指标可根据地质条件、施工方法、设备性能、工作面等情况，经分析计算或工程类比确定。

5.3.4.9 金属结构及机电安装施工总进度计划的编制

(1)处于关键线路上的金属结构及机电安装工程进度应在施工总进度计划中逐项确定。

(2)金属结构及机电安装施工进度计划应协调与土建工程施工的交叉衔接，应逐项确定控制金属结构及机电安装进度的土建工程交付安装的时间。

5.3.5 施工总进度计划编制方法

5.3.5.1 划分并列出工程项目

总进度计划的项目划分不宜过细。列项时，应根据施工部署中分期分批开工的顺序和相互关联的密切程度依次进行，防止漏项，突出每一个系统的主要工程项目，分别列入工程名称栏内。对于一些次要的零星项目，则可合并到其他项目中去。例如，河床中的水利水电工程，若按扩大单项工程列项，可以有准备工作、导流工程、拦河坝工程、溢洪道工程、引水工程、电站厂房、升压变电站、水库清理工程、结束工作等。项目分解示意图如

图5-5所示。

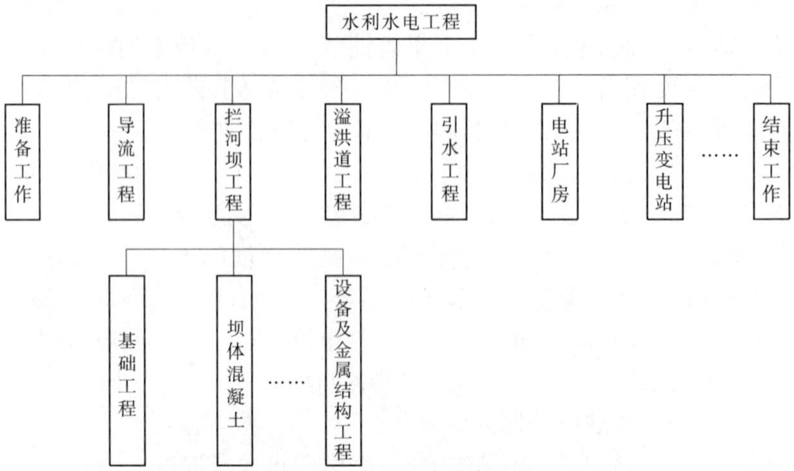

图5-5 项目分解示意图

5.3.5.2 计算工程量

工程量的计算一般应根据设计图纸、工程量计算规则及有关定额手册或资料进行。其数值的准确性直接关系到项目持续时间的误差，进而影响施工总进度计划的准确性。当然，设计深度不同，工程量的计算、估算、精度也不一样。设计图完成后，要考虑工程性质、工程分期、施工顺序等因素，分别按土方、石方、混凝土、水上、水下、开挖、回填等不同情况分别计算工程量。有时，为了分期、分层或分段组织施工的需要，应分别计算不同高程（如对于大坝）、不同桩号（如对于渠道）的工程量，做出累计曲线，以便分期、分段组织施工。

计算工程量常采用列表的方式进行。工程量的计量单位要与使用的定额单位相吻合。计算出的工程量应填入工程量汇总表。

5.3.5.3 计算各项目的施工持续时间

确定进度计划中各项工作的作业时间是计算项目计划工期的基础。在工作项目的实物工程量一定的情况下，工作持续时间与安排在工程上的设备水平、人员技术水平、人员与设备数量、效率等有关。在现阶段，工作项目持续时间的确定方法如下。

1. 按实物工程量和定额标准计算

根据计算出的实物工程量，应用相应的标准定额资料，就可以计算或估算各项目的施工持续时间：

$$t = \frac{Q}{mnkN} \tag{5-1}$$

式中 t——项目施工持续时间；

Q——项目的实物工程量；

m——日工作班制，$m=1,2,3$；

n——每班工作的人数或机械设备台数；

k——每班工作时间；

N——人工或机械工时(台时)产量定额(用概算定额)。

2. 套用工期定额法

对于总进度计划中大工序的持续时间,通常采用国家制定的各类工程工期定额,并根据具体情况进行适当调整或修改。水利水电工程工期定额可参照1990年印发的《水利水电枢纽工程项目建设工期定额》。

3. 三时估计法

有些工作任务没有确定的实物工程量,或不能用实物工程量来计算工时,也没有颁布的工期定额可套用,如试验性工作或采用新工艺、新技术、新结构、新材料的工程,此时可采用三时估计法计算该项目的施工持续时间。

5.3.5.4 分析确定项目之间的逻辑关系

项目之间的逻辑关系取决于工程项目的性质和轻重缓急、施工组织、施工技术等许多因素,概括来说分为以下两大类:

(1)工艺关系,即由施工工艺决定的施工顺序关系。在作业内容、施工技术方案确定的情况下,各工种工作逻辑关系是确定的,不得随意更改。例如,一般土建工程项目,应按照先地下后地上、先基础后结构、先土建后安装再调试的原则安排施工顺序。现浇柱子的工艺顺序为:扎柱筋—支柱模—浇筑混凝土—养护和拆模。土坝坝面作业的工艺顺序为:铺土—平土—晾晒或洒水—压实—刨毛。它们在施工工艺上都有必须遵循的逻辑顺序,违反这种顺序将付出额外的代价甚至造成巨大损失。

(2)组织关系,即由施工组织安排决定的施工顺序关系。工艺上没有明确规定先后顺序关系的工作,由于考虑到其他因素(如工期、质量、安全、资源限制、场地限制等)的影响而人为安排的施工顺序关系,均属此类。例如,由导流方案所形成的导流程序决定了各控制环节所控制的工程项目,从而也就决定了这些项目的衔接顺序。又如,采用全段围堰隧洞导流的导流方案时,通常要求在截流以前完成隧洞施工、围堰进占、库区清理、截流备料等工作,由此形成了相应的衔接关系。再如,由于劳动力的调配、施工机械的转移、建筑材料的供应和分配、机电设备进场等因素,安排一些项目在先,另一些项目滞后,均属组织关系所决定的顺序关系。由组织关系所决定的衔接顺序一般是可以改变的。只要改变相应的组织安排,有关项目的衔接顺序就会发生相应的变化。

项目之间的逻辑关系是科学地安排施工进度的基础,应逐项研究,仔细确定。

5.3.5.5 初拟施工总进度计划

通过对项目之间进行逻辑关系分析、掌握工程进度的特点、理清工程进度的脉络之后,就可以初步拟订出一个施工进度方案。在初拟进度时,一定要抓住关键、分清主次、理清关系、互相配合、合理安排。要特别注意把与洪水有关、受季节性限制较大、施工技术比较复杂的控制性工程的施工进度安排好。

对于坝后式水利水电枢纽工程,其关键项目一般位于河床,故施工总进度的安排应以导流程序为主要线索。先将施工导流、围堰截流、基坑排水、坝基开挖、基础处理、施工度汛、坝体拦洪、下闸蓄水、机组安装和引水发电等关键性控制进度安排好,其中应包括相应的准备、结束工作和配套辅助工程的进度。这样,就构成了总的轮廓进度即施工总进度计划的骨架。然后,配合安排不受水文条件控制的其他工程项目,形成整个枢纽工程的施工总进度计划草案。

需要注意的是，在初拟控制性施工总进度计划时，对于围堰截流、拦洪度汛、蓄水发电等这样一些关键项目，一定要进行充分论证，并落实相关措施；否则，如果延误了截流时机，影响了发电计划，对工期的影响和造成国民经济的损失往往是非常巨大的。

对于引水式水利水电工程，有时引水建筑物的施工期限成为控制总进度的关键，此时施工总进度计划应以引水建筑物为主来进行安排，其他项目的施工进度要与之相适应。

5.3.5.6 调整和优化

初拟施工总进度计划形成以后，要配合施工组织总设计其他部分的分析，对一些控制环节、关键项目的施工强度、资源需用量、投资过程等重大问题进行分析计算。将同一时期各项工程的工程量加在一起，用一定的比例画在施工总进度计划的底部，即可得到建设项目资源需要量动态曲线，若曲线上存在较大的高峰和低谷，则表明在该时段里各种资源的需求量变化较大，需要调整一些单位工程的施工速度或开工时间、竣工时间，以便消除高峰和低谷，使各个时期的资源需求量尽量达到均衡，若发现主要工程的施工强度过大或施工强度很不均衡（此时也必然引起资源使用的不均衡），则应进行调整和优化，使新定出的计划更加完善、更加切实可行。

必须强调的是，施工总进度计划的调整和优化往往要反复进行，工作量大而枯燥，现阶段已普遍采用优化程序进行计算机计算。

5.3.5.7 编制正式施工总进度计划

经过调整优化后的施工总进度计划可以作为设计成果整理以后提交审核。此外，应根据施工开展程序和主要工程项目施工方案，编制好施工项目全场性的施工准备工作计划。图 5-6 是某水库工程施工总进度计划。

5.3.6 单位工程施工总进度计划

单位工程施工总进度计划的编制方法与施工总进度计划基本相同，在满足施工总进度计划的前提下，应将项目划分得更细、更具体一些。

5.3.6.1 划分施工过程

编制单位工程施工总进度计划时，首先应按照图纸和施工顺序列出拟建单位工程的各个施工过程，并结合施工方法、施工条件、劳动组织等因素，加以适当调整，使其成为编制单位工程施工总进度计划所需的施工过程。

通常单位工程施工总进度计划表中只列出直接在建筑物或构筑物上进行施工的建筑安装类施工过程，而不列出小型构件制作和运输过程，如门窗制作和运输等制备类、运输类施工过程。但当某些构件采用现场就地预制方案，单独占有工期，且对其他分部（分项）工程的施工有影响或其运输工作需与其他分部（分项）工程的施工密切配合时，如水闸闸室上部结构的预制与吊装、装配式渡槽排架等的预制与吊装等，也需将这些制作类和运输类施工过程列入。

在确定施工过程时，应注意以下几个问题：

序号		工程项目	工程量	单位	工期(月)
1	施工准备	施工临时道路	8	km	5
2	施工准备	永久公路	4.5	km	5
3	施工准备	临时房屋建筑	18 000	m^2	8
4	施工准备	风、水、电等设施			5
5	施工准备	砂石系统			2
6	施工准备	拌和系统			4
7	施工导流	导流隧洞开挖及衬砌	2 291	m^3	2
8	施工导流	土石围堰	1 678	m^3	1
9	施工导流	围堰拆除	256	m^3	1
10	施工导流	导流隧洞封堵	76	m^3	1
11	大坝工程	坝肩开挖	64 800	m^3	3
12	大坝工程	坝基开挖	32 400	m^3	1
13	大坝工程	混凝土浇筑	163 500	m^3	27
14	大坝工程	金属结构设备安装	7.2	t	3
15	发电工程	引水隧洞开挖	14 000	m^3	12
16	发电工程	引水隧洞混凝土衬砌	2 123	m^3	6
17	发电工程	进水口开挖	16 200	m^3	2
18	发电工程	进水口混凝土浇筑	932	m^3	4
19	发电工程	进水口金属结构安装	126.3	t	2
20	发电工程	基础开挖	16 500	m^3	3
21	发电工程	厂房混凝土浇筑	7 341	m^3	8
22	发电工程	尾水渠	145	m^3	3
23	发电工程	水轮发电机组安装	3	台	7

图5-6 某水库工程施工总进度计划

（1）施工过程划分的粗细程度。主要根据单位工程施工总进度计划的客观要求，对控制性施工总进度计划项目划分得要粗一些，通常只列出分部工程名称，如混凝土坝的控制性施工总进度计划只列出基础工程、主体工程等施工过程；对于实施性的施工总进度计划，项目划分得要细一些，通常要列到分项工程，如上面所说的混凝土坝工程还要划分为基础砂石料开挖、石方开挖、基础处理、不同坝段和分区的混凝土施工等分项工程。

（2）施工过程的划分要结合所选择的施工方案。例如，结构安装工程，若采用分件吊装法，则施工过程的名称、数量和内容及其安装顺序应按照构件来确定；若采用综合吊装法，则施工过程应按施工单元（节间、区段）来确定。

（3）注意适当简化单位工程施工总进度计划的内容，避免工程项目划分过细、重点不突出。因此，可考虑将某些穿插性分项工程合并到主要分项工程中去，如止水的施工可以并入混凝土工程；而在同一时间内，由同一工程队施工的工程可以合并，如模板的架立、钢筋的制作与安装并为混凝土工程一个施工过程；对于次要的、零星的分项工程，可合并为“其他工程”一项。

（4）所有施工过程应大致按施工先后顺序排列，所采用的施工项目名称可参考现行定额手册上的项目名称。

总之，划分施工过程要粗细得当。根据所划分的施工过程列出分部（分项）工程一览表。

5.3.6.2 计算工程量

计算工程量时，一般可以直接采用施工图预算的数据，但应注意有些项目的工程量应按实际情况做适当调整。例如，计算柱基土方工程量时，应根据土的级别和采用的施工方法（单独柱基开挖、基槽开挖还是大开挖和边坡稳定要求放边坡还是加支撑）等实际情况进行计算。工程量计算时应注意以下几个问题：

（1）各分部（分项）工程的工程量计算单位应与现行定额手册中所规定的单位一致，以免换算劳动力、材料和机械数量时产生错误。

（2）结合选定的施工方法和技术要求计算工程量。

（3）结合施工组织的要求，按分区、分项、分段计算工程量。

（4）直接采用预算文件中的工程量时，应按施工过程的划分情况将预算文件中有关项目的工程量汇总。

5.3.6.3 确定劳动量和机械台班数

劳动量和机械台班数应当根据各分部（分项）工程量、施工方法和现行的施工定额，并结合当时当地的具体情况加以确定：

$$P = \frac{Q}{S} \tag{5-2}$$

或

$$P = QH \tag{5-3}$$

式中 P——完成某施工过程所需的劳动量，工时，或机械台班数，台时；

Q——完成某施工过程所需的工程量，m^3、m^2、t 等；

S——某施工过程所采用的产量定额，m^3、m^2、t 等/工时或台时；

H——某施工过程所采用的时间定额，工时或台时/m^3、m^2、t 等。

5.3.6.4 确定各施工过程的施工天数

计算各分部（分项）工程施工天数的方法有以下两种：

(1)根据施工项目经理部计划分配在该分部(分项)工程上的施工机械数量和专业工人人数确定:

$$t = \frac{P}{Rmk} \tag{5-4}$$

式中　t——完成某分部(分项)工程的施工天数;

P——某分部(分项)工程所需的机械台班数或劳动量;

R——每班安排在某分部(分项)工程上的施工机械台时或劳动人数;

m——每天工作班次;

k——每班工作时间。

(2)根据工期要求倒排进度。首先根据规定的总工期和施工经验,确定各分部(分项)工程的施工时间,然后按各分部(分项)工程需要的劳动量或机械台班数,确定每一分部(分项)工程每个工作班组所需要的工人数或机械台数:

$$R = \frac{P}{tmk} \tag{5-5}$$

5.3.6.5　编制施工总进度计划的初始方案

编制施工总进度计划时,必须考虑各分部(分项)的合理施工顺序,尽可能地组织流水施工,力求主要工种的工作队连续施工。

(1)划分主要施工段(分部工程),组织流水施工。首先安排其中主导施工过程的施工进度,使其尽可能地连续施工,其他穿插施工过程尽可能与它配合、穿插、搭接或平行作业。

(2)配合主要施工阶段,安排其他施工阶段(分部工程)的施工进度。

(3)按照工艺的合理性和工序性,尽量采用穿插、搭接或平行作业方法,将各施工阶段(分部工程)的流水作业图表最大限度地搭接起来,即得单位工程总施工进度计划的初始方案。

5.3.6.6　施工总进度计划的调整

为了使初始方案满足规定的目标,一般对施工总进度计划进行如下检查调整:

(1)各施工过程的施工顺序、平行搭接和技术间歇是否合理。

(2)在工期方面,初始方案的总工期是否满足连续、均衡施工。

(3)在劳动力方面,主要工种工人是否满足连续、均衡施工。

(4)在物资方面,主要机械、设备、材料等的利用是否均衡,施工机械是否充分利用。

经过检查,对不符合要求的部分,可采用增加或缩短某些分项工程的施工时间。在施工顺序允许的情况下,将某些分项工程的施工时间向前或向后移动。必要时,采用改变施工方法或施工组织等方法进行调整。

应当指出,上述编制施工总进度计划的步骤不是孤立的,而是相互依赖、相互联系的,有的可以同时进行。由于水利水电工程施工是一个复杂的生产过程,受到周围客观因素的影响很多,在施工过程中,由于劳动力和机械、材料等物资的供应及自然条件等因素的影响而经常不符合原计划的要求,因而在工程进展中,应随时掌握施工动态、经常检查、不断调整计划。

任务 5.4 施工总体布置

5.4.1 施工总体布置的作用、内容及布置原则、依据

5.4.1.1 施工总体布置的作用

施工总平面图是拟建项目施工场地的总布置图，是施工组织设计的重要组成部分，它是根据工程特点和施工条件，对施工场地上拟建的永久建筑物、施工辅助设施和临时设施等进行平面和高程上的布置。施工总体布置应在全面了解掌握枢纽布置、主体建筑物的特点及其他自然条件等基础上，合理组织和利用施工现场，妥善处理施工场地内外交通，使各项施工设施和临时设施能最有效地为工程服务，保证施工质量，加快施工进度，提高经济效益，同时为文明施工、节约土地、减少临时设施费用创造了条件。另外，将施工现场的布置成果标在一定比例的施工地区地形图上，就构成了施工现场布置图。绘制的比例一般为1/1 000或者1/2 000。

5.4.1.2 施工总体布置的内容

(1)配合选择对外运输方案，选择场内运输方式以及两岸交通联系的方式，布置线路，确定渡口、桥梁位置，组织场内运输。

(2)选择合适的施工场地，确定场内区域划分原则，布置各施工辅助企业及其他生产辅助设施，布置仓库站场、施工管理及生活福利设施。

(3)选择给水、供电、压气、供热以及通信等系统的位置，布置干管、干线。

(4)确定施工场地排水、防洪标准，规划布置排水、防洪沟槽系统。

(5)规划弃渣、堆料场地，做好场地土石方平衡以及开挖土石方调配。

(6)研究施工期环境保护和水土保持措施。

施工总体布置内容概括起来包括原有地形已有的地上建筑物、地下建筑物、构筑物、铁路、公路和各种管线等；一切拟建的永久建筑物、构筑物、道路和管线；为施工服务的一切临时设施；永久、半永久的坐标位置，料场和弃渣场位置。

5.4.1.3 施工总体布置的原则

(1)尽量减少施工用地，少占农田，使平面布置紧凑合理。

(2)合理组织运输，减少运输费用，保证运输方便通畅。

(3)施工区域的划分和场地的确定应符合施工流程要求，尽量减少专业工种和各工程之间的干扰。

(4)充分利用各种永久建筑物、构筑物和原有设施为施工服务，降低临时设施的费用。

(5)各种生产生活设施应便于工人的生产生活。

(6)满足安全防火、劳动保护的要求。

5.4.1.4 施工总体布置的依据

(1)各种设计资料，包括建筑总平面图、地形地貌图、区域规划图、建筑项目范围内有关的一切已有和拟建的各种设施位置。

(2)建设地区的自然条件和技术经济条件。

(3)建设项目的建筑概况、施工方案、施工总进度计划,以便了解准备施工阶段情况,合理规划施工场地。

(4)各种建筑材料构件、加工品、施工机械和运输工具需要量一览表,以便规划工地内部的储放场地和运输线路。

(5)各构件加工厂规模、仓库及其他临时设施的数量和外廓尺寸。

5.4.2 施工总平面的布置

5.4.2.1 收集基本资料

(1)当地国民经济现状及发展的前景。

(2)可为工程施工服务的建筑、加工制造、修配、运输等企业的规模、生产能力及其发展规划。

(3)现有水陆交通运输条件和通过能力,近远期发展规划。

(4)水、电以及其他动力供应条件。

(5)邻近居民点、市政建设状况和规划。

(6)当地建筑材料及生活物资供应情况。

(7)施工现场土地状况和征地的有关问题。

(8)工程所在地区行政区规划图、施工现场地形图及主要临时工程剖面图,三角水准网点等测绘资料。

(9)施工现场范围内的工程地质与水文地质资料。

(10)河流水文资料、当地气象资料。

(11)规划、设计各专业设计成果或中间资料。

(12)主要工程项目定额、指标、单价、运杂费率等。

(13)当地及各有关部门对工程施工的要求。

(14)施工现场范围内的环境保护要求。

5.4.2.2 编制临时建筑物的项目清单

根据工程的施工条件,结合类似工程的施工经验编制临时建筑物的项目清单,并估算出它们的占地面积、敞棚面积、建筑面积,提出布置要求,对于施工辅助企业项目要提出服务对象、生产能力、班制、人员以及风、水、电的需用量等。编制项目清单时,应了解已制定的工程施工方法和施工程序。

以混凝土工程为主体的枢纽、临建工程一般包括下列项目:

(1)混凝土系统。包括搅拌楼、净料堆场、水泥库、制冷楼。

(2)砂石加工系统。包括破碎筛分厂、毛料堆场、净料堆场。

(3)金属结构机电安装系统。包括金属结构加工厂、金属结构拼装场、钢管加工厂、钢管拼接场、制氧厂。

(4)机械修配系统。包括机械修配厂、汽车修配厂、汽车停放保养场、船舶修配厂、机车修配厂。

(5)综合加工系统。包括木材加工厂、钢筋加工厂、混凝土预制厂。

(6)风、水、电、通信系统。包括空压站、水厂、变电站、通信总机房。

(7)基础处理系统。包括基地、灌浆基地。

(8)仓库系统。包括基地冲击钻机仓库、工区仓库、现场仓库、专业仓库。

(9)交通运输系统。包括铁路场站、公路汽车站、码头港区、轮渡。

(10)办公生活福利系统。包括办公房屋、单身宿舍房屋、家属宿舍房屋、公共福利房屋、招待所。

5.4.2.3 施工总体布置规划

施工总体布置规划首先研究确定一些大的原则问题,如,施工场地选择,是一个施工场地还是几个施工场地,如果有几个施工场地,哪一个为主要场地,然后进行区域划分和规划,哪些采取集中布置,哪些采取分散布置,场地布置几条主要干线,场外与场内交通如何衔接,两岸交通联系方式,以及对外运输的场内码头、车站、过江桥的位置与高程等。

1. 施工场地选择

枢纽附近有多处场地可供选择时,应结合地形、地质、交通条件和枢纽布置进行选定。原则上由近至远、先下游后上游,布置高程一般考虑5%频率的洪水位以上。一般堤坝或水电站布置比较集中,常在下游一岸或两岸设置施工场地。引水式水电站或大型输水工程多在取水枢纽、引水建筑物中间地段和厂房或输水建筑物末端设立施工场地。有时枢纽两岸谷深坡陡,也可以将施工场地布置在较高、较为平坦开阔的地带。

施工场地选择还应注意以下几个问题:

(1)一般情况下,不宜选在枢纽上游的水库区,必要时,根据主体工程施工期上游水位变化情况,适当利用库区内接近坝区的场地作为施工前期临建设施场地,不得已必须在水库区布置前后期临建设施时,其高程不应低于场地使用期间最高设计水位。

(2)利用工程弃渣填筑河道(冲沟)两岸低的滩(台)地至防洪水位以上时,不能过分束窄河床,尽量避开因导流、泄洪而造成的冲淤范围和主河道两岸沟谷洪水顶冲范围。应根据防洪标准计算场地周围岩边流速值,必要时利用模型试验,论证场地防冲范围,采取有效的防冲措施。

(3)施工场地应避开不良地质地段,场地上下边坡应稳定。

(4)施工场各地段之间、各地段与各施工区之间联系简捷方便。

(5)研究与地方经济发展规划相结合的可能性。

2. 施工区域规划

大中型水利水电工程可划分为下列几个主要施工区:

(1)主体工程施工区。

(2)主要施工区。

(3)施工辅助企业区。

(4)建筑材料开采区。

(5)仓库、站、场厂、码头等储运系统。

(6)机电、金属结构和大型施工机械设备安装场地。

(7)工程弃料堆放区。

(8)施工管理中心。

(9)生活福利区等。

各区之间应以场内交通为纽带,按工艺流程和施工方案的要求在布置上做到协调统一,便于管理的有机整体。

3. 分区规划应研究的几个问题

(1)根据枢纽工程的组成和布置特点,确定施工设施的组成及其布置重点。对以混凝土建筑物为主体工程的枢纽,应以砂石料开采、加工,混凝土料拌和浇筑系统的布置为重点,施工企业临建设施围绕它进行布置。对以当地材料建筑物为主体工程的枢纽,应以土、石料场的采挖、加工,堆弃料场和上坝运输线路布置为重点。力求将主要生产系统集中布置和尽量靠近有关主体工程施工区的宽阔平坦的地段,占据有利地形,协调布置场内运输线路,其他系统企业围绕重点进行布置。

(2)研究主要场地内部运输干线的布置条件、混凝土运输线路、土石方运输线路、砂石骨料运输线路、围堰截流运输线路、重大件运输线路、两岸联系方式、上下游联系过坝方式等。

(3)研究施工场地地形、地质条件,结合工程特点、施工管理的习惯组织形式,确定区域规划方式。混合式布置有利生产、方便生活,又便于各工段内部的管理;集中式布置可减少施工干扰,为文明施工创造条件,同时可结合城镇工农业发展规划布置福利区及辅助企业区、站场区,繁荣地方经济,提高经济效益。

(4)研究各施工系统的生产工艺或使用方式、本身功能的特点,确定各系统的布置位置顺序。

4. 分区规划一般遵循的原则

(1)机电设备、金属结构安装场地,应靠近主要安装地点和尽可能布置在主要辅助企业区附近。

(2)施工管理中心是施工现场的总指挥部,宜布置在靠近主体工程、主要辅助企业区仓库等区域的适中地段。主要施工工区应靠近该工区的主要施工对象。

(3)生活福利区应考虑风向、日照、噪声、绿化和水质等因素,最好集中布置在距施工现场有一定距离的地段。若职工居住区分散到各工区,则生产、生活应有明显的界线,其福利区宜规划在适中地段。

(4)弃渣地点应选在主要施工场地的滩地、沟、谷等处。

(5)特种材料库(炸药库、雷管库、油库等)应根据安全规程要求布置。

(6)主要施工器材仓库、站场、转动站等储运系统,一般应布置在与对外交通线易于连接或进入施工场地的入口处。

5. 区域规划方式

根据工程特点、施工场地地形、地质和交通条件、施工管理的组织形式等,施工总体布置一般除建筑材料开采区、转运站和特种材料仓库外,可分为集中式、分散式和混合式三种基本形式。

1)集中式布置

集中式布置的基本条件是枢纽永久建筑物集中在坝轴线附近,坝址附近两岸场地开阔,可基本满足施工总体布置的需要,交通条件比较方便,可就近与铁路、公路连接。因此,集中布置又可分为一岸集中布置方式和两岸集中布置的方式,但其主要施工场地选择在对外交通线路引入的一岸。湖北陆水水利枢纽就是采用一岸集中施工总体布置的例子。长江三峡、葛洲坝和丹江口等水利枢纽是两岸集中施工总体布置的例子。

2)分散式布置

分散式布置有两种情况,一种是枢纽永久建筑物集中布置在坝轴线附近,坝址位于峡谷地区,地形比较狭窄,施工场地沿河一岸或两岸冲沟延伸。因此,常把施工临时设计根据现场施工直接影响程度分别排队,把密切相关的项目靠近坝址布置,其他项目依次远离坝址布置。新安江水利枢纽、上犹江水利枢纽、资水柘溪水利枢纽就是因地形狭窄而采用分散式施工总体布置的例子。另一种是,因枢纽建筑物布置分散,如引水式水电工程主体建筑物的施工地段长达几千米甚至几十千米,为此常需在枢纽首部、末端和引水建筑物中间等地段设置主要的施工工区,负责该地段的全面施工,合理选择布置交通路线,妥善解决跨河桥渡的位置等构成有机整体。鱼子溪水利枢纽、鲁布革水利枢纽就是因枢纽主体建筑物布置分散而采用分散式施工总体布置的例子。

3)混合式布置

由于工程特性和自然条件各异,施工总体布置采用多种形式,称为混合式布置。混合式布置有较大的灵活性,能更好地利用现场(地形斜坡、滩地、冲沟等)和不同地段场地条件,因地制宜地选择内部施工区域划分,以各区的布置要求和工艺流程为主,协调内部各生产环节,就近安排职工生活区,使该区构成有机的整体。黄河三门峡工程由于坝区地形特别狭窄,只好采用混合式布置把现场施工区、施工工厂、仓库、居住区分开布置,把施工临时设施分第一线和第二线,第一线布置在现场,第二线布置在远离现场 17 km 的会兴镇后方基地,现场与基地间用准轨铁路专用线和公路连接起来。此外,还有刘家峡、碧口等水利枢纽也是采用混合式布置的例子。

根据我国水利水电工程施工经验,对于各项临时建筑物和施工设施,宜根据具体情况采用集中和分散相结合的混合式布置。例如,砂石骨料的开采和加工,应根据料场的选择来决定,力求做到集中开采、集中加工。大型混凝土系统多选择集中布置的方式,但应兼顾初期浇筑和零星的浇筑对象,必要时可以设置临时拌和站予以解决。对于机械修配系统,要求尽可能简化,原则上只在各工区设设备保养站,含维修备品、备件库。交通运输系统则由全工地统一管理,为其服务的设施(如车库、保养场)应全盘规划。对于仓库设施,除设立集中的仓库区外,对专用仓库,如水泥、炸药和工区仓库,附属企业仓库都需分散布置。生活居住房屋一般分散布置,形成与各工区相配合的生活区,但部分家属居住区可以在远离现场处适当集中。对于供电,通常是建立全工地统一的供电系统,由电站分区供应。对于供水、供风,则往往是分区形成独立系统。场内交通要注意以下几条干线:两岸联系的线路、混凝土和水泥的运输线路、砂石骨料的运输线路、围堰施工的运输线路、基坑开挖出渣运输线路、金属结构和机电设备进厂线路以及上下游联系的过坝线路等。上述这些干线一般采用分高程统筹布置的方式。低线用于施工的初期,高线用于施工的中、后期。两岸交通联系有可能时,宜在坝址下游修建永久性的跨河桥梁,保证全年运输畅通。当对外交通采用准轨铁路专用线时,工地车站位置应便于通向全场而不产生反向运输,并且与坝址应有适当距离,以便调整线路以适应施工高程的较大幅度变化,并避免压缩场地。工地车站应引出支线通往场内各大型施工工厂、仓库、水电站厂房和基坑施工现场等。这些线路的高程要根据地形、水文等自然条件和主体工程施工方法的要求来选定。砂石料运输取决于料场筛分厂和混凝土工厂的相对位置,可以设专线运输,如铁路机车运输、汽车运输或皮带机运输。场内铁路轨距应力求简化,尽可能采用一种轨距,至多不要超过两种轨距。场内运输除铁路外,都应有公路联系。在通航河流上建坝,还应充分利用水运条件为工程施工服务。

5.4.3 施工总平面图的设计步骤

5.4.3.1 运输线路的布置

设计全工地性的施工总平面图,首先应解决大宗材料进入工地的运输方式,如铁路运输需将铁轨引入工地,水路运输需考虑增设码头、仓储和转运问题,公路运输需考虑运输线路的布置问题等。

1. 铁路运输

一般大型工业企业都设有永久性铁路专用线,通常提前修建,以便为工程项目施工服务。由于铁路的引入,将严重影响场内施工的运输和安全,因此一般先将铁路引入到工地两侧,当整个工程进展到一定程度,工程可分为若干个独立施工区域时,才可以把铁路引到工地中心区。此时铁路对每个独立的施工区都不应有干扰,位于各施工区的外侧。

2. 水路运输

当大量物资由水路运输时,就应充分利用原有码头的吞吐能力。当原有码头吞吐能力不足时,应考虑增设码头,其码头的数量不应少于2个,且宽度应大于2.5 m,一般用石或钢筋混凝土结构建造。

一般码头距工程项目施工现场有一定距离,故应考虑在码头修建仓储库房以及考虑从码头运往工地的运输问题。

3. 公路运输

当大量物资由公路运进现场时,由于公路布置较为灵活,一般将仓库、加工厂等生产性临时设施布置在最方便、最经济合理的地方,而后再布置通向场外的公路线。

5.4.3.2 仓库与材料堆场的布置

通常考虑设置在运输方便、位置适中、运距较短且安全防火的地方,并应区别不同材料、设备和运输方式来设置。

仓库和材料堆场的布置应考虑下列因素:

(1)尽量利用永久性仓储库房,以便节约成本。

(2)仓库和材料堆场位置距离使用地应尽量接近,以减少二次搬运的工作。

(3)当有铁路时,尽量布置在铁路线旁边,留够装卸前线,而且应设在靠工地一侧,避免内部运输跨越铁路。

(4)根据材料用途设置仓库和材料堆场。

砂、石、水泥等应在搅拌站附近;钢筋、木材、金属结构等在相应加工厂附近;油库、氧气库等布置在相对僻静、安全的地方;设备尤其是笨重设备应尽量在车间附近;砖、瓦和预制构件等直接使用材料应布置在施工现场,且在吊车控制半径范围之内。

5.4.3.3 加工厂的布置

加工厂一般包括混凝土搅拌站、构件预制厂、钢筋加工厂、木材加工厂、金属结构加工厂等。布置这些加工厂时主要考虑的问题是来料加工和成品、半成品运往需要地点的总运输费用最小,加工厂的生产和工程项目的施工互不干扰。

(1)搅拌站的布置。根据工程的具体情况可采用集中、分散或混合三种方式布置。当现浇混凝土量大时,宜在工地设置现场混凝土搅拌站;当运输条件好时,采用集中搅拌最有利;当运输条件较差时,宜采用分散搅拌。

(2)预制构件加工厂的布置。一般建在空闲区域,既能安全生产,又不影响现场施工。

(3)钢筋加工厂的布置。根据不同情况,采用集中或分散布置。对于冷加工、对焊、点焊的钢筋网等宜集中布置;设置中心加工厂,其位置应靠近构件加工厂;对于小型加工件,利用简单机具即可加工的钢筋,可在靠近使用地分散设置加工棚。

(4)木材加工厂的布置。根据木材加工的性质、加工的数量,选择集中布置或分散布置。一般原木加工批量生产的产品等加工量大的应集中布置在铁路、公路附近,简单的小型加工可分散布置,在施工现场搭设几个临时加工棚。

(5)金属结构、焊接、机修等车间的布置。由于相互之间生产上联系密切,应尽量集中布置在一起。

5.4.3.4 内部运输道路的布置

根据各加工厂、仓库及各施工对象的相对位置,对货物周转运行图进行反复研究,区分主要道路和次要道路,进行道路的整体规划,以保证运输畅通,车辆行驶安全,节省造价。在内部运输道路布置时应考虑以下几方面:

(1)尽量利用拟建的永久性道路。将它们提前修建,或先修路基,铺设简易路面,项目完成后再铺路面。

(2)保证运输畅通。道路应设两个以上的进出口,避免与铁路交叉,一般厂内主干道应设成环形。其主干道应为双车道,宽度不小于6 m,次要道路为单车道,宽度不小于3 m。

(3)合理规划拟建道路与地下管网的施工顺序。在修建拟建永久性道路时,应考虑道路下的地下管网,避免将来重复开挖,尽量做到一次性到位,节约投资。

5.4.3.5 消防站的布置

根据工程防火要求,应设立消防站,一般设置在易燃建筑物(木材、仓库等)附近,并须有通畅的出口和消防车道,其宽度不宜小于6 m,与拟建房屋的距离不得大于25 m,也不得小于5 m。沿道路布置消火栓时,其间距不得大于10 m,消火栓到路边的距离不得大于2 m。

5.4.3.6 行政与生活临时设施的布置

1.临时性房屋布置原则

临时性房屋一般有办公室、汽车库、职工休息室、开水房、浴室、食堂、商店、俱乐部等。布置时应考虑以下几方面:

(1)全工地性管理用房(办公室、门卫等)应布置在工地入口处。

(2)工人生活福利设施(商店、俱乐部、浴室等)应布置在工人较集中的地方。

(3)食堂可布置在工地内部或工地与生活区之间。

(4)职工住房应布置在工地以外的生活区,一般距工地500～1 000 m为宜。

2. 办公及福利设施的规划与实施

工程项目建设中,办公及福利设施的规划与实施应根据工程项目建设中的用人情况来确定。

5.4.3.7　工地临时供水系统的布置

布置临时性水电管网时,应尽量利用可用的水源、电源。一般排水干管和输电线沿主干道布置,水池、水塔等储水设施应布置在地势较高处,总变电站应布置在高压电入口处,消防站应布置在工地出入口附近,消火栓沿道路布置。过冬的管网要采取保温措施。

工地用水主要有三种类型:生活用水、生产用水和消防用水。工地供水确定的主要内容有:确定用水量、选择水源、设计配水管网。

1. 确定用水量

(1)生产用水量,包括工程施工用水和施工机械用水。

(2)生活用水量,包括现场生活用水和生活区生活用水。

(3)消防用水量。

2. 水源选择和设计配水管网

(1)水源选择。工程项目工地临时供水水源,有供水管道供水和天然水源供水两种方式。最好的方式是采用附近居民区现有的供水管道供水,只有当工地附近没有现成的供水管道或现成的给水管道无法使用以及供水量难以满足施工要求时,才使用天然水源供水(如江、河、湖、井等)。

选择水源应考虑的因素有水量是否充足、可靠,能否满足最大需求量要求;能否满足生活饮用水、生产用水的水质要求;取水、输水、净水设施是否安全、可靠;施工、运转、管理和维护是否方便。

(2)确定供水系统。供水系统由取水设施、净水设施、储水构筑物、输水管道、配水管道等组成。通常情况下,综合工程项目的首建工程应是永久性供水系统,只有在工程项目的工期紧迫时,才修建临时供水系统,如果已有供水系统,可以直接从供水源接输水管道。

(3)确定取水设施。取水设施一般由取水口、进水管和水泵组成。取水口距河底(或井底)一般不小于0.25～0.9 m,在冰层下部边缘的距离不小于0.25 m。给水工程一般使用离心泵、隔膜泵和活塞泵三种。所用的水泵应具有足够的抽水能力和扬程。

(4)确定储水构筑物。储水构筑物一般有水池、水塔和水箱。在临时供水时,若水泵不能连续供水,需设置储水构筑物。其容量以每小时消防用水确定,但不得少于10～20 m^3。储水构筑物的高度应根据供水范围、供水对象位置及水塔本身位置来确定。

(5)确定供水管径。

5.4.3.8　工地临时供电系统的布置

工地临时供电的组织包括用电量的计算、电源的选择、确定变压器、配电线路设置和导线截面面积的确定。

1. 用电量的计算

施工现场用电一般可分为动力用电和照明用电。在计算用电量时,应考虑以下因素:

(1)全工地动力用电功率。

(2)全工地照明用电功率。

(3)施工高峰用电量。

2. 电源的选择

(1)完全由工地附近的电力系统供电。

(2)若工地附近的电力系统不够,则工地需增设临时电站以补充不足部分。

(3)若工地属于新开发地区,附近没有供电系统,则应由工地自备临时动力设施供电。

根据实际情况确定供电方案。一般情况下,是将工地附近的高压电网引入工地的变压器进行调配。

5.4.4 施工总平面图的科学管理

施工总平面图设计完成后,就应认真贯彻其设计意图,发挥其应有的作用,因此现场对总平面图的科学管理是非常重要的,否则就难以保证施工的顺利进行。施工总平面图的管理包括以下内容:

(1)建立统一的施工总平面图管理制度。划分施工总平面图的使用管理范围,做到责任到人,严格控制材料、构件、机具等物资占用的位置、时间和面积,不准乱堆乱放。

(2)对水源、电源、交通等公共项目实行统一管理。不得随意挖路断道,不得擅自拆迁建筑物和水电线路,当工程需要断水、断电、断路时要申请,经批准后方可着手进行。

(3)对施工总体布置实行动态管理。在布置中,由于特殊情况或事先未预测到的情况需要变更原方案时,应根据现场实际情况,统一协调,修正其不合理的地方。

(4)做好现场的清理和维护工作,经常性检修各种临时性设施,明确负责部门和人员。

任务5.5 资源使用计划

资源是施工生产的物质基础,是工程实施必不可少的前提条件,它们的费用占工程总费用的70%以上,所以资源消耗的节约是工程成本节约的主要途径。如果资源不能保证,任何考虑得再周密的工期计划也无法实行。资源需要量是指项目施工过程中所必须消耗的各类资源的计划用量,包括劳动力,建筑材料,机械设备,以及施工用水、电、动力、运输、仓储设施等的需要量。资源管理的任务就是按照工程项目的实施计划编制资源的使用和供应计划,将项目实施所需的资源按正确的时间、正确的数量供应到正确的地点,并降低资源成本消耗(如采购费用、仓库保管费等)。

5.5.1 劳动力计划

5.5.1.1 劳动力需要量

劳动力需要量指的是在工程施工期间,直接参加生产和辅助生产的人员数量以及整个工程所需总劳动量。水利水电工程施工劳动力包括建筑安装人员,企业工厂、交通的运行和维护人员，管理、服务人员等。劳动力需要量是施工总进度计划的一项重要指标，也是确定临时工程规模和计算工程总投资的重要依据之一。

劳动力计划的计算内容是施工期各年各月劳动力数量（人）、施工期高峰劳动力数量（人）、施工期平均劳动力数量（人）和整个工程施工的总劳动量（工日）。

5.5.1.2 劳动力计算方法

1. 劳动定额法

1）劳动力定额

劳动力定额是完成单位工程量所需要的劳动工日。在计算各施工时段所需要的基本劳动力数量时，是以施工总进度计划为基础，用各施工时段的施工强度乘以劳动力定额而得。施工总进度计划表上的工程项目是基本施工工艺环节中各施工工序的综合项目，例如石方开挖包括开挖和出渣等，混凝土浇筑包括砂石料开采、加工和运输、模板、钢筋、混凝土拌和、运输、浇筑和养护等，土石方填筑包括料物开采、运输、上坝和填筑等。因此，计算劳动力所需的劳动力定额主要是依据本工程的建筑物特性、施工特性、选定的施工方法、设备规格、生产流程等经过综合分析后拟订的。

2）劳动力需要量计算步骤

（1）拟订劳动力定额。

（2）以施工总进度计划表为依据，绘制单项工程的施工进度线，并说明各时段的施工强度。

（3）计算基本劳动力曲线。

（4）计算企业工厂运行劳动力曲线。

（5）计算对外交通、企业管理人员、场内道路维护等劳动力曲线。

（6）计算管理人员、服务人员劳动力曲线。

（7）计算缺勤劳动力曲线。

（8）计算不可预见劳动力曲线。

（9）计算和绘制整个工程的劳动力曲线。

3）基本劳动力

以施工总进度计划表为依据，用各单项工程分年、分月的日强度乘以相应劳动力定额，即得单项工程相应时段劳动力需要量。同年同月各单项工程劳动力需要量相加，即为该年该月的日需要劳动力。

4）施工企业工厂运行劳动力

施工企业工厂运行劳动力以施工总进度计划表为依据，列出各企业工厂在各年各月的运行人员数量，同年同月逐项相加而得。各企业各时段的生产人员一般由企业工厂设计人员提供。

5）对外交通、企管人员及道路维护劳动力

对外交通、企管人员及道路维护劳动力用基本劳动力与企业工厂运行人员之和乘以系数0.1～0.5（混凝土坝工程和对外交通距离较远者取大值）而得。

6）管理人员

管理人员（包括有关单位派驻人员），取基本劳动力，对外交通、企管人员及道路维护劳动力总数的7% ~10%而得。

7)缺勤人员

缺勤人员取上述生产人员与管理人员总数的5% ~8%而得。

8)不可预见人员

不可预见人员取基本劳动力和缺勤人员总数的5% ~10%而得。可行性研究阶段取10%,初步设计阶段取5%。

2.类比法

根据同类型、同规模(水工、施工)的实际定员类比,通过认真分析加以适当调整。此方法比较简单,也有一定的准确度。

5.5.2 材料、构件及半成品需要量计划

水利水电工程所使用的材料包括消耗性材料、周转性材料和装置性材料。由于材料品种繁多,且不同设计阶段对材料需要量估算精度的要求不同,一般在初步设计阶段,对工程施工影响大、用量多的钢材、木材、水泥、炸药、燃料等材料进行估算。

5.5.2.1 材料需要量估算依据

(1)主体工程各单项工程的分项工程量。

(2)各种临时建筑工程的分项工程量。

(3)其他工程的分项工程量。

(4)材料消耗指标一般以部颁定额为准,当有试验依据时,以试验指标为准。

(5)各类燃油、燃煤机械设备的使用台班数。

(6)施工方法,原材料本身的物理、化学、几何性质。

5.5.2.2 主要材料汇总

主要材料用量应按单项工程汇总并小计用量,最后累计全部工程主要材料用量。

5.5.2.3 编制分期供应计划

(1)根据施工总进度计划的要求,在主要材料计算和汇总的基础上编制分期供应计划。

(2)分期材料需要量应分材料种类、工程项目、计算分期工程量占总工程量的比例,累计整个工程在各时段中的材料需要量。

(3)材料供应至工地的时间应早于需要时间,并留有验收、材料质量鉴定、出入库等时间。

(4)如考虑某些材料供应的实际困难,可在适当时候多供应一定数量,暂时储存以备后用。但储存时间不能超过有关材料管理和技术规程所限定的时间,同时应考虑资金周转等问题。

(5)供应计划应按各种材料品种或规格、产地或来源分列供应数量和小计供应量。

5.5.3 施工机械需要量计划

施工机械是施工生产要素的重要组成部分。现代工程项目都要依靠使用机械设备才能完成任务。随着科学技术不断发展,新机械、新设备层出不穷,大型的资金密集型和技

术密集型的机械在现代机械化施工中起着越来越重要的作用。

5.5.3.1 施工机械设备选择

正确拟订施工方案和选择施工机械是合理组织施工的关键。施工方案要做到技术上先进、经济上合理,满足保证施工质量、提高劳动生产率、加快施工进度及充分利用机械的要求。正确选择施工机械设备能使施工方法更为先进、合理,又经济。因此,施工机械选择的好坏很大程度上决定了施工方案的优劣。在选择施工机械时应遵照以下原则:

(1)适应工地条件,符合设计和施工要求,保证工程质量,生产能力满足施工强度要求。

选择的机械类型必须符合施工现场的地质、地形条件及工程量和施工进度的要求等。为了保证施工进度和提高经济效益,工程量大的采用大型机械,否则选用小型机械,但这并不是绝对的。例如,某大型工程施工地区偏僻,道路狭窄,桥梁载重量受到限制,大型机械不能通过,为此要专门修建运输大型机械的道路、桥梁,显然是不经济的,所以选用中型机械较为合理。

(2)设备性能机动、灵活、高效、能耗低、运行安全可靠。

选择机械时要考虑到各种机械的合理组合,这是决定所选择的施工机械能否发挥效率的重要因素。合理组合主要包括主机与辅助机械在台数和生产能力的相互适应以及作业线上的各种机械相配套的组合。首先主机与辅助机械的组合,必须保证在主机充分发挥作用的前提下,考虑辅助机械的台数和生产能力;其次一种机械施工作业线是几种机械联合作业组合成一条龙的机械化施工,几种机械的联合才能形成生产能力,如果其中某一种机械的生产能力不适应作业线上的其他机械的生产能力或机械可靠性不好,都会使整条作业线的机械发挥不了作用。

(3)通用性强,能满足在先后施工的工程项目中重复使用。

(4)设备购置及运行费用较低,易获得零配件,便于维修、保养、管理和调度。

施工机械固定资产损耗费(折旧费、大修理费等)与施工机械的投资成正比,运行费(机上人工费,动力、燃料费等)可以看作与完成的工程量成正比。这些费用是在机械运行中重点考虑的因素。大型机械需要的投资大,但如果把其分摊到较大的工程量中,对工程成本的影响就很小。所以,大型工程选择大型的施工机械是经济的。为了降低施工运行费,不能大机小用,一定要以满足施工需要为目的。

设备采购应通过市场调查,一般机械应为常用机型,有利于承包商自带,少量大型、特殊机械,可由业主单位采购,提供给承包商使用。原则上,零配件供应由承包商自行解决。

5.5.3.2 施工机械设备汇总平衡

在施工机械设备选型后,应进行主要施工机械设备的汇总工作。汇总时按各单项工程或辅助企业汇总机械设备的类型、型号、使用数量,分别了解其使用时段、部位、施工特点及机械使用特点等有关资料。

5.5.3.3 施工机械设备平衡

施工机械设备平衡的目的是在保证施工总进度计划实施、满足施工工艺要求的前提下,尽量做到充分发挥机械设备的效能,配套齐全,数量合理,管理方便和技术经济效益显著,并最终反映到机械类型、型号的改变、配置数量的变化上。一般情况下,施工机械设备平衡的主要对象是主要的土石方机械、运输机械、混凝土机械、起重机械、工程船舶、基础处理机械和主要辅助设备等七大类不固定设置的机械。

施工机械设备平衡的主要内容是同类型机械设备在使用时段上的平衡，同时应注意不同施工部位、不同类型或型号的互换平衡。

5.5.3.4 施工机械设备总需要量计算

$$N = \frac{N_0}{1 - \eta} \tag{5-6}$$

式中 N——某类型或型号机械设备总需要量；

N_0——某类型或型号机械设备平衡后的历年最高使用数量；

η——备用系数，参考表5-8选用。

表5-8 备用系数 η

机械类型	η	机械类型	η
土石方机械	0.10～0.25	运输机械	0.15～0.25
混凝土机械	0.10～0.15	起重机械	0.10～0.20
工程船舶	0.10～0.15	生产维修设备	0.04～0.08

计算施工机械总需要量时，应注意以下几个问题：

(1)总需要量应在施工机械设备平衡后汇总数量的基础上进行计算。

(2)同一作业可由不同类型或型号的机械互代（即容量互补），且条件允许时，备用系数可适当降低。

(3)对生产均衡性差、时间利用率低、使用时间不长的机械，备用系数可以适当降低。

(4)风、水、电机械设备的备用量应专门研究。

(5)确定备用系数时间，应考虑设备的新旧程度、维修能力、管理水平等因素，力争做到切合实际情况。

5.5.3.5 施工机械投入保证措施

(1)根据施工总进度计划及施工机具、设备的要求，编制施工机械设备需用量计划。

(2)根据施工总进度计划及机械进场计划，提前进行检测调试。

(3)根据施工机械设备需用量计划，组织施工机具按计划、按期进场，确保工程施工顺利进行。

(4)结合本工程特点和工期要求，按施工组织设计中确定的施工方法，使用先进的机具，同时加强施工机具的管理，保证机具的运转良好，充分发挥其效能，确保施工正常进行。

(5)投入先进的检测设备，如先进的地下管线探测仪器、全站仪等，确保试验检测工作顺利进行。

(6)机械设备进场后，需定期检修和保养，保持较高的完好率，以便顺利开展工作。

☆**案例分析**

1. 背景

某混凝土重力坝工程包括左岸非溢流坝段、溢流坝段、右岸非溢流坝段、右岸坝肩混凝土刺墙段。最大坝高43 m,坝顶全长322 m,共17个坝段。该工程采用明渠导流施工。坝址以上流域面积610.5 km^2,属于亚热带暖湿气候区,雨量充沛、湿润温和。平均气温比较高,需要采取温控措施。其施工组织总设计主要内容包括:

(1)大坝混凝土施工方案的选择。

(2)坝体的分缝分块。根据混凝土坝型、地质情况、结构布置、施工方法、浇筑能力、控温水平等因素进行综合考虑。

(3)坝体混凝土浇筑强度的确定。应满足该坝体在施工期的历年度汛高程与工程面貌。在安排坝体混凝土浇筑工程进度时,应估算施工有效工日,分析气象因素造成的停工或影响天数,扣除法定节假日,然后根据阶段混凝土浇筑方量拟订混凝土的月浇筑强度和日平均浇筑程度。

(4)混凝土拌和系统的位置与容量选择。

(5)混凝土运输方式与运输机械选择。

(6)运输线路与起重机轨道布置。门、塔机栈桥高程必须在导流规划确定的洪水位以上,宜稍高于坝体重心,并与供料线布置高程相协调,栈桥一般平行于坝轴线布置,栈桥墩宜部分埋入坝内。

(7)混凝土温控要求及主要温控措施。

2. 问题

(1)为防止混凝土坝出现裂缝,可采取哪些温控措施?

(2)混凝土浇筑的工艺流程包括哪些?

(3)对于17个独立坝段,每个坝段的纵缝分块形式可以分为几种?

(4)大坝混凝土浇筑的水平运输包括哪些方式?垂直运输设备主要有哪些?

(5)大坝水工混凝土浇筑的运输方案有哪些?本工程采用哪种运输方案?

(6)混凝土拌和设备生产能力主要取决于哪些因素?

(7)混凝土的正常养护时间至少应为多长?

3. 分析与答案

(1)温控的主要措施如下:

减少混凝土的发热量:采用减少每立方米混凝土的水泥用量、采用低发热量的水泥。

降低混凝土的入仓温度:采用合理安排浇筑时间、加冰或加冰水拌和、对骨料进行预冷。

加速混凝土散热:采用自然散热冷却降温,在混凝土内预先埋水管通水冷却。

(2)混凝土浇筑的工艺流程包括浇筑前的准备作业,浇筑时入仓铺料、平仓振捣和浇筑后的养护。

(3)坝段的纵缝分块形式有竖缝分块、斜缝分块、通仓浇筑和错缝分块4种。

(4)大坝混凝土浇筑的水平运输包括有轨运输和无轨运输两种方式;垂直运输设备主要有门机、塔机、缆机和履带式起重机。

(5)大坝水工混凝土浇筑的运输方案有门机、塔机运输方案,缆机运输方案以及辅助运输浇筑方案。本工程采用门、塔机运输方案。

(6)混凝土拌和设备生产能力主要取决于设备容量、台数与生产率等因素。

(7)混凝土的正常养护时间至少应为28 d。

思考题

5-1　简述施工组织总设计的编制原则和依据。

5-2　简述拟订主要项目施工方案的原则。

5-3　简述施工总进度计划的绘制步骤。

5-4　施工组织总设计需要编制哪些计划?

5-5　简述施工总平面布置的内容和原则。

5-6　背景

某水库枢纽工程主要由大坝及泄水闸等组成。大坝为壤土均质坝,最大坝高15.5 m,坝长1 135 m。该大坝施工承包商首先根据设计要求就近选择某一料场,该料场土料黏粒含量较高,含水量较适中。

在施工过程中,料场土料含水量因天气等各种因素发生变化,比施工最优含水量偏高,承包商及时地采取了一些措施,使其满足上坝要求。

问题

(1)适用于该大坝填筑作业的压实机械有(　　)。

A. 羊角碾　　B. 振动平碾　　C. 气胎碾　　D. 夯板　　E. 振动羊角碾

(2)该大坝填筑压实标准应采用什么控制?填筑压实参数主要包括哪些?

(3)料场含水量偏高,为满足上坝要求,此时可采取哪些措施?

(4)坝面压实后的黏性土料干密度的检测采用什么测定?

项目6 施工质量管理

教学提示:本章主要阐述了建设工程质量管理、质量体系的建立与运行、工程质量统计与分析、工程质量事故的处理以及工程施工质量验收程序和标准。

教学要求:通过本章的学习,主要是让学生了解、熟悉和掌握建设工程质量控制的原理、内容、程序及方法,以提高学生运用这些知识解决实际问题的能力。

任务6.1 工程质量管理概述

6.1.1 工程质量管理概念

建设工程质量是指国家现行的有关法律、法规、技术标准、设计文件及合同中对建设工程的安全、使用要求、经济技术标准、外观等特性的综合要求。建设工程质量管理是指为了达到建设工程质量要求而采用的作业技术和管理活动等。

我国现行规范建设工程质量管理的法律主要有《中华人民共和国建筑法》(简称《建筑法》)、《中华人民共和国标准化法》(简称《标准化法》)、《中华人民共和国产品质量法》(简称《产品质量法》),行政法规主要有《建设工程质量管理条例》《中华人民共和国标准化法实施条例》(简称《标准化法实施条例》),部门规章主要有《工程建设行业标准管理办法》《实施工程建设强制性标准监督规定》《工程建设标准强制性条文》《建设工程质量保证金管理暂行办法》《房屋建筑和市政基础设施工程质量监督管理规定》。此外,各地方性相关法规及政府规章中也包含有关质量的规定。

6.1.2 工程质量管理的标准

建设工程质量管理标准是指对建设工程的设计、施工方法和安全要求以及有关工程建设的技术术语、符号、代号和制图方法等所做的统一的技术要求。工程质量管理必须按照建设工程标准来开展和进行。建设工程质量管理标准依其效力强度可分为强制性标准与推荐性标准,建设工程质量管理标准依其适用范围可分为国家标准、行业标准及企业标准。

6.1.2.1 强制性标准及推荐性标准

工程强制性标准是指直接涉及工程质量、安全、卫生及环境保护等方面的必须强制执行的工程标准强制性条文,任何违反强制性标准的行为必须依法承担法律责任。建设部2000年8月颁布实行的《实施工程建设强制性标准监督规定》规定,在我国境内从事新建、扩建、改建等工程建设活动,必须执行工程建设强制性标准。工程建设中拟采用的新技术、新工艺、新材料不符合现行强制性标准规定的,应当由拟采用单位提请建设单位组织专题技术论证,报批准标准的建设行政主管部门或国务院有关主管部门审定。工程建设中采用国际标准或国外标准现行强制性标准未作规定的,建设单位应当向国务院建设行政主管部门或国务院有关行政主管部门备案。

推荐性标准是指国家鼓励自愿采用的标准,推荐性标准具有示范指导作用,但不是必须适用的标准。《标准化法》规定,推荐性标准只存在于国家标准及行业标准中,不存在推荐性地方标准和推荐性企业标准。

6.1.2.2 国家标准、行业标准及企业标准

《建筑法》规定,建设工程的标准分为国家标准、行业标准和企业标准三级。

国家标准是对全国经济技术发展有重大意义,需要在全国范围内统一适用的技术要求。国家标准分为强制性标准和推荐性标准。以下是强制性标准的范围:工程建设的勘察、设计、施工及验收的技术要求;工程建设中有关安全、卫生、环境保护的技术要求;工程建设的术语、符号、代号、量与单位、建筑模数和制图方法;工程建设的试验、检验和评定方法;工程建设的信息技术要求等。强制性标准以外的是推荐性标准。

行业标准是指由行业标准化主管机构或行业标准化组织发布的,在全国某一行业内统一适用的技术要求。《工程建设行业标准管理办法》规定,对于没有国家标准而需要在全国某个行业范围内统一的技术要求,可以制定行业标准。行业标准不得与国家标准相抵触。有关行业标准之间应当协调、统一,避免重复。行业标准在相应的国家标准实施后,应当及时修订或废止。行业标准也分为强制性标准与推荐性标准。

企业标准是企业自行制定的适用于企业内部的标准。企业标准是技术水平等级最高的标准,对于国家标准及行业标准没有规定的,应当制定企业标准;对已有国家标准及行业标准的,国家鼓励企业标准高于国家标准及行业标准,但不得低于国家标准及行业标准中的强制性标准。

6.1.3 各工程质量管理主体的义务

不同的工程质量管理主体,按照法律规定需要承担不同的法律义务,以下按照建设单位,勘察、设计单位,监理单位,施工单位,行政管理机关分别介绍。

6.1.3.1 建设单位的质量管理义务

建设单位是工程质量管理的主体之一,工程建设不仅需遵守国家有关法律法规,而且需按业主的要求进行,这就需要业主自身或委托监理单位对工程的质量进行检验和监督,业主的质量控制贯穿工程建设的全过程。根据《建设工程质量管理条例》,建设单位的质量管理责任义务有:

建设单位应当将工程发包给具有相应资质等级的单位。建设单位不得将建设工程肢解发包。

建设工程发包单位不得迫使承包方以低于成本的价格竞标,不得任意压缩合理工期。建设单位不得明示或者暗示设计单位或者施工单位违反工程建设强制性标准,降低建设工程质量。建设单位必须向有关的勘察、设计、施工、工程监理等单位提供与建设工程有

关的原始资料。建设单位应当将施工图设计文件报县级以上人民政府建设行政主管部门或者其他有关部门审查。施工图设计文件未经审查批准的,不得使用。涉及建筑主体和承重结构变动的装修工程,建设单位应当在施工前委托原设计单位或者具有相应资质等级的设计单位提出设计方案;没有设计方案的,不得施工。

建设单位应当依法对工程建设项目的勘察、设计、施工、监理以及与工程建设有关的重要设备、材料等的采购进行招标。按照合同约定,由建设单位采购建筑材料、建筑构配件和设备的,建设单位应当保证建筑材料、建筑构配件和设备符合设计文件和合同要求。

建设单位收到建设工程竣工报告后,应当组织设计、施工、工程监理等有关单位进行竣工验收。建设工程经验收合格的,方可交付使用。建设单位应当在建设工程竣工验收后,及时向建设行政主管部门或其他有关部门移交建设项目档案。

6.1.3.2 勘察、设计、监理等单位的质量管理义务

从事建设工程勘察、设计、监理的单位应当依法取得相应等级的资质证书,并在其资质等级许可的范围内承揽工程。禁止勘察、设计、监理单位超越其资质等级许可的范围或者以其他单位的名义承揽工程。

勘察、设计单位必须按照工程建设强制性标准进行勘察、设计,并对其勘察、设计的质量负责。勘察单位提供的地质、测量、水文等勘察成果必须真实、准确。

设计单位应当根据勘察成果文件进行建设工程设计。设计文件应当符合国家规定的设计深度要求,注明工程合理使用年限。设计单位在设计文件中选用的建筑材料、建筑构配件和设备,应当注明规格、型号、性能等技术指标,其质量要求必须符合国家规定的标准。设计单位一般不得指定生产厂、供应商。设计单位应当参与建设工程质量事故分析,并对因设计造成的质量事故,提出相应的技术处理方案。注册建筑师、注册结构工程师等注册执业人员应当在设计文件上签字,对设计文件负责。

监理单位应当依照法律法规以及有关技术标准、设计文件和建设工程承包合同,代表建设单位对施工质量实施监理,并对施工质量承担监理责任。监理工程师应当按照工程监理规范的要求,采用旁站、巡视和平行检验等形式,对建设工程实施监理。未经监理工程师签字,建筑材料、建筑构配件和设备不得在工程上使用或者安装,施工单位不得进行下一道工序的施工。

6.1.3.3 施工单位的质量管理义务

施工企业是建设工程的具体建设者及最终完成者,对建设工程质量负有极为重要的责任。施工企业包括总承包单位和各分包单位。建设工程实行总承包的,总承包单位应当对全部建设工程质量负责。总承包单位依法将建设工程分包给其他单位的,分包单位应当按照分包合同的约定对其分包工程的质量向总承包单位负责,总承包单位与分包单位就分包工程的质量向建设单位承担连带责任。《建筑法》第五十八条规定,建筑施工企业对工程的施工质量负责。《建设工程质量管理条例》对施工企业的质量责任做出了以下规定:

施工单位应当依法取得相应等级的资质证书,并在其资质等级许可的范围内承揽工程。禁止施工单位超越本单位资质等级许可的业务范围或者以其他施工单位的名义承揽工程。施工单位不得转包或者违法分包工程。

施工单位应当建立质量责任制，确定工程项目的项目经理、技术负责人和施工管理负责人。施工单位应当建立、健全教育培训制度，加强对职工的教育培训。

施工单位必须按照工程设计图纸和施工技术标准施工，不得擅自修改工程设计，不得偷工减料。施工单位在施工过程中发现设计文件和图纸有差错的，应当及时提出意见和建议。

施工单位必须建立、健全施工质量的检验制度，严格工序管理。施工单位必须按照工程设计要求、施工技术标准和合同约定，对建筑材料、建筑构配件、设备和商品混凝土进行检验，检验应当有书面记录和专人签字；未经检验或者检验不合格的，不得使用。施工单位应做好隐蔽工程的质量检查和记录。隐蔽工程在隐蔽前，施工单位应当通知建设单位和建设工程质量监督机构。

施工单位对施工中出现质量问题的建设工程或者竣工验收不合格的建设工程，应当负责返修。建设工程在保修范围和保修期限内发生质量问题的，施工单位应当履行保修义务，并对造成的损失承担赔偿责任。

6.1.3.4 行政管理机关的质量管理义务

《建设工程质量管理条例》规定，国家实行建设工程质量监督管理制度。所谓建设工程质量监督管理，是指国家各级建设行政主管部门和国务院铁路、交通、水利等有关专业部门依据有关法律法规规定的职权，代表国家对建设工程质量活动进行的监督和管理行为。国家对工程质量的监督管理主要是以保证建设工程使用安全和环境质量为主要目的，以法律法规和强制性标准为依据，以地基基础、主体结构、环境质量和与此相关的工程建设各方主体的质量行为为主要内容，以施工许可制度和竣工验收备案制度为主要手段。

工程质量监督机构是指经建设行政主管部门或其他有关部门考核，受建设行政主管等部门委托，在委托权限范围内，以委托行政机关的名义，依法实施建设工程质量监督管理的有独立法人资格的单位。建设工程质量监督机构的主要任务包括：根据政府有关部门的委托，受理建设工程项目质量监督；制订质量监督工作计划；检查施工现场工程建设各方主体的质量行为；对建设工程地基基础、主体结构等关键部位进行抽查，检查建设工程的实际质量；监督工程竣工验收；竣工验收后向委托部门报送建设工程质量监督报告等。

建设工程质量监督机构应当监督检查有关建设工程质量的法律法规和强制性标准的执行情况。建设工程质量监督人员履行监督检查职责时，有权要求被检查的单位提供有关工程质量的文件和资料，有权进入被检查单位的施工现场进行检查，当发现有影响工程质量的问题时，有权签发整改通知，责令暂停施工或局部暂停施工，责令限期改正。需要行政处罚的，由工程质量监督机构报政府委托部门查处。

建设工程发生质量事故，有关单位在 24 h 内向当地建设行政主管部门和其他有关部门报告。对重大质量事故，事故发生地的建设行政主管部门及其他有关部门应按照事故类别和等级向当地人民政府和上级建设行政主管部门及其他有关部门报告。

6.1.4 工程质量管理的法律责任

工程质量管理主体违反法律规定根据适用法律的不同，可以导致的法律责任不同，主要分为民事责任、刑事责任、行政责任三类，现分述如下。

6.1.4.1 **民事责任**

工程质量管理主体违反工程质量法律并引起交易相对方及有关单位、个人的人身或财产损失的，应当承担民事赔偿责任。根据《中华人民共和国民法通则》(简称《民法通则》)第一百三十四条，承担民事责任的方式主要有停止侵害，排除妨害，消除危险，返还财产，恢复原状，修理、重作更换，赔偿损失，支付违约金，消除影响，恢复名誉，赔礼道歉。工程质量违法行为的民事责任主要包括赔偿损失、支付违约金以及修理、重作与更换。《建设工程质量管理条例》第六十四条规定，违反本条例规定，造成建设工程质量不符合规定的质量标准的，负责返工、修理，并赔偿因此造成的损失。因民事违法行为的性质不同，民事责任可分为违约的民事责任和侵权的民事责任。

工程质量管理主体违反合同约定，则将产生违约的民事责任。例如，《建设工程质量管理条例》第四十一条规定，建设工程在保修范围和保修期限内发生质量问题的，施工单位应当履行保修义务，并对造成的损失承担赔偿责任。《建设工程质量管理条例》第六十六条规定，违反本条例规定，施工单位不履行保修义务或者拖延履行义务的，责令改正，处10万元以上20万元以下的罚款，并对在保修期内因质量缺陷造成的损失承担赔偿责任。此保修责任是发包人与承包人签订的建设工程合同明示或默示规定的义务，承包人违反该义务将承担合同规定的违约责任。违约责任的赔偿权利主体是合同中守约的一方当事人，义务主体是违反合同规定的一方当事人。例如，勘察、设计单位若违反合同规定的工程质量标准，导致建设单位或施工单位损失的，需对建设单位或施工单位承担违约责任。

此外，工程质量违法行为还可能导致侵权的民事责任。所谓侵权责任，是指因违法行为侵害他人合法权益依据法律法规规定所应当承担的民事责任。《中华人民共和国合同法》(简称《合同法》)第一百二十二条规定，因当事人一方的违约行为，侵害对方人身、财产权益的，受损害方有权选择依照本法要求其承担违约责任或者依照其他法律要求其承担侵权责任。例如，施工单位未按合同约定履行保修义务，同时此行为又造成工程承包合同以外的其他人身或财产损失，则建设单位可选择适用违约或侵权责任。

《建设工程质量管理条例》有关民事责任的规定还有，第五十八条规定了建设单位违反验收规定的民事赔偿责任，第六十三条规定了勘察、设计单位违反质量管理规定的民事赔偿责任，第六十九条规定了违法装修的民事赔偿责任，第六十七条规定了工程监理单位违反监理责任的连带赔偿责任。

6.1.4.2 **刑事责任**

《中华人民共和国刑法》(简称《刑法》)规定，违反工程质量管理法律法规的行为可能涉及的罪名包括重大责任事故罪、渎职罪等。其中《建设工程质量管理条例》第七十四条规定，建设单位、设计单位、施工单位、工程监理单位违反国家规定，降低工程质量标准，造成重大安全事故，构成犯罪的，对直接责任人员依法追究刑事责任。《刑法》第一百三十四条规定，工厂、矿山、林场、建筑企业或者其他企业、事业单位的职工，由于不服管理、违反规章制度，或者强令工人违章冒险作业，因而发生重大伤亡事故或者造成其他严重后果的，处三年以下有期徒刑或者拘役；情节特别恶劣的，处三年以上七年以下有期徒刑。

6.1.4.3 行政责任

行政责任指工程质量管理主体违反工程质量管理法律法规规定应承担的行政法律责任。其主要形式有责令改正、罚款、责令停业整顿、降低资质等级或者吊销资质证书等,具体情形如建设单位未取得施工许可证或者开工报告未经批准擅自施工的、迫使承包方以低于成本的价格竞标的;施工单位不按照工程设计图纸或者施工技术标准施工的;勘察单位未按照工程建设强制性标准进行勘察的;设计单位未按照工程建设强制性标准进行设计的;工程监理单位与建设单位或者施工单位串通,弄虚作假、降低工程质量等。

任务6.2 质量体系的建立与运行

6.2.1 质量保证体系的概念

质量保证体系是为使人们确信某产品或某服务能满足给定的质量要求所必需的全部有计划、有系统的活动。质量保证体系是企业内部的一种管理手段。在合同环境中,质量保证体系是施工单位取得建设单位信任的手段。

6.2.2 施工质量保证体系的内容

(1)施工质量目标。必须明确并符合质量总目标的要求。施工质量目标的分解主要从时间角度和空间角度展开。

(2)施工质量计划。应根据企业的质量手册和项目质量目标来编制。施工质量计划可以按内容分为质量工作计划和质量成本计划。

(3)思想保证体系。用全面质量管理的思想、观点和方法,使全体人员真正树立起强烈的质量意识。

(4)组织保证体系。建立健全各级组织,分工负责,做到以预防为主,预防与检查相结合,形成一个有明确任务、职责、权限、互相协调和互相促进的有机整体。

(5)工作保证体系。通过施工准备阶段、施工阶段、竣工验收阶段进行质量控制。

6.2.3 施工质量保证体系的运行

施工质量保证体系的运行应以质量计划为主线,以过程管理为重心,按照PDCA循环的原理展开控制。

(1)计划(Plan),即确定质量管理的方针、目标,以及实现方针、目标的措施和行动计划。在施工质量计划阶段,现场施工管理组织应根据其任务目标和责任范围,建立施工质量控制的管理制度,对质量工作程序、技术方法、业务流程、资源配置、检验试验要求、质量记录方式、不合格处理、管理措施等内容,做出具体规定并形成相关文件。施工质量计划编成后,还需对其实现预期目标的可行性、有效性、经济合理性等进行分析论证,并按规定的程序与权限经过审批后执行。

(2)实施(Do),包含计划行动方案的交底和按计划规定的方法及要求展开的施工作业技术活动。计划交底的目的在于使具体的作业者和管理者明确计划的意图和要求,掌握施工质量标准,从而规范作业和管理行为,正确执行计划的行动方案,步调一致地去努力实现预期的施工质量目标。

(3)检查(Check),指对计划实施过程进行各种检查,包括作业者的自检、互检和专职管理者专检。各类检查也都包含两大方面:一是检查是否严格执行了计划的行动方案,实际条件是否发生了变化,没按计划执行的原因;二是检查计划执行的结果,即施工质量是否达到标准的要求,对此进行评价和确认。

(4)处理(Action),对于质量检查所发现的施工质量问题或质量不合格,及时进行原因分析,采取必要的措施予以纠正,保持施工质量的受控状态。处理分为纠偏处理和预防处理两个步骤,前者是采取应急措施,解决当前的质量问题和缺陷;后者是信息反馈管理部门,反思问题症结或计划的不周,为今后类似问题的质量预防提供借鉴。

质量保证体系的运行,应按照事前、事中和事后控制相结合的模式依次展开,它们之间构成有机的系统过程,不是孤立和截然分开的,实质上也就是 PDCA 循环的具体化,并在每一次滚动循环中不断提高,达到质量管理或质量控制的持续改进。

任务6.3 工程质量统计与分析

6.3.1 质量统计基本知识

6.3.1.1 总体、样本及统计推断工作过程

1. 总体

总体也称母体,是所研究对象的全体。个体,是组成总体的基本元素。总体中含有个体的数目通常用 N 表示。在对一批产品质量检验时,该批产品是总体,其中的每件产品是个体,这时 N 是有限的数值,则称之为有限总体。当对生产过程进行检测时,应该把整个生产过程过去、现在以及将来的产品视为总体。随着生产的进行,N 是无限的,称之为无限总体。实践中一般把从每件产品检测得到的某一质量数据(强度、几何尺寸、重量等)即质量特性值视为个体,产品的全部质量数据的集合即为总体。

2. 样本

样本也称子样,是从总体中随机抽取出来,并根据对其研究结果推断总体质量特征的那部分个体。被抽中的个体称为样品,样品的数目称样本容量,用 n 表示。

3. 统计推断工作过程

质量统计推断工作是运用质量统计方法在生产过程中或一批产品中,随机抽取样本,通过对样品进行检测和整理加工,从中获得样本质量数据信息,并以此为依据,以概率数理统计为理论基础,对总体的质量状况做出分析和判断。

6.3.1.2 质量数据的收集方法

1. 全数检验

全数检验是对总体中的全部个体逐一观察、测量、计数、登记,从而获得对总体质量水平评价结论的方法。

全数检验一般比较可靠,能提供大量的质量信息,但要消耗很多人力、物力、财力和时

间，特别是不能用于具有破坏性的检验和过程质量控制，应用上具有局限性；在有限总体中，对重要的检测项目，当可采用简易快速的不破损检验方法时可选用全数检验方案。

2. 随机抽样检验

抽样检验是按照随机抽样的原则，从总体中抽取部分个体组成样本，根据对样品进行检测的结果，推断总体质量水平的方法。

随机抽样检验抽取样品不受检验人员主观意愿的支配，每一个体被抽中的概率都相同，从而保证了样本在总体中的分布比较均匀，有充分的代表性；同时具有节省人力、物力、财力、时间和准确性高的优点；它又可用于破坏性检验和生产过程的质量监控，完成全数检测无法进行的检测项目，具有广泛的应用空间。抽样的具体方法有如下几种。

1）简单随机抽样

简单随机抽样又称纯随机抽样、完全随机抽样，是对总体不进行任何加工，直接进行随机抽样获取样本的方法。一般的做法是对全部个体编号，然后采用抽签、摇号、随机数字表等方法确定中选号码，相应的个体即为样品。这种方法常用于总体差异不大，或对总体了解甚少的情况。

2）分层抽样

分层抽样又称分类或分组抽样，是将总体按与研究目的有关的某一特性分为若干组，然后在每组内随机抽取样品组成样本的方法。由于对每组都有抽取，样品在总体中分布均匀，更具代表性，特别适用于总体比较复杂的情况。例如，研究混凝土浇筑质量时，可以按生产班组分组，或按浇筑时间（白天、黑夜或季节）分组，或按原材料供应商分组后，再在每组内随机抽取个体。

3）等距抽样

等距抽样又称机械抽样、系统抽样，是将个体按某一特性排队编号后均分为 n 组，这时每组有 $K=N/n$ 个个体，然后在第一组内随机抽取第一件样品，以后每隔一定距离抽选出其余样品组成样本的方法。例如，在流水作业线上每生产 100 件产品抽出一件产品做样品，直到抽出 n 件产品组成样本。

4）整群抽样

整群抽样一般是将总体按自然存在的状态分为若干群，并从中抽取样品群组成样本，然后在中选群内进行全数检验的方法。例如，对原材料质量进行检测，可按原包装的箱、盒为群随机抽取，对中选箱、盒做全数检验；每隔一定时间抽出一批产品进行全数检验等。由于随机性表现在群间，样品集中，分布不均匀，代表性差，产生的抽样误差也大，同时在有周期性变动时，也应注意避免系统偏差。

5）多阶段抽样

多阶段抽样又称多级抽样。上述抽样方法的共同特点是整个过程中只有一次随机抽样，因而统称为单阶段抽样。但是当总体很大时，很难一次抽样完成预定的目标。多阶段抽样是将各种单阶段抽样方法结合使用，通过多次随机抽样来实现的抽样方法。例如，检验钢材、水泥等质量时，可以对总体按不同批次分为 R 个群，从中随机抽取 r 个群，而后在中选的 r 个群中的 M 个个体中随机抽取 m 个个体，这就是整群抽样与分层抽样相结合的二阶段抽样，它的随机性表现在群间和群内有两次。

6.3.1.3 质量数据的分类

质量数据是指由个体产品质量特性值组成的样本(总体)的质量数据集,在统计上称为变量;个体产品质量特性值称变量值。根据质量数据的特点,可以将其分为计量值数据和计数值数据。

1.计量值数据

计量值数据是可以连续取值的数据,属于连续型变量。其特点是在任意两个数值之间都可以取精度较高一级的数值。它通常由测量得到,如重量、强度、几何尺寸、标高、位移等。此外,一些属于定性的质量特性,可由专家主观评分、划分等级而使之数量化,得到的数据也属于计量值数据。

2.计数值数据

计数值数据是只能按0,1,2…数列取值计数的数据,属于离散型变量。它一般由计数得到。计数值数据又可分为计件值数据和计点值数据。

(1)计件值数据,表示具有某一质量标准的产品个数。例如,总体中合格品数、一级品数。

(2)计点值数据,表示个体(单件产品、单位长度、单位面积、单位体积等)上的缺陷数、质量问题点数等。例如,检验钢结构构件涂料涂装质量时,构件表面的焊渣、焊疤、油污、毛刺的数量等。

6.3.1.4 质量数据的特征值

质量数据特征值是由样本数据计算的描述样本质量数据波动规律的指标。统计推断就是根据这些质量数据特征值来分析、判断总体质量状况的。常用的有描述数据分布集中趋势的算术平均数、中位数和描述数据分布离中趋势的极差、标准偏差、变异系数等。

6.3.1.5 质量数据的分布特征

1.质量数据的特性

质量数据具有个体数值的波动性和总体(样本)分布的规律性。在实际质量检测中,我们发现即使在生产过程稳定正常的情况下,同一总体(样本)的个体产品的质量数据的特征值也是互不相同的,这种个体间表现形式上的差异性,反映在质量数据上即为个体数值的波动性、随机性;然而,当运用统计方法对这些大量丰富的个体质量数值进行加工、整理和分析后,我们又会发现这些产品质量数据的特征值(以计量值数据为例)大多都分布在数值变动范围的中部区域,即有向分布中心靠拢的倾向,表现为数值的集中趋势;还有一部分质量数据的特征值在中心的两侧分布,随着逐渐远离中心,数值的个数变少,表现为数值的离中趋势。质量数据的集中趋势和离中趋势反映了总体(样本)质量变化的内在规律性。

2.质量数据波动的原因

众所周知,影响产品质量主要有五方面因素,即人,包括质量意识、技术水平、精神状态等;材料,包括材质均匀度、理化性能等;方法,包括生产工艺、操作方法等;环境,包括时间、季节、现场温湿度、噪声干扰等;机械设备,包括其先进性、精度、维护保养状况等。同时,这些因素自身也在不断变化中。个体产品质量表现形式的千差万别就是这些因素综合作用的结果,质量数据也就具有了波动性。

质量数据的特征值的变化在质量标准允许范围内波动称为正常波动，是由偶然性原因引起的；超越了质量标准允许范围的波动则称为异常波动，是由系统性原因引起的。

1)偶然性原因

在实际生产中，影响因素的微小变化具有随机发生的特点，是不可避免、难以测量和控制的，或者是在经济上不值得消除，它们大量存在但对质量的影响很小，属于允许偏差、允许位移范畴，引起的是正常波动，一般不会因此造成废品，生产过程正常稳定。通常把因素的这类变化归为偶然性原因、不可避免原因或正常原因。

2)系统性原因

当影响质量的因素发生了较大变化，如工人未遵守操作规程、机械设备发生故障或过度磨损、原材料质量规格有显著差异等情况发生时，没有及时排除，生产过程则不正常，产品质量数据就会离散过大或与质量标准有较大偏离，表现为异常波动，导致次品、废品产生。这就是产生质量问题的系统性原因或异常原因。由于异常波动特征明显、容易识别和避免，特别是对质量的负面影响不可忽视，生产中应该随时监控、及时识别和处理。

3. 质量数据分布的规律性

对于每件产品来说，在产品质量形成的过程中，单个影响因素对其影响的程度和方向是不同的，也是在不断改变的。众多因素交织在一起共同起作用的结果，使各因素引起的差异大多互相抵消，最终表现出来的误差具有随机性。对于在正常生产条件下的大量产品，误差接近零的产品数目要多些，具有较大正负误差的产品要相对少，偏离很大的产品就更少了，同时正负误差绝对值相等的产品数目非常接近。于是就形成了一个能反映质量数据规律性的分布，即以质量标准为中心的质量数据分布，它可用一个“中间高、两端低、左右对称”的几何图形来表示，即一般服从正态分布。正态分布最重要、最常见、应用最广泛。

6.3.2 质量分析法

6.3.2.1 统计调查表法

统计调查表法又称统计调查分析法，它是利用专门设计的统计表对质量数据进行收集、整理和粗略分析质量状态的一种方法。在质量控制活动中，利用统计调查表收集数据，简便灵活、便于整理、实用有效。它没有固定格式，可根据需要和具体情况设计出不同的统计调查表。常用的有：

(1)分项工程作业质量分布调查表；

(2)不合格项目调查表；

(3)不合格原因调查表；

(4)施工质量检查评定用调查表等。

统计调查表法往往同分层法结合起来应用，可以更好、更快地找出问题所在，以便采取改进的措施。

6.3.2.2 分层法

分层法又叫分类法，是将调查收集的原始数据，根据不同的目的和要求，按某一性质进行分组、整理的分析方法。分层的结果使数据各层间的差异突出地显示出来，层内的数据差异减少了。在此基础上再进行层间、层内的比较分析，可以更深入地发现和认识质量问题的原因。由于产品质量是多方面因素共同作用的结果，因而对同一批数据可以按不同性质分层，使我们能从不同角度来考虑、分析产品存在的质量问题和影响因素。常用的分层形式有：

(1)按操作班组或操作者分层；

(2)按使用机械设备型号分层；

(3)按操作方法分层；

(4)按原材料供应单位或供应时间或等级分层；

(5)按施工时间分层；

(6)按检查手段、工作环境等分层。

分层法是质量控制统计分析方法中最基本的一种方法。其他统计方法一般都要与分层法配合使用，如排列图法、直方图法、控制图法、相关图法等，常常是首先利用分层法将原始数据分门别类，然后进行统计分析。

6.3.2.3　排列图法

排列图法是利用排列图寻找影响质量主次因素的一种有效方法。排列图又叫帕累托图或主次因素分析图，它由两个纵坐标、一个横坐标、几个连起来的直方形和一条曲线所组成。左侧的纵坐标表示频数、右侧的纵坐标表示累计频率、横坐标表示影响质量的各个因素或项目，按影响程度大小从左至右排列，直方形的高度示意某个因素的影响大小。实际应用中，通常按累计频率划分为0～80%、80%～90%、90%～100%三部分，与其对应的影响因素分别为A、B、C三类，A类为主要因素、B类为次要因素、C类为一般因素。

6.3.2.4　因果分析图法

因果分析图法是利用因果分析图来系统整理分析某个质量问题(结果)与其产生原因之间关系的有效方法。因果分析图也称特性要因图，又因其形状常被称为树枝图或鱼刺图。

因果分析图由质量特性(即质量结果，指某个质量问题)、要因(产生质量问题的主要原因)、枝干(指一系列箭线，表示不同层次的原因)、主干(指较粗的直接指向质量结果的水平箭线)等组成，如图6-1所示。

绘制和使用因果分析图时应注意以下问题：

(1)集思广益。绘制时要求绘制者熟悉专业施工方法技术，调查、了解施工现场实际条件和操作的具体情况。要以各种形式，广泛收集现场工人、班组长、质量检查员、工程技术人员的意见，集思广益，相互启发、相互补充，使因果分析更符合实际。

(2)制订对策。绘制因果分析图不是目的，而是要根据图中所反映的主要原因，制订改进的措施和对策，限期解决问题，保证产品质量。具体实施时，一般应编制一个对策计划表。

6.3.2.5　直方图法

直方图法即频数分布直方图法，它是将收集到的质量数据进行分组整理，绘制成频数分布直方图，用以描述质量分布状态的一种分析方法，所以又称质量分布图法。

通过直方图的观察与分析，可了解产品质量的波动情况，掌握质量特性的分布规律，

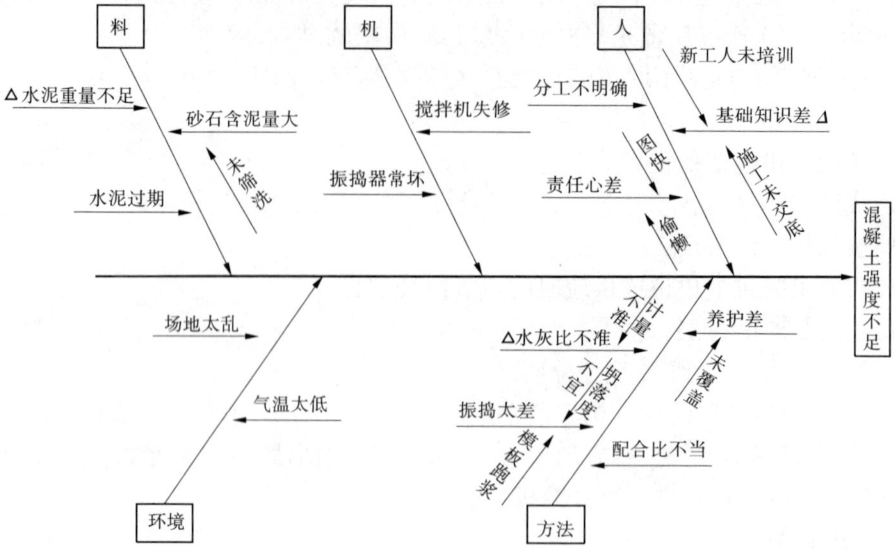

图 6-1 因果分析图

以便对质量状况进行分析判断。同时,可通过对质量数据的特征值的计算,估算施工生产过程总体的不合格品率,评价过程能力等。

正常型直方图就是中间高、两侧低,左右接近对称的图形。出现非正常型直方图时,表明生产过程或收集数据作图有问题。这就要求进一步分析判断,找出原因,从而采取措施加以纠正。凡属非正常型直方图,其图形分布有各种不同缺陷,归纳起来一般有五种类型,如图 6-2 所示。

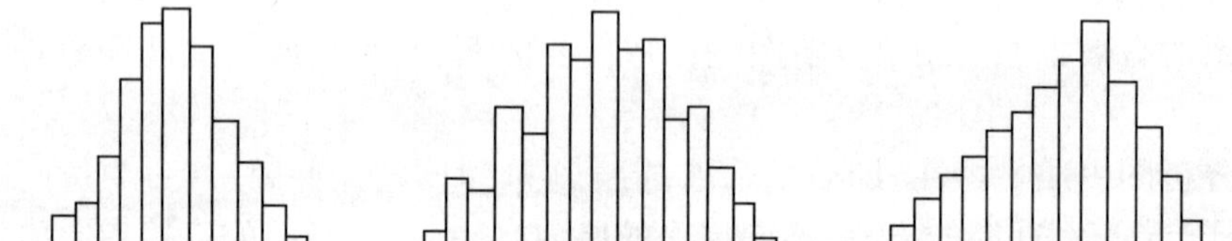

图 6-2 常见的直方图图形

(1)折齿型,是由于分组不当或者组距确定不当出现的直方图。

(2)左(或右)缓坡型,主要是由于操作中对上限(或下限)控制太严造成的。

(3)孤岛型,是由于原材料发生变化,或者临时他人顶班作业造成的。

(4)双峰型,是由于用两种不同方法或两台设备或两组工人进行生产,然后把两方面数据混在一起整理造成的。

(5)绝壁型,是由于数据收集不正常,可能有意识地去掉下限以下的数据,或是在检测过程中存在某种人为因素造成的。

任务6.4 工程质量事故的处理

工程质量事故,是指由于建设管理、监理、勘测、设计、咨询、施工、材料、设备等造成工程质量不符合规程、规范和合同规定的质量标准,影响使用寿命和对工程安全运行造成隐患及危害的事件。

6.4.1 事故定性

6.4.1.1 质量不合格

《质量管理体系 基础和术语》(GB/T 19000—2008)规定,凡工程产品没有满足某个规定的要求,就称之为质量不合格;而没有满足某个预期使用要求或合理期望的要求,称为质量缺陷。

6.4.1.2 质量问题

凡是工程质量不合格,必须进行返修、加固或报废处理,由此造成直接经济损失低于5 000元的称为质量问题。

6.4.1.3 质量事故

凡是工程质量不合格,必须进行返修、加固或报废处理,由此造成直接经济损失在5 000元以上的称为质量事故。

6.4.2 事故分类

6.4.2.1 按事故造成损失程度分类

(1)特别重大事故。是指造成30人以上(以上包括本数)死亡,或者100人以上重伤,或者1亿元以上直接经济损失的事故。

(2)重大事故。是指造成10人以上30人以下(以下不包括本数)死亡,或者50人以上100人以下重伤,或者5 000万元以上1亿元以下直接经济损失的事故。

(3)较大事故。是指造成3人以上10人以下死亡,或者10人以上50人以下重伤,或者1 000万元以上5 000万元以下直接经济损失的事故。

(4)一般事故。是指造成3人以下死亡,或者10人以下重伤,或者100万元以上1 000万元以下直接经济损失的事故。

6.4.2.2 按事故责任分类

(1)指导责任事故。指由于工程指导或领导失误而造成的质量事故。

(2)操作责任事故。指在施工过程中,由于操作者不按规程或标准实施操作,而造成的质量事故。

(3)自然灾害事故。指由于突发的严重自然灾害等不可抗力造成的质量事故。

6.4.2.3 按质量事故产生的原因分类

(1)技术原因引发的事故。指在工程项目实施中由于设计、施工在技术上的失误造成的质量事故。

(2)管理原因引发的事故。指在管理上的不完善或失误引发的质量事故。

(3)社会经济原因引发的事故。指由于经济因素及社会上存在的弊端和不正之风导致建设中的错误行为,而造成的质量事故。

6.4.3 处理依据

(1)质量事故的实况资料。

(2)有关合同及合同文件。

(3)有关技术文件和档案。

(4)相关的法规。

6.4.4 处理程序

(1)事故调查。

(2)事故原因分析。

(3)制订事故处理方案。

(4)事故处理。

(5)事故处理的鉴定验收。

6.4.5 处理方法

(1)修补处理。

(2)加固处理。

(3)返工处理。

(4)限制使用。

(5)不做处理:①不影响结构安全、生产工艺和使用要求的;②后道工序可以弥补质量缺陷的;③法定检测机构合格的;④出现质量缺陷,经检测鉴定达不到设计要求,但经原设计单位核算,仍能满足结构安全和使用功能的。

(6)报废处理。

任务6.5 工程施工质量验收程序和标准

6.5.1 工程施工质量验收基本规定

(1)施工现场应具有健全的质量管理体系、相应的施工技术标准、施工质量检验制度和综合施工质量水平评定考核制度。

施工现场质量管理检查记录应由施工单位填写,总监理工程师进行检查,并做出检查结论。

(2)当工程未实行监理时,建设单位相关人员应履行有关验收规范涉及的监理职责。

(3)建筑工程的施工质量控制应符合下列规定:①建筑工程采用的主要材料、半成品、成品、建筑构配件、器具和设备应进行进场检验。凡涉及安全、节能、环境保护和主要使用功能的重要材料、产品,应按各专业工程施工规范、验收规范和设计文件等规定进行复验,并应经专业监理工程师检查认可。②各施工工序应按施工技术标准进行质量控制,每道施工工序完成后,经施工单位自检符合规定后,才能进行下道工序施工。各专业工种之间的相关工序应进行交接检验,并应记录。③对于项目监理机构提出检查要求的重要工序,应经专业监理工程师检查认可,才能进行下道工序施工。

(4)当专业验收规范对工程中的验收项目未做出相应规定时,应由建设单位组织监理、设计、施工等相关单位制定专项验收要求。涉及结构安全、节能、环境保护等项目的专项验收要求应由建设单位组织专家论证。

(5)建筑工程施工质量应按下列要求进行验收:①工程施工质量验收均应在施工单位自检合格的基础上进行;②参加工程施工质量验收的各方人员应具备相应的资格;③检验批的质量应按主控项目和一般项目验收;④对涉及结构安全、节能、环境保护和主要使用功能的试块、试件及材料,应在进场时或施工中按规定进行见证检验;⑤隐蔽工程在隐蔽前应由施工单位通知项目监理机构进行验收,并应形成验收文件,验收合格后方可继续施工;⑥对涉及结构安全、节能、环境保护等的重要分部工程应在验收前按规定进行抽样检验;⑦工程的观感质量应由验收人员现场检查,并应共同确认。

(6)建筑工程施工质量验收合格应符合下列规定:①符合工程勘察、设计文件的规定;②符合《建筑工程施工质量验收统一标准》(GB/T 50300—2013)和相关专业验收规范的规定。

6.5.2 检验批质量验收

6.5.2.1 检验批质量验收程序

检验批是工程施工质量验收的最小单位,是分项工程乃至整个建筑工程质量验收的基础。检验批质量验收应由专业监理工程师组织施工单位项目专业质量检查员、专业工长等进行。

验收前,施工单位应先对施工完成的检验批进行自检,合格后由项目专业质量检查员填写检验批质量验收记录(有关监理验收记录及结论不填写)及检验批报审、报验表,并报送项目监理机构申请验收;专业监理工程师对施工单位所报资料进行审查,并组织相关人员到验收现场进行主控项目和一般项目的实体检查、验收。对验收不合格的检验批,专业监理工程师应要求施工单位进行整改,并自检合格后予以复验;对验收合格的检验批,专业监理工程师应签认检验批报审、报验表及质量验收记录,准许进行下道工序施工。

6.5.2.2 检验批质量验收合格的规定

检验批质量验收合格条件除主控项目和一般项目的质量经抽样检验合格外,其施工操作依据、质量验收记录尚应完整且符合设计、验收规范的要求。只有符合检验批质量验收合格条件,该检验批质量方能判定为合格。

为加深理解检验批质量验收合格条件,应注意以下三个方面的内容:

(1)主控项目的质量经抽样检验均应合格。

主控项目是指建筑工程中对安全、节能、环境保护和主要使用功能起决定性作用的检验项目。例如,钢筋连接的主控项目为纵向受力钢筋的连接方式应符合设计要求。

主控项目是对检验批的基本质量起决定性影响的检验项目,是保证工程安全和使用功能的重要检验项目,因此必须全部符合有关专业验收规范的规定。主控项目如果达不到规定的质量指标,降低要求就相当于降低该工程的性能指标,就会严重影响工程的安全性能。这意味着主控项目不允许有不符合要求的检验结果,必须全部合格。例如,混凝土、砂浆强度等级是保证混凝土结构、砌体强度的重要性能指标,必须全部达到要求。

为了使检验批的质量符合工程安全和使用功能的基本要求,达到保证工程质量的目的,各专业工程质量验收规范对各检验批的主控项目的合格质量给予了明确的规定。例如,钢筋安装验收时的主控项目为受力钢筋的品种、级别、规格和数量必须符合设计要求。

主控项目包括的主要内容有:①工程材料、构配件和设备的技术性能等。例如,水泥、钢材的质量,预制墙板、门窗等构配件的质量,风机等设备的质量。②涉及结构安全、节能、环境保护和主要使用功能的检测项目。例如,混凝土、砂浆的强度,钢结构的焊缝强度,管道的压力试验,风管的系统测定与调整,电气的绝缘、接地测试,电梯的安全保护、试运转结果等。③一些重要的允许偏差项目,必须控制在允许偏差限值之内。

(2)一般项目的质量经抽样检验合格。当采用计数抽样时,合格点率应符合有关专业验收规范的规定,且不得存在严重缺陷。

一般项目是指除主控项目外的检验项目。为了使检验批的质量符合工程安全和使用功能的基本要求,达到保证工程质量的目的,各专业工程质量验收规范对各检验批的一般项目的合格质量给予了明确的规定。例如,钢筋连接的一般项目为钢筋的接头宜设置在受力较小处,同一纵向受力钢筋不宜设置两个或两个以上接头,接头末端至钢筋弯起点的距离不应小于钢筋直径的10倍。对于一般项目,虽然允许存在一定数量的不合格点,但某些不合格点的指标与合格要求偏差较大或存在严重缺陷时,仍将影响使用功能或感观的要求,对这些位置应进行维修处理。

一般项目包括的主要内容有:①允许有一定偏差的项目,而放在一般项目中,用数据规定的标准,可以有个别偏差范围。②对不能确定偏差值而又允许出现一定缺陷的项目,则以缺陷的数量来区分。例如,砖砌体预埋拉结筋,其留置间距偏差;混凝土钢筋露筋,露出一定长度等。③其他一些无法定量的而采用定性的项目。例如,碎拼大理石地面颜色协调,无明显裂缝和坑洼等。

(3)具有完整的施工操作依据、质量验收记录。

质量控制资料反映了检验批从原材料到最终验收的各施工工序的操作依据、检查情况以及保证质量所必需的管理制度等。对其完整性的检查,实际是对过程控制的确认,这是检验批质量验收合格的前提。质量控制资料主要有:①图纸会审记录、设计变更通知单、工程洽商记录、竣工图;②工程定位测量、放线记录;③原材料出厂合格证书及进场检验、试验报告;④施工试验报告及见证检测报告;⑤隐蔽工程验收记录;⑥施工记录;⑦按专业质量验收规范规定的抽样检验、试验记录;⑧分部(分项)工程质量验收记录;⑨工程质量事故调查处理资料;⑩新技术论证、备案及施工记录。

6.5.2.3 检验批质量检验方法

(1)检验批质量检验可根据检验项目的特点在下列抽样方案中选取:①计量、计数的抽样方案;②一次、二次或多次抽样方案;③对重要的检验项目,当有简易快速的检验方法时,选用全数检验方案;④根据生产连续性和生产控制稳定性情况,采用调整型抽样方案;⑤经实践证明有效的抽样方案。

(2)计量抽样的错判概率 α 和漏判概率 β 可按下列规定采用:

错判概率 α,是指合格批被判为不合格批的概率,即合格批被拒收的概率。

漏判概率 β,是指不合格批被判为合格批的概率,即不合格批被误收的概率。

抽样检验必然存在这两类风险,要求通过抽样检验的检验批100%合格是不合理的,也是不可能的。在抽样检验中,两类风险的一般控制范围是:①主控项目,α 和 β 均不宜超过5%;②一般项目,α 不宜超过5%,β 不宜超过10%。

(3)检验批抽样样本应随机抽取,满足分布均匀、具有代表性的要求,抽样数量不应低于有关专业验收规范的规定。

明显不合格的个体可不纳入检验批,但必须进行处理,使其满足有关专业验收规范的规定,并对处理情况予以记录。

6.5.3 隐蔽工程质量验收

隐蔽工程是指在下道工序施工后将被覆盖或掩盖,不易进行质量检查的工程,如钢筋混凝土工程中的钢筋工程,地基与基础工程中的混凝土基础和桩基础等。因此,隐蔽工程完成后,在被覆盖或掩盖前必须进行隐蔽工程质量验收。隐蔽工程可能是一个检验批,也可能是一个分项工程或子分部工程,所以可按检验批或分项工程、子分部工程进行验收。当隐蔽工程为检验批时,其质量验收应由专业监理工程师组织施工单位项目专业质量检查员、专业工长等进行。

施工单位应对隐蔽工程质量进行自检,合格后填写隐蔽工程质量验收记录及隐蔽工程报审、报验表,并报送项目监理机构申请验收;专业监理工程师对施工单位所报资料进行审查,并组织相关人员到验收现场进行实体检查、验收,同时应留有照片、影像等资料。对验收不合格的工程,专业监理工程师应要求施工单位进行整改,自检合格后予以复查;对验收合格的工程,专业监理工程师应签认隐蔽工程报审、报验表及质量验收记录,准予进行下一道工序施工。例如,钢筋隐蔽工程质量验收:施工单位应对钢筋隐蔽工程进行自检,合格后填写钢筋隐蔽工程质量验收记录(有关监理验收记录及结论不填写)及钢筋隐蔽工程报审、报验表,并报送项目监理机构申请验收;专业监理工程师对施工单位所报资料进行审查,并组织相关人员到验收现场进行检查、验收,同时应留有照片、影像等资料。对验收不合格的钢筋工程,专业监理工程师应要求施工单位进行整改,自检合格后予以复验;对验收合格的钢筋工程,专业监理工程师应签认钢筋隐蔽工程报审、报验表及质量验收记录,并准予进行下一道工序施工。

钢筋隐蔽工程验收的内容:纵向受力钢筋的品种、级别、规格、数量和位置等;钢筋的连接方式、接头位置、接头数量、接头面积百分率等;箍筋、横向钢筋的品种、规格、数量、间距等;预埋件的规格、数量、位置等。检查要点:检查产品合格证、出厂检验报告和进场复验报告，检查钢筋力学性能试验报告，检查钢筋隐蔽工程质量验收记录，检查钢筋安装实物工程质量。

6.5.4 分项工程质量验收

6.5.4.1 分项工程质量验收程序

分项工程质量验收应由专业监理工程师组织施工单位项目技术负责人等进行。验收前，施工单位应对施工完成的分项工程进行自检，合格后填写分项工程质量验收记录及分项工程报审、报验表，并报送项目监理机构申请验收。专业监理工程师对施工单位所报资料逐项进行审查，符合要求后签认分项工程报审、报验表及质量验收记录。

6.5.4.2 分项工程质量验收合格的规定

(1)分项工程所含检验批的质量均应验收合格；

(2)分项工程所含检验批的质量验收记录应完整。

分项工程的验收是在检验批的基础上进行的。一般情况下，检验批和分项工程两者具有相同或相近的性质，只是批量的大小不同而已，将有关的检验批汇集构成分项工程。

实际上，分项工程质量验收是一个汇总统计的过程，并无新的内容和要求。分项工程质量验收合格条件比较简单，只要构成分项工程的各检验批的质量验收资料完整，并且均已验收合格，则分项工程质量验收合格。因此，在分项工程质量验收时应注意以下三点：①核对检验批的部位、区段是否全部覆盖分项工程的范围，有没有缺漏的部位没有验收到；②一些在检验批中无法检验的项目，在分项工程中直接验收，如砖砌体工程中的全高垂直度、砂浆强度的评定；③检验批验收记录的内容及签字人是否正确、齐全。

6.5.5 分部(子分部)工程质量验收

6.5.5.1 分部(子分部)工程质量验收程序

分部(子分部)工程质量验收应由总监理工程师组织施工单位项目负责人和项目技术、质量负责人等进行。由于地基与基础、主体结构工程要求严格，技术性强，关系到整个工程的安全，为严把质量关，规定勘察、设计单位项目负责人和施工单位技术、质量负责人应参加地基与基础分部工程的验收。设计单位项目负责人和施工单位技术、质量负责人应参加主体结构、节能分部工程的验收。

验收前，施工单位应先对施工完成的分部工程进行自检，合格后填写分部工程质量验收记录及分部工程报验表，并报送项目监理机构申请验收。总监理工程师应组织相关人员进行检查、验收，对验收不合格的分部工程，应要求施工单位进行整改，自检合格后予以复查。对验收合格的分部工程，应签认分部工程报验表及验收记录。

6.5.5.2 分部(子分部)工程质量验收合格的规定

(1)所含分项工程的质量均应验收合格。

(2)质量控制资料应完整。

(3)有关安全、节能、环境保护和主要使用功能的抽样检验结果应符合相应规定。

(4)观感质量应符合要求。

分部工程质量验收是在其所含各分项工程质量验收的基础上进行的。分部工程所含各分项工程必须已验收合格且相应的质量控制资料齐全、完整,这是验收的基本条件。此外,由于各分项工程的性质不尽相同,因此作为分部工程不能简单地组合而加以验收,尚须进行以下两方面的检查:①涉及安全、节能、环境保护和主要使用功能等的抽样检验结果应符合相应规定,即涉及安全、节能、环境保护和主要使用功能的地基与基础、主体结构和设备安装等分部工程应进行有关见证检验或抽样检验。例如,建筑物垂直度、标高、全高测量记录,建筑物沉降观测测量记录,给水管道通水试验记录,暖气管道、散热器压力试验记录,照明全负荷试验记录等。总监理工程师应组织相关人员,检查各专业验收规范中规定检测的项目是否都进行了检测;查阅各项检测报告(记录),核查有关检测方法、内容、程序、检测结果等是否符合有关标准规定;核查有关检测单位的资质,见证取样与送样人员资格,检测报告出具单位负责人的签署情况是否符合要求。②观感质量验收,这类检查往往难以定量,只能以观察、触摸或简单量测的方式进行观感质量验收,并由验收人主观判断,检查结果并不给出合格或不合格的结论,而是综合给出好、一般、差的质量评价结果。所谓一般,是指观感质量检验能符合验收规范的要求;所谓好,是指在质量符合验收规范的基础上,能达到精致、流畅的要求,细部处理到位,精度控制好;所谓差,是指勉强达到验收规范要求,或有明显的缺陷,但不影响安全或使用功能的。评为差的项目能进行返修的应进行返修,不能返修的只要不影响结构安全和使用功能的可通过验收。有影响安全和使用功能的项目,不能评价,应返修后再进行评价。

6.5.6 单位(子单位)工程质量验收

6.5.6.1 单位(子单位)工程质量验收程序

1. 预验收

当单位(子单位)工程完成后,施工单位应依据验收规范、设计图纸等组织有关人员进行自检,对检查结果进行评定,符合要求后填写单位工程竣工验收报审表,以及质量竣工验收记录、质量控制资料核查记录、安全和功能检验资料核查和观感质量检查记录等,并将单位工程竣工验收报审表及有关竣工资料报送项目监理机构申请验收。

总监理工程师应组织专业监理工程师审查施工单位提交的单位工程竣工验收报审表及有关竣工资料,并对工程质量进行竣工预验收。存在质量问题时,应由施工单位及时整改,整改完毕且合格后,总监理工程师应签认单位工程竣工验收报审表及有关资料,并向建设单位提交工程质量评估报告。施工单位向建设单位提交工程竣工报告,申请工程竣工验收。

对需要进行功能试验的项目(包括单机试车和无负荷试车),专业监理工程师应督促施工单位及时进行试验,并对重要项目进行现场监督、检查,必要时请建设单位和设计单位参加;专业监理工程师应认真审查试验报告单并督促施工单位搞好成品保护和现场清理。

单位工程中的分包工程完工后,分包单位应对所施工的建筑工程进行自检,并应按规定的程序进行验收。验收时,总包单位应派人参加。验收合格后,分包单位应将所分包工程的质量控制资料整理完整后,移交给总包单位。建设单位组织单位工程质量验收时,分包单位负责人应参加验收。

2. 验收

建设单位收到施工单位提交的工程竣工报告和完整的质量控制资料，以及项目监理机构提交的工程质量评估报告后，由建设单位项目负责人组织设计、勘察、监理、施工等单位项目负责人进行单位工程验收。对验收中提出的整改问题，项目监理机构应督促施工单位及时整改。工程质量符合要求的，总监理工程师应在工程竣工验收报告中签署验收意见。

《建设工程质量管理条例》规定，建设工程竣工验收应当具备下列条件：

(1)完成建设工程设计和合同约定的各项内容；

(2)有完整的技术档案和施工管理资料；

(3)有工程使用的主要建筑材料、建筑构配件和设备的进场试验报告；

(4)有勘察、设计、施工、工程监理等单位分别签署的质量合格文件；

(5)有施工单位签署的工程保修书。

对于不同性质的建设工程还应满足其他一些具体要求，如工业建设项目，还应满足下列要求：环境保护设施、劳动、安全与卫生设施、消防设施以及必需的生产设施已按设计要求与主体工程同时建成，并经有关专业部门验收合格方可交付使用。

在一个单位工程中，对满足生产要求或具备使用条件，施工单位经自行检验，专业监理工程师已预验收通过的子单位工程，建设单位可组织进行验收。有几个施工单位负责施工的单位工程，当其中的施工单位所负责的子单位工程已按设计完成，并经自行检验，也可按规定的程序组织正式验收，办理交工手续。在整个单位工程进行全部验收时，已验收的子单位工程验收资料应作为单位工程验收的附件。

单位工程验收时，如有因季节影响需后期调试的项目，单位工程可先行验收。后期调试项目可约定具体时间另行验收。例如，一般空调制冷性能不能在冬季验收，采暖工程不能在夏季验收。

6.5.6.2　单位(子单位)工程质量验收合格的规定

(1)所含分部(子分部)工程的质量均应验收合格；

(2)质量控制资料应完整；

(3)所含分部工程中有关安全、节能、环境保护和主要使用功能等的检验资料应完整；

(4)主要使用功能的抽查结果应符合相关专业质量验收规范的规定；

(5)观感质量应符合要求。

单位(子单位)工程质量验收也称质量竣工验收，是建筑工程投入使用前的最后一次验收，也是最重要的一次验收。参建各方责任主体和有关单位及人员应加以重视，认真做好单位工程质量竣工验收，把好工程质量关。

为加深理解单位(子单位)工程质量验收合格条件，应注意以下五个方面的内容：

(1)所含分部(子分部)工程的质量均应验收合格。

施工单位事前应认真做好验收准备，将所有分部工程的质量验收记录表及相关资料，及时进行收集整理，并列出目次表，依序将其装订成册。在核查和整理过程中，应注意以下三点：①核查各分部工程中所含的子分部工程是否齐全；②核查各分部工程质量验收记录表及相关资料的质量评价是否完善；③核查各分部工程质量验收记录表及相关资料的验收人员是否是规定的有相应资质的技术人员，并进行了评价和签认。

(2)质量控制资料应完整。

质量控制资料完整是指所收集到的资料，能反映工程所采用的建筑材料、构配件和设备的质量技术性能，施工质量控制和技术管理状况，涉及结构安全和使用功能的施工试验和抽样检测结果，以及工程参建各方质量验收的原始依据、客观记录、真实数据和见证取样等资料，能确保工程结构安全和使用功能，满足设计要求。它是客观评价工程质量的主要依据。

尽管质量控制资料在分部(子分部)工程质量验收时已经检查过，但某些资料由于受试验龄期的影响，或受系统测试的需要等，难以在分部(子分部)工程验收时到位。因此，应对所有分部工程质量控制资料的系统性和完整性进行一次全面的核查，在全面梳理的基础上，重点检查资料是否齐全、有无遗漏，从而达到完整无缺的要求。

(3)所含分部(子分部)工程中有关安全、节能、环境保护和主要使用功能等的检验资料应完整。

对涉及安全、节能、环境保护和主要使用功能的分部工程的检验资料应复查合格，资料复查不仅要全面检查其完整性，不得有漏检缺项，而且对分部(子分部)工程验收时的见证抽样检验报告也要进行复核，这体现了对安全和主要使用功能的重视。

(4)主要使用功能的抽查结果应符合相关专业质量验收规范的规定。

对主要使用功能应进行抽查，使用功能的检查是对建筑工程和设备安装工程最终质量的综合检验，也是用户最为关心的内容，体现了过程控制的原则，也将减少工程投入使用后的质量投诉和纠纷。因此，在分部(分项)工程质量验收合格的基础上，竣工验收时再做全面的检查。

主要使用功能抽查项目，已在各分部(子分部)工程中列出，有的是在分部(子分部)工程完成后进行检测，有的还要待相关分部(子分部)工程完成后才能检测，有的则需要等单位工程全部完成后进行检测。这些检测项目应在单位工程完工、施工单位向建设单位提交工程竣工验收报告之前全部进行完毕，并将检测报告写好。至于在竣工验收时抽查什么项目，应在检查资料文件的基础上由参加验收的各方人员商定，并用计量、计数的方法抽样检验，检验结果应符合有关专业验收规范的要求。

(5)观感质量应符合要求。

观感质量验收不单纯是对工程外表质量进行检查，同时是对部分使用功能和使用安全所做的一次全面检查。例如，门窗启闭是否灵活、关闭后是否严密；又如，室内顶棚抹灰层的空鼓、楼梯踏步高差过大等。涉及使用的安全，在检查时应加以关注。观感质量验收须由参加验收的各方人员共同进行，检查的方法、内容、结论等已在分部(子分部)工程的相应部分中阐述，最后共同协商确定是否通过验收。

6.5.6.3 单位(子单位)工程质量竣工验收报审表及竣工验收记录

单位(子单位)工程质量竣工验收报审表按表6-1填写，质量竣工验收记录按表6-2填写，质量控制资料核查记录按表6-3填写，安全和功能检验资料核查及主要功能抽查记录按表6-4填写，观感质量检查记录按表6-5填写。表中的验收记录由施工单位填写，验收结论由监理单位填写。综合验收结论由参加验收各方共同商定，由建设单位填写，并应对工程质量是否符合设计和规范要求及总体质量水平做出评价。

表6-1 单位(子单位)工程质量竣工验收报审表

<table>
<tr><td>工程名称</td><td></td><td>施工单位</td><td></td></tr>
<tr><td colspan="4">致:________________(监理单位)
我方已按合同要求完成了__________工程,经自检合格,请予以检查和验收。

附件:单位工程竣工资料

项目经理(签字):　　施工单位(章):　　年　月　日</td></tr>
<tr><td colspan="4">项目经理(签字):　　总承包单位(章):　　年　月　日</td></tr>
<tr><td colspan="4">审查意见:

总监理工程师(签字):　　项目监理机构(章):　　年　月　日</td></tr>
</table>

说明:由施工单位在向建设单位提交单位工程质量交工验收前进行。

表6-2 单位(子单位)工程质量竣工验收记录

<table>
<tr><td>工程名称</td><td></td><td>结构类型</td><td></td><td>层数/建筑面积</td><td></td></tr>
<tr><td>施工单位</td><td></td><td>技术负责人</td><td></td><td>开工日期</td><td></td></tr>
<tr><td>项目经理</td><td></td><td>项目技术负责人</td><td></td><td>竣工日期</td><td></td></tr>
<tr><td>序号</td><td>项目</td><td colspan="3">验收记录</td><td>验收结论</td></tr>
<tr><td>1</td><td>分部工程</td><td colspan="3">共____分部,经查____分部
符合标准及设计要求____分部</td><td></td></tr>
<tr><td>2</td><td>质量控制资料核查</td><td colspan="3">共____项,经审查符合要求____项,经核定
符合规范要求____项</td><td></td></tr>
<tr><td>3</td><td>安全和主要
使用功能核查及
抽查结果</td><td colspan="3">共核查____项,符合要求____项,
共抽查____项,符合要求____项,
经返工处理符合要求____项</td><td></td></tr>
<tr><td>4</td><td>观感质量验收</td><td colspan="3">共抽查____项,符合要求____项
不符合要求____项</td><td></td></tr>
<tr><td>5</td><td>综合验收结论</td><td colspan="4"></td></tr>
<tr><td rowspan="2">参加验收单位</td><td>建设单位</td><td>监理单位</td><td colspan="2">施工单位</td><td>设计单位</td></tr>
<tr><td>(公章)

单位(项目)负责人：

年 月 日</td><td>(公章)

总监理工程师：

年 月 日</td><td colspan="2">(公章)

单位负责人：

年 月 日</td><td>(公章)

单位(项目)负责人：

年 月 日</td></tr>
</table>

表 6-3 单位(子单位)工程质量控制资料核查记录

工程名称			施工单位		
序号	项目	资料名称	份数	核查意见	核查人
1	建筑与结构	图纸会审、设计变更、洽商记录			
2		工程定位测量、放线记录			
3		原材料出厂合格证书及进场检(试)验报告			
4		施工试验报告及见证检测报告			
5		隐蔽工程验收记录			
6		施工记录			
7		预制构件、预拌混凝土合格证			
8		地基基础、主体结构检验及抽样检测资料			
9		检验批、分项、分部(子分部)工程质量验收记录			
10		工程质量事故及事故调查处理资料			
11		新材料、新工艺施工记录			
12					
1	给排水与采暖	图纸会审、设计变更、洽商记录			
2		材料、配件出厂合格证书及进场检(试)验报告			
3		管道、设备强度试验、严密性试验记录			
4		隐蔽工程验收记录			
5		系统清洗、灌水、通水、通球试验记录			
6		施工记录			
7		检验批、分项、分部(子分部)工程质量验收记录			
8					
1	建筑电气	图纸会审、设计变更、洽商记录			
2		材料、设备出厂合格证书及进场检(试)验报告			
3		设备调试记录			
4		接地、绝缘电阻测试记录			
5		隐蔽工程验收记录			
6		施工记录			
7		检验批、分项、分部(子分部)工程质量验收记录			
8					

续表6-3

工程名称			施工单位		
序号	项目	资料名称	份数	核查意见	核查人
1	智能建筑	图纸会审、设计变更、洽商记录、竣工图及设计说明			
2		材料、设备出厂合格证和技术文件及进场检(试)验报告			
3		隐蔽工程验收记录			
4		系统功能测定及设备调试记录			
5		系统技术、操作和维护手册			
6		系统管理、操作人员培训记录			
7		系统检测报告			
8		分项、分部(子分部)工程质量验收记录			
9					
1	通风与空调	图纸会审、设计变更、洽商记录			
2		材料、设备出厂合格证书及进场检(试)验报告			
3		制冷、空调、水管道强度试验、严密性试验记录			
4		隐蔽工程验收记录			
5		制冷设备运行调试记录			
6		通风、空调系统调试记录			
7		施工记录			
8		检验批、分项、分部(子分部)工程质量验收记录			
9					
1	电梯	土建布置图纸会审、设计变更、洽商记录			
2		设备出厂合格证书及开箱检验记录			
3		隐蔽工程验收记录			
4		施工记录			
5		接地、绝缘电阻测试记录			
6		负荷试验、安全装置检查记录			
7		分项、分部(子分部)工程质量验收记录			
8					
结论: 施工单位项目经理: 年 月 日			总监理工程师: (建设单位项目负责人) 年 月 日		

表6-4 单位(子单位)工程安全和功能检验资料核查及主要功能抽查记录

工程名称			施工单位			
序号	项目	安全和功能检查项目	份数	核查意见	抽查结果	核查(抽查)人
1	建筑与结构	屋面淋水试验记录				
2		地下室防水效果检查记录				
3		有防水要求的地面蓄水试验记录				
4		建筑物垂直度、标高、全高测量记录				
5		抽气(风)道检查记录				
6		幕墙及外窗气密性、水密性、耐风压检测报告				
7		建筑物沉降观测记录				
8		节能、保温测试记录				
9		室内环境检测报告				
10						
1	给排水与采暖	给水管道通水试验记录				
2		暖气管道、散热器压力试验记录				
3		卫生器具满水试验记录				
4		消防管道、燃气管道压力试验记录				
5		排水干道通球试验记录				
6						
1	建筑电气	照明全负荷试验记录				
2		大型灯具牢固性试验记录				
3		避雷接地电阻测试记录				
4		线路、插座、开关接地检验记录				
5						
1	智能建筑	系统试运行记录				
2		系统电源及接地检测报告				
3						
1	通风与空调	通风、空调系统试运行记录				
2		风量、温度测试记录				
3		洁净室洁净度测试记录				
4		制冷机组试运行调试记录				
5						
1	电梯	电梯运行记录				
2		电梯安全装置检测报告				
结论: 施工单位项目经理: 总监理工程师(建设单位项目负责人): 年 月 日 年 月 日						

注:抽查项目由验收组协商确定。

表6-5 单位(子单位)工程观感质量检查记录

工程名称							施工单位								
序号	项目		抽查质量状况										质量评价		
													好	一般	差
1	建筑与结构	室外墙面													
2		变形缝													
3		水落管,屋面													
4		室内墙面													
5		室内顶棚													
6		室内地面													
7		楼梯、踏步、护栏													
8		门窗													
1	给排水与采暖	管道接口、坡度、支架													
2		卫生器具、支架、阀门													
3		检查口、扫除口、地漏													
4		散热器、支架													
1	建筑电气	配电箱、盘、板、接线盒													
2		设备器具、开关、插座													
3		防雷、接地													
1	智能建筑	机房设备安装及布局													
2		现场设备安装													
3															
1	通风与空调	风管、支架													
2		风口、风阀													
3		风机、空调设备													
4		阀门、支架													
5		水泵、冷却塔													
6		绝热													
1	电梯	运行、平层、开关门													
2		层门、信号系统													
3		机房													
观感质量综合评价															
检查结论	施工单位项目经理: 年 月 日								总监理工程师: (建设单位项目负责人) 年 月 日						

注:质量评价为差的项目,应进行返修。

6.5.7 工程施工质量验收不符合要求的处理

一般情况下,不合格现象在检验批验收时就应发现并及时处理,但实际工程中不能完全避免不合格情况的出现,因此工程施工质量验收不符合要求的应按下列要求进行处理:

(1)经返工或返修的检验批,应重新进行验收。在检验批验收时,对于主控项目不能满足验收规范规定或一般项目超过偏差限值时,应及时进行处理。其中,对于严重的质量缺陷应重新施工;一般的质量缺陷可通过返修或更换予以解决,允许施工单位在采取相应的措施后重新验收。如能够符合相应的专业验收规范要求,则应认为该检验批合格。

(2)经有资质的检测单位检测鉴定能够达到设计要求的检验批,应予以验收。当个别检验批发现问题,难以确定能否验收时,应请具有资质的法定检测单位进行检测鉴定。当鉴定结果认为能够达到设计要求时,该检验批可以通过验收。这种情况通常出现在某检验批的材料试块强度不满足设计要求时。

(3)经有资质的检测单位检测鉴定达不到设计要求,但经原设计单位核算认可能够满足安全和使用功能要求时,该检验批可予以验收。一般情况下,标准、规范规定的是满足安全和功能的最低要求,而设计往往在此基础上留有一些余量。在一定范围内,会出现不满足设计要求而符合相应规范要求的情况,两者并不矛盾。

(4)经返修或加固处理的分部(分项)工程,满足安全及使用功能要求时,可按技术处理方案和协商文件的要求予以验收。经法定检测单位检测鉴定以后认为达不到规范的相应要求,即不能满足最低限度的安全储备和使用功能时,则必须按一定的技术处理方案进行加固处理,使之能满足安全使用的基本要求。这样可能会造成一些永久性的影响,如增大结构外形尺寸,影响一些次要的使用功能等。但为了避免建筑物的整体或局部拆除,避免社会财富更大的损失,在不影响安全和主要使用功能的条件下,可按技术处理方案和协商文件的要求进行验收,责任方应按法律法规承担相应的经济责任和接受处罚。这种方法不能作为降低质量要求、变相通过验收的一种出路,这是应该特别注意的。

(5)经返修或加固处理仍不能满足安全或重要使用要求的分部工程及单位工程,严禁验收。分部工程及单位工程如存在影响安全和使用功能的严重缺陷,经返修或加固处理仍不能满足安全使用要求的,严禁通过验收。

(6)工程质量控制资料应齐全完整,当部分资料缺失时,应委托有资质的检测单位按有关标准进行相应的实体检测或抽样试验。实际工程中偶尔会遇到因遗漏检验或资料丢失而导致部分施工验收资料不全的情况,使工程无法正常验收。对此可有针对性地进行工程质量检验,采用实体检测或抽样试验的方法确定工程质量状况。上述工作应由有资质的检测单位完成,检验报告可用于工程施工质量验收。

【例6-1】 牛江闸为14孔开敞式水闸,设计流量为2 400 m^3/s。每个闸墩划分为一个单元工程,其中第6号闸墩高10.5 m,厚1.5 m,顺水流方向长24.0 m,其混凝土量为365.8 m^3,模板面积为509.6 m^2,钢筋为30.5 t。

闸墩混凝土采用钢模施工。承包人进行闸墩模板及支架设计时,考虑的基本荷载有:模板及支架自重、新浇混凝土重量、钢筋重量以及振捣混凝土时产生的荷载。监理单位发现承包人考虑的基本荷载有漏项并及时进行了纠正。

施工过程中，承包人和监理单位对第6号闸墩的混凝土模板进行了检查验收，填写的“水利水电工程混凝土模板工序质量评定表”，如表6-6所示。

表6-6 水利水电工程混凝土模板工序质量评定表

<table>
<tr><td colspan="2">单位工程名称</td><td colspan="3">牛江水闸工程</td><td colspan="2">单元工程量</td><td colspan="2">混凝土365.8 m^3</td></tr>
<tr><td colspan="2">分部工程名称</td><td colspan="3">闸室段</td><td colspan="2">施工单位</td><td colspan="2">第一水利建筑安装公司</td></tr>
<tr><td colspan="2">单元工程名称、部位</td><td colspan="3">第6号闸墩</td><td colspan="2">评定日期</td><td colspan="2">××××年××月××日</td></tr>
<tr><td>项次</td><td>检查项目</td><td colspan="4">质量标准</td><td colspan="3">检验记录</td></tr>
<tr><td>1</td><td>稳定性、刚度和强度</td><td colspan="4">符合设计要求</td><td colspan="3">采用钢模板，钢管支撑和方木，稳定性、刚度、强度符合设计要求</td></tr>
<tr><td>2</td><td>模板表面</td><td colspan="4">光洁、无污物、接缝严密</td><td colspan="3">模板表面光洁、无污物、接缝严密</td></tr>
<tr><td rowspan="3">项次</td><td rowspan="3">允许偏差项目</td><td rowspan="3">设计值</td><td colspan="3">允许偏差(mm)</td><td rowspan="3">实测值</td><td rowspan="3">合格数（点）</td><td rowspan="3">合格率（%）</td></tr>
<tr><td colspan="2">外露表面</td><td rowspan="2">隐蔽内面</td></tr>
<tr><td>钢模</td><td>木模</td></tr>
<tr><td>1</td><td>模板平整度：相邻两板面高差</td><td></td><td>2</td><td>3</td><td>5</td><td>0.3、1.2、2.8、0.7、2.4
0.7、0.9、1.5、1.1、0.8</td><td></td><td></td></tr>
<tr><td>2</td><td>局部不平（用2 m直尺检查）</td><td></td><td>2</td><td>5</td><td>10</td><td>1.7、2.3、0.2、0.4、1.0、1.2、0.7、2.4</td><td></td><td></td></tr>
<tr><td>3</td><td>板面缝隙</td><td></td><td>1</td><td>2</td><td>2</td><td>1.2、0.5、0.7、0.2、1.1
0.4、0.5、0.9、0.3、0.7</td><td></td><td></td></tr>
<tr><td>4</td><td>结构物边线与设计边线</td><td></td><td colspan="2">10</td><td>15</td><td>1.503、1.500、1.494、1.502、1.503、1.498、24.003、24.000、23.997、24.000、23.998、24.002</td><td></td><td></td></tr>
<tr><td>5</td><td>结构物水平断面内部尺寸</td><td></td><td colspan="3">±20</td><td>—</td><td></td><td></td></tr>
<tr><td>6</td><td>承重模板标高</td><td></td><td colspan="3">±5</td><td>—</td><td></td><td></td></tr>
<tr><td>7</td><td>预留孔、洞尺寸及位置</td><td></td><td colspan="3">±10</td><td>—</td><td></td><td></td></tr>
<tr><td colspan="2">检测结果</td><td colspan="7">共检测　　点，其中合格　　点。合格率　　%</td></tr>
<tr><td colspan="7">评定意见</td><td colspan="2">工序质量等级</td></tr>
<tr><td colspan="7"></td><td colspan="2"></td></tr>
<tr><td>施工单位</td><td colspan="4">第一水利建筑安装公司　×××
××××年××月××日</td><td colspan="2">监理单位</td><td colspan="2">恒信监理公司　××
××××年××月××日</td></tr>
</table>

问题

1. 指出承包人在闸墩模板及支架设计时，漏列了哪些基本荷载？

2. 根据水利水电工程施工质量评定有关规定，指出"水利水电工程混凝土模板工序质量评定表"中"质量标准"以及"实测值"栏内有哪些基本资料未填写或未标注，"单元工程量"栏内缺少哪一项工程量。

3. 统计"水利水电工程混凝土模板工序质量评定表"中各"项次"实测值合格点数，计算各"项次"实测值合格率，写出"水利水电工程混凝土模板工序质量"评定表中"检测结果"栏内相应数据。

答案解析

问题1：

(1)人员及浇筑设备、工具等荷载。

(2)新浇混凝土的侧压力。

问题2：

(1)单元工程量：应补充填写"模板面积509.6 m^2"。

(2)钢模应加标注，如变成"√钢模"。

(3)实测值应标注数量单位，其中项次1~3应标注"mm"；项次4应标注"m"。

(4)结构物边线与设计边线对应的"设计值"应补填1.5 m×24.0 m。

问题3：实测点数、合格点数、合格率的统计见表6-7。

表6-7 实测点数、合格点数、合格率的统计

项次	允许偏差项目	实测点数	合格点数	合格率(%)
1	模板平整度：相邻两板面高差	10	8	80
2	局部不平(用2 m直尺检查)	8	6	75
3	板面缝隙	10	8	80
4	结构物边线与设计边线	12	12	100

检测结果：共检测40点，其中合格34点，合格率为85%。

思考题

6-1 什么是PDCA循环？

6-2 质量分析方法有哪些？

6-3 质量事故如何划分？

6-4 检验批质量验收合格标准是什么？

6-5 单位工程质量验收合格标准是什么？

6-6 背景

某水利枢纽工程由电站、溢洪道和土坝组成。土坝的结构形式为均质土坝，上游设干砌石护坡，下游设草皮护坡和堆石排水体，坝顶设碎石路，工程实施过程中发生下述事件：

事件1 项目法人要求该工程质量监督机构对大坝填筑按《水利水电基本建设工程单元工程质量等级评定标准》规定的检验数量进行质量检查。工程质量监督机构受项目法人委托,承担了该工程质量检测任务。

事件2 土坝承包人将坝体碾压分包给具有良好碾压设备和经验的乙公司承担。为明确质量责任,单元工程的划分标准是:以50 m坝长、30 cm铺料厚度为单元工程的计算单位,铺料为一个单元工程,碾压为另一个单元工程。

事件3 该工程监理人给承包人下达的“监理通知”如下:经你单位申请并提出设计变更,我单位复核同意将坝下游排水体改为浆砌石,边坡由1:3改为1:2。

事件4 土坝单位工程完工验收结论为:本单位工程划分为20个分部工程,其中质量合格8个,质量优良12个,优良率为60%,主要分部工程(坝顶碎石路)质量优良,且施工中未发生重大质量事故;中间产品质量全部合格,其中混凝土拌和物质量达到优良;原材料质量、金属结构及启闭机制造质量合格;外观质量得分率为82%。所以,本单位工程质量评定为优良。

事件5 该工程项目单元工程质量评定表由监理人填写,土坝单位工程完工验收由承包人主持。工程截流验收及移民安置验收由项目法人主持。

问题

(1)简要分析事件1中存在的问题及理由。

(2)简要分析事件2中存在的问题及理由。

(3)简要分析事件3中“监理通知”存在的问题及理由。

(4)土坝单位工程质量等级实际为优良。依据水利工程验收和质量评定的有关规定,简要分析事件4中验收结论存在的问题。

(5)根据水利工程验收和质量评定的有关规定,指出事件5中存在的不妥之处并提出正确做法。

项目 7 施工成本管理

教学提示：本章主要阐述了水利工程建筑安装工程费的组成、施工成本计划的类型、施工成本的定义、施工成本的控制步骤及其控制方法、施工成本分析的方法。

教学要求：通过本章学习，主要让学生掌握建安工程费的组成；了解施工成本核算的对象和方法，熟悉施工成本的定义；了解成本计划的类型；学会运用赢得值等方法对成本进行控制；掌握成本控制的步骤；运用因素分析等方法对成本进行分析。

任务 7.1 建筑及安装工程费的组成

按照《水利部关于发布《水利工程设计概（估）算编制规定》的通知》（水总〔2014〕429号）水利工程部分费用中的建筑及安装工程费由直接费、间接费、利润、材料补差及税金组成。

7.1.1 直接费

直接费指建筑安装工程施工过程中直接消耗在工程项目上的活劳动和物化劳动。由基本直接费、其他直接费组成。

基本直接费包括人工费、材料费、施工机械使用费。

其他直接费包括冬雨季施工增加费、夜间施工增加费、特殊地区施工增加费、临时设施费、安全生产措施费和其他。

7.1.1.1 基本直接费

1. 人工费

人工费指直接从事建筑安装工程施工的生产工人开支的各项费用，内容包括：

（1）基本工资。由岗位工资和年应工作天数内非作业天数的工资组成：①岗位工资，指按照职工所在岗位各项劳动要素测评结果确定的工资。②年应工作天数内非作业天数的工资，包括生产工人开会学习、培训期间的工资，调动工作、探亲、休假期间的工资，因气候影响的停工工资，女工哺乳期间的工资，病假在6个月以内的工资及产、婚、丧假期的工资。

（2）辅助工资。指在基本工资之外，以其他形式支付给生产工人的工资性收入，如根据国家有关规定属于工资性质的各种津贴,主要有地区津贴、施工津贴、夜餐津贴、节假日加班津贴等。

2. 材料费

材料费指用于建筑安装工程项目上的消耗性材料、装置性材料和周转性材料(包括定额工作内容规定应计入的未计价材料和计价材料)的摊销费。

材料预算价格一般包括材料原价、运杂费、运输保险费和采购及保管费四项。

(1)材料原价。指材料指定交货地点的价格。

(2)运杂费。指材料从指定交货地点至工地分仓库或相当于工地分仓库(材料堆放场)所发生的全部费用。它包括运输费、装卸费、调车费及其他杂费。

(3)运输保险费。指材料在运输途中的保险费。

(4)采购及保管费。指材料在采购、供应和保管过程中所发生的各项费用。它主要包括材料的采购、供应和保管部门工作人员的基本工资、辅助工资、职工福利费、劳动保护费、养老保险费、失业保险费、医疗保险费、工伤保险费、生育保险费、住房公积金、教育经费、办公费、差旅交通费及工具用具使用费;仓库、转运站等设施的检修费、固定资产折旧费、技术安全措施费和材料检验费;材料在运输、保管过程中发生的损耗等。

3. 施工机械使用费

施工机械使用费指消耗在建筑安装工程项目上的机械磨损、维修和动力燃料费等。它包括折旧费、修理及替换设备费、安装拆卸费、机上人工费和动力燃料费等。

(1)折旧费。指施工机械在规定使用年限内回收原值的台时折旧摊销费用。

(2)修理及替换设备费:①修理费指施工机械使用过程中,为了使机械保持正常功能而进行修理所需的摊销费用和机械正常运转及日常保养所需的润滑油料、擦拭用品的费用,以及保管机械所需的费用。②替换设备费指施工机械正常运转时所耗用的替换设备及随机使用的工具附具等摊销费用。

(3)安装拆卸费。指施工机械进出工地的安装、拆卸、试运转和场内转移及辅助设施的摊销费用。部分大型施工机械的安装拆卸不在其施工机械使用费中计列,包含在其他施工临时工程中。

(4)机上人工费。指施工机械使用时机上操作人员的人工费用。

(5)动力燃料费。指施工机械正常运转时所耗用的风、水、电、油和煤等费用。

7.1.1.2 其他直接费

1. 冬雨季施工增加费

冬雨季施工增加费指在冬雨季施工期间为保证工程质量所需增加的费用。它包括增加施工工序,增设防雨、保温、排水等设施增耗的动力、燃料、材料以及因人工、机械效率降低而增加的费用。

2. 夜间施工增加费

夜间施工增加费指施工场地和公用施工道路的照明费用。照明线路工程费用包括在“临时设施费”中;施工附属企业系统、加工厂、车间的照明费用,列入相应的产品中,均不包括在本项费用之内。

3. 特殊地区施工增加费

特殊地区施工增加费指在高海拔、原始森林、沙漠等特殊地区施工而增加的费用。

4. 临时设施费

临时设施费指施工企业为进行建筑安装工程施工所必需的但又未被划入施工临时工程的临时建筑物、构筑物和各种临时设施的建设、维修、拆除、摊销等。例如，供风、供水（支线）、供电（场内）、照明、供热系统及通信支线，土石料场，简易砂石料加工系统，小型混凝土拌和浇筑系统，木工、钢筋、机修等辅助加工厂，混凝土预制构件厂，场内施工排水，场地平整、道路养护及其他小型临时设施等。

5. 安全生产措施费

安全生产措施费指为保证施工现场安全作业环境及安装施工、文明施工所需要，在工程设计已考虑的安全支护措施之外发生的安全生产、文明施工相关费用。

6. 其他

其他包括施工工具用具使用费、检验试验费、工程项目及设备仪表移交生产前的维护费、工程验收检测费等。

（1）施工工具用具使用费。指施工生产所需，但不属于固定资产的生产工具，检验、试验用具等的购置、摊销和维护费。

（2）检验试验费。指对建筑材料、构件和建筑安装物进行一般鉴定、检查所发生的费用，包括自设实验室所耗用的材料和化学药品费用，以及技术革新和研究试验费，不包括新结构、新材料的试验费和建设单位要求对具有出厂合格证明的材料进行试验、对构件进行破坏性试验，以及其他特殊要求检验试验的费用。

（3）工程项目及设备仪表移交生产前的维护费。指竣工验收前对已完工程及设备进行保护所需的费用。

（4）工程验收检测费。指工程各级验收阶段为检测工程质量发生的检测费用。

7.1.2 间接费

间接费指施工企业为建筑安装工程施工而进行组织与经营管理所发生的各项费用。间接费构成产品成本。由规费和企业管理费组成。

7.1.2.1 规费

规费指政府和有关部门规定必须缴纳的费用。它包括社会保险费和住房公积金。

1. 社会保险费

（1）养老保险费。指企业按照规定标准为职工缴纳的基本养老保险费。

（2）失业保险费。指企业按照规定标准为职工缴纳的失业保险费。

（3）医疗保险费。指企业按照规定标准为职工缴纳的基本医疗保险费。

（4）工伤保险费。指企业按照规定标准为职工缴纳的工伤保险费。

（5）生育保险费。指企业按照规定标准为职工缴纳的生育保险费。

2. 住房公积金

住房公积金指企业按照规定标准为职工缴纳的住房公积金。

7.1.2.2 企业管理费

企业管理费指施工企业为组织施工生产和经营管理活动所发生的费用。其内容包括：

(1)管理人员工资。指管理人员的基本工资、辅助工资。

(2)差旅交通费。指施工企业管理人员因公出差、工作调动的差旅费、误餐补助费，职工探亲路费，劳动力招募费，职工离退休、退职一次性路费，工伤人员就医路费，工地转移费，交通工具运行费及牌照费等。

(3)办公费。指企业办公用文具、印刷、邮电、书报、会议、水电、燃煤(气)等费用。

(4)固定资产使用费。指企业属于固定资产的房屋、设备、仪器等的折旧、大修理、维修费或租赁费等。

(5)工具用具使用费。指企业管理使用不属于固定资产的工具、用具、家具、交通工具和检验、试验、测绘、消防用具等的购置、维修和摊销费。

(6)职工福利费。指企业按照国家规定支出的职工福利费，以及由企业支付离退休职工的易地安家补助费、职工退休金、6个月以上的病假人员工资、按规定支付给离休干部的各项经费。职工发生工伤时企业依法在工伤保险基金之外支付的费用，其他在社会保险基金之外依法由企业支付给职工的费用。

(7)劳动保护费。指企业按照国家有关部门规定标准发放的一般劳动防护用品的购置及修理费、保健费、防暑降温费、高空作业及进洞津贴、技术安全措施以及洗澡用水、饮用水的燃料费等。

(8)工会经费。指企业按职工工资总额计提的工会经费。

(9)职工教育经费。指企业为职工学习先进技术和提高文化水平按职工工资总额计提的费用。

(10)保险费。指企业财产保险、管理用车辆等保险费用，高空、井下、洞内、水上、水下作业等特殊工种安全保险费、危险作业意外伤害保险费等。

(11)财务费用。指施工企业为筹集资金而发生的各项费用，包括企业经营期间发生的短期融资利息净支出、汇兑净损失、金融机构手续费，企业筹集资金发生的其他财务费用，以及投标和承包工程发生的保函手续费等。

(12)税金。指企业按规定缴纳的房产税、管理用车辆使用税、印花税等。

(13)其他。包括技术转让费、企业定额测定费、施工企业进退场费、施工企业承担的施工辅助工程设计费、投标报价费、工程图纸资料费及工程摄影费、技术开发费、业务招待费、绿化费、公证费、法律顾问费、审计费、咨询费等。

7.1.3 利润

利润指按规定应计入建筑安装工程费用中的利润。

7.1.4 材料补差

材料补差指根据主要材料消耗量、主要材料预算价格与材料基价之间的差值，计算的主要材料补差金额。材料基价是指计入基本直接费的主要材料的限制价格。

7.1.5 税金

税金指国家对施工企业承担建筑、安装工程作业收入所征收的营业税、城市维护建设税和教育费附加。

任务 7.2 施工成本管理概述

7.2.1 施工成本的定义

施工成本是指在建设工程项目的施工过程中所发生的全部生产费用的总和，包括所消耗的原材料、辅助材料、构配件等的费用，周转材料的摊销费或租赁费等，施工机械的使用费或租赁费等，支付给生产工人的工资、奖金、工资性质的津贴等，以及进行施工组织与管理所发生的全部费用支出。建设工程项目施工成本由直接成本和间接成本所组成。

直接成本是指施工过程中耗费的构成工程实体或有助于工程实体形成的各项费用支出，其是可以直接计入工程对象的费用，包括人工费、材料费、机械使用费和其他直接费等。

间接成本是指施工准备、组织和管理施工生产的全部费用的支出，是非直接用于也无法直接计入工程对象，但为进行工程施工所必须发生的费用。

7.2.2 施工成本管理的任务

施工成本管理就是要在保证工期和质量满足要求的情况下，利用组织措施、经济措施、技术措施、合同措施把成本控制在计划范围内，并进一步寻求最大程度的成本节约。施工成本管理的任务主要包括：施工成本预测、施工成本计划、施工成本控制、施工成本核算、施工成本分析、施工成本考核。

7.2.2.1 施工成本预测

施工成本预测就是根据成本信息和施工项目的具体情况，运用一定的专门方法，对未来的成本水平以及可能发展趋势做出科学的估计，其实质就是在施工以前对成本进行核算。

7.2.2.2 施工成本计划

施工成本计划是以货币形式编制施工项目在计划期内的生产费用、成本水平、成本降低率以及为降低成本所采取的主要措施和规划的书面方案，它是建立施工项目成本管理责任制、开展成本控制和核算的基础。

7.2.2.3　施工成本控制

施工成本控制是指在施工过程中对影响施工项目成本的各种因素加强管理,并采取各种有效措施将施工中实际发生的各种消耗和支出严格控制在计划范围内,随时揭示并及时反馈,严格审查各项费用是否符合标准、计算实际成本和计划成本之间的差异并进行分析,消除施工中的损失浪费现象,发现和总结先进经验。

7.2.2.4　施工成本核算

施工成本核算是指按照规定开支范围对施工费用进行归集,计算出施工费用的实际发生额,并根据成本核算对象,采用适当的方法,计算出该施工项目的总成本和单位成本。

7.2.2.5　施工成本分析

施工成本分析是在成本形成过程中,对施工项目成本进行的对比评价和总结工作。影响施工项目成本变动的因素有两个方面:一是外部的,属于市场经济的因素,二是内部的,属于企业经营管理的因素。成本分析的基本方法包括比较法、因素分析法、差额计算法和比率法。

7.2.2.6　施工成本考核

施工成本考核是指施工项目完成后,对施工项目成本形成中的各责任者,按施工项目成本目标责任制的有关规定,将成本的实际指标与计划、定额、预算进行对比和考核,评定施工项目成本计划的完成情况和各责任者业绩,并以此给予相应的奖励和处罚。

7.2.3　施工成本管理的措施

为了取得施工成本管理的理想效果,应当从多方面采取措施实施管理,通常可以将这些措施归纳为组织措施、技术措施、经济措施、合同措施。

7.2.3.1　组织措施

组织措施是从施工成本管理的组织方面采取的措施。施工成本控制是全员的活动,如实行项目经理责任制,落实施工成本管理的组织机构和人员,明确各级施工成本管理人员的任务和职能分工、权利和责任。施工成本管理不仅是专业成本管理人员的工作,各级项目管理人员都负有成本控制责任。

组织措施是编制施工成本控制工作计划,确定合理详细的工作流程。要做好施工采购规划,通过生产要素的优化配置、合理使用、动态管理,有效控制实际成本;加强施工定额管理和施工任务单管理,控制活劳动和物化劳动的消耗;加强施工调度,避免因施工计划不周和盲目调度造成窝工损失、机械利用率降低、物料积压等而使施工成本增加。成本控制工作只有建立在科学管理的基础之上,具备合理的管理体制、完善的规章制度、稳定的作业秩序、完整准确的信息传递,才能取得成效。组织措施是其他各类措施的前提和保障,而且一般不需要增加什么费用,运用得当可以收到良好的效果。

7.2.3.2　技术措施

施工过程中降低成本的技术措施,包括进行技术经济分析,确定最佳的施工方案;结合施工方法,进行材料使用的比选,在满足功能要求的前提下,通过代用、改变配合比、使用添加剂等方法降低材料消耗的费用;确定最合适的施工机械、设备使用方案;结合项目的施工组织设计及自然地理条件,降低材料的库存成本和运输成本;先进施工技术的应用、新材料的运用、新开发机械设备的使用等。在实践中,也要避免仅从技术角度选定方案而忽视对其经济效果的分析论证。

技术措施不仅对解决施工成本管理过程中的技术问题是不可缺少的,而且对纠正施工成本管理目标偏差也有相当重要的作用。因此,运用技术纠偏措施的关键,一是要能提出多个不同的技术方案,二是要对不同的技术方案进行技术经济分析。

7.2.3.3 经济措施

经济措施是最易为人们所接受和采取的措施。管理人员应编制资金使用计划,确定、分解施工成本管理目标。对施工成本管理目标进行风险分析,并制订防范性对策。对各种支出,应认真做好资金的使用计划,并在施工中严格控制各项开支。及时准确地记录、收集、整理、核算实际发生的成本。对各种变更,及时做好增减账、及时落实业主签证、及时结算工程款。通过偏差分析和未完工工程预测,可发现一些潜在的问题将引起未完工程施工成本增加,对这些问题应以主动控制为出发点,及时采取预防措施。由此可见,经济措施的运用绝不仅是财务人员的事情。

7.2.3.4 合同措施

采取合同措施控制施工成本,应贯穿整个合同周期,包括从合同谈判开始到合同终结的全过程。首先,选用合适的合同结构,对各种合同结构模式进行分析、比较,在合同谈判时,要争取选用适合于工程规模、性质和特点的合同结构模式。其次,在合同的条款中应仔细考虑一切影响成本和效益的因素,特别是潜在的风险因素。通过对引起成本变动的风险因素的识别和分析,采取必要的风险对策,如通过合理的方式,增加承担风险的个体数量,降低损失发生的比例,并最终使这些策略反映在合同的具体条款中。在合同执行期间,合同管理的措施既要密切注视对方合同执行的情况,以寻求合同索赔的机会;同时要密切关注自己履行合同的情况,以防止被对方索赔。

任务 7.3 施工成本计划和成本控制

7.3.1 施工成本计划的编制

要进行施工成本控制,首先必须编制施工成本计划。一般来说,一个施工项目成本计划应包括从开工到竣工所必需的施工成本,它是该施工项目降低施工成本的指导文件,是设立目标成本和进行施工成本控制、施工成本分析及施工成本检查的依据。可以说,施工成本计划是目标成本的一种形式,是对施工成本实现计划管理的重要环节。

施工成本计划的编制依据包括:合同报价书、施工预算、施工组织设计或施工方案,人、材料、机械市场价格,公司颁布的材料指导价格,公司内部机械台班价格,劳动力内部挂牌价格,周转设备内部租赁价格,摊销损耗标准,已签订的工程合同,分包合同(或估价书),结构件外加工计划和合同,有关财务成本核算制度和财务历史资料,以及其他相关资料。成本计划的编制方法可以有以下几种。

7.3.1.1 按施工成本组成编制施工成本计划

施工成本可以按成本组成分解为人工费、材料费、施工机械使用费、企业管理费等(见图7-1),编制按施工成本组成的施工成本计划。

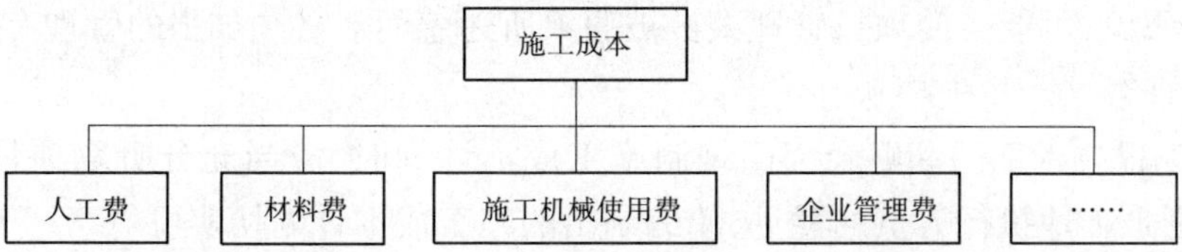

图7-1 按成本组成分解的施工成本

7.3.1.2 按子项目组成编制施工成本计划

大中型的施工项目通常是由若干单项工程构成的,而每个单项工程包括多个单位工程,每个单位工程又由若干个分部分项工程构成,因此首先要把项目总施工成本分解到单项工程和单位工程中,再进一步分解为分部工程和分项工程,如图7-2所示。

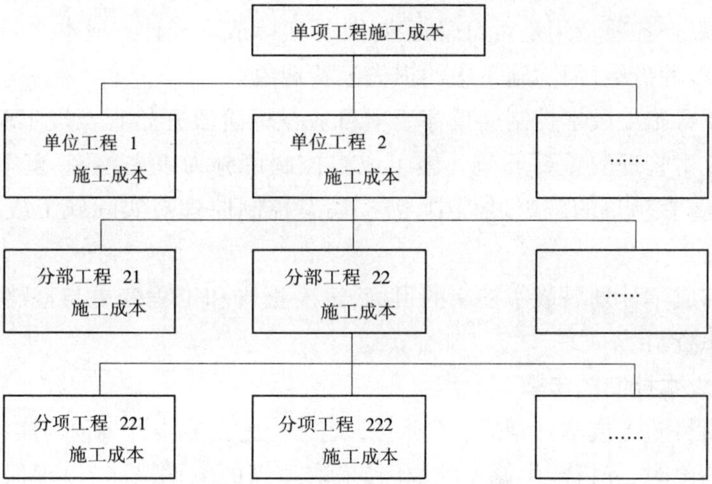

图7-2 按子项目组成分解的施工成本

7.3.1.3 按施工进度编制施工成本计划

按施工进度编制施工成本计划,通常可利用控制施工进度的网络计划进一步扩充而得,即在建立网络计划时,一方面确定完成各项工作所需花费的时间,另一方面同时确定完成这一工作的合适的施工成本支出计划。在实践中,将施工项目分解为既能方便地表示时间,又能方便地表示施工成本支出计划的工作是不容易的,通常如果项目分解程度对时间控制合适的话,则对施工成本支出计划可能分解过细,以至于不可能对每项工作确定其施工成本支出计划。反之亦然,因此在编制网络计划时,应在充分考虑施工进度控制对项目划分要求的同时,考虑确定施工成本支出计划对项目划分的要求,做到二者兼顾。

以上三种编制施工成本计划的方法并不是相互独立的。在实践中,往往是将这几种方法结合起来使用,从而达到扬长避短的效果。

在编制施工成本计划时应注意以下几点:

(1)在编制施工成本计划和确定指标时,既要积极可靠,又要留有余地。不应有意压低成本金额,盲目提高成本降低率,这种不切实际的压低计划成本,会造成一种可能获得高额利润的假象,可能会使项目管理人员被假象所迷惑而对必须加强的管理有所松懈,在计划不能实现时又产生失望灰心情绪。

(2)在工程技术部门和财会部门编制施工成本计划时,应当充分听取项目经理部其他部门,特别是工地执行人员的意见,使编制出的施工成本计划切实可行。

(3)设立一定比例的不可预见费。不仅在总的方面要有不可预见费,在各主要栏目中也要安排适当的不可预见费,以便项目经理和各业务部门掌握和调节。

7.3.2 施工成本控制

施工成本控制是指在施工过程中,对影响施工成本的各种因素加强管理,并采取各种有效措施,将施工中实际发生的各种消耗和支出严格控制在成本计划范围内,随时揭示并及时反馈,严格审查各项费用是否符合标准,计算实际成本和计划成本之间的差异并进行分析,进而采取多种措施,消除施工中的损失浪费现象。

建设工程项目施工成本控制应贯穿于项目从投标阶段开始直至竣工验收的全过程,它是企业全面成本管理的重要环节。施工成本控制可分为事先控制、事中控制(过程控制)和事后控制。在项目的施工过程中,需按动态控制原理对实际施工成本的发生过程进行有效控制。

合同文件和成本计划是成本控制的目标,进度报告和工程变更与索赔资料是成本控制过程中的动态资料。

7.3.2.1 施工成本控制的步骤

在确定了项目施工成本计划后,必须定期地进行施工成本计划值与实际值的比较,当实际值偏离计划值时,分析产生偏差的原因,采取适当的纠偏措施,以确保施工成本控制目标的实现。其步骤如下。

1. 比较

按照某种确定的方式将施工成本计划值与实际值逐项进行比较以发现施工成本是否已超支。

2. 分析

在比较的基础上,对比较的结果进行分析,以确定偏差的严重性及偏差的原因,从而采取有针对性的措施,减少或避免相同原因的再次发生或减少由此造成的损失。

3. 预测

根据项目实施情况估算整个项目完成时的施工成本。预测的目的在于为决策提供支持。

4. 纠偏

当施工项目的实际施工成本出现偏差时，应当根据施工项目的具体情况、偏差分析和预测的结果，采取适当的措施，以期达到使施工成本偏差尽可能小的目的，纠偏是施工成本控制中最具实质性的一步。只有通过纠偏，才能最终达到有效控制施工成本的目的。

5. 检查

它是指对工程的进展进行跟踪和检查，及时了解工程进展状况以及纠偏措施的执行情况和效果，为今后的工作积累经验。

7.3.2.2 施工成本的控制方法

施工阶段是控制建设工程项目成本发生的主要阶段，它通过确定成本目标并按计划成本进行施工资源配置，对施工现场发生的各种成本费用进行有效控制，其中人工费、材料费、机械费的具体控制方法以及量本利法和赢得值法两种成本控制方法如下。

1. 人工费的控制方法

人工费的控制按照"量价分离"的原则，将作业用工及零星用工按定额工日的一定比例综合确定用工数量与单价，通过劳务合同进行控制。

2. 材料费的控制方法

材料费控制同样按照"量价分离"的原则控制材料用量和材料价格。

1）材料用量的控制方法

在保证符合设计要求和质量标准的前提下，合理使用材料，通过定额管理、计量管理等手段有效控制材料物资的消耗，具体方法如下：

（1）定额控制。对于有消耗定额的材料，以消耗定额为依据，实行限额发料制度。在规定限额内分期分批领用，超过限额领用的材料，必须先查明原因，经过一定审批手续方可领料。

（2）指标控制。对于没有消耗定额的材料，则实行计划管理和按指标控制的办法。根据以往项目的实际耗用情况，结合具体施工项目的内容和要求，制定领用材料指标，据以控制发料。超过指标的材料，必须经过一定的审批手续方可领用。

（3）计量控制。准确做好材料物资的收发计量检查和投料计量检查。

（4）包干控制。在材料使用过程中，对部分小型及零星材料（如钢钉、钢丝等）根据工程量计算出所需材料量，将其折算成费用，由作业者包干控制。

2）材料价格的控制方法

材料价格主要由材料采购部门控制。由于材料价格是由买价、运杂费、运输中的合理损耗等所组成，因此主要是通过掌握市场信息，应用招标和询价等方式控制材料、设备的采购价格。

施工项目的材料物资包括构成工程实体的主要材料和结构件，以及有助于工程实体形成的周转使用材料和低值易耗品。从价值角度看，材料物资的价值占建筑安装工程造价的60%～70%，其重要程度自然是不言而喻的。由于材料物资的供应渠道和管理方式各不相同，所以控制的内容和所采用的控制方法也将有所不同。

3. 机械费的控制方法

合理选择施工机械设备、合理使用施工机械设备对成本控制具有十分重要的意义，尤其是高层建筑施工。据某些工程实例统计，高层建筑地面以上部分的总费用中，垂直运输机械费用占6%～10%。由于不同的起重运输机械各有不同的用途和特点，因此在选择起重运输机械时，首先应根据工程特点和施工条件确定采用何种不同起重运输机械的组合方式。在确定采用何种组合方式时，不仅应满足施工需要，同时要考虑到费用的高低和综合经济效益。

施工机械使用费主要由台班数量和台班单价两方面决定。

4. 量本利法

量本利法就是利用产量、成本和利润三者之间的关系，寻找出盈亏平衡点，利用盈亏平衡点来判断利润的大小和寻求降低成本、提高利润的途径。

$$利润=产量\times单价-可变成本-固定成本 \tag{7-1}$$

变动成本与完成产量的多少有关，随产量增加而变动成本增加，随产量减少变动成本降低；固定成本与完成产量的多少无关。

5. 赢得值法

赢得值法是通过“三个费用”“二个偏差”和“二个绩效”的比较对施工成本实施控制。

1）三个费用

（1）已完成工作预算费用。

已完成工作预算费用$BCWP$，是指在某一时间已经完成的工作（或部分工作）以批准认可的预算为标准所需要的资金总额，由于业主正是根据这个值为承包商完成的工作量支付相应的费用，也就是承包商获得（挣得）的金额，故称赢得值。

$$BCWP=已完成工程量\times预算单价 \tag{7-2}$$

（2）计划完成工作预算费用。

计划完成工作预算费用$BCWS$，即根据施工进度计划，在某一时刻应当完成的工作（或部分工作），以预算为标准所需要的资金总额，一般来说，除非合同有变更，$BCWS$在工作实施过程中应保持不变。

$$BCWS=计划工程量\times预算单价 \tag{7-3}$$

（3）已完成工作实际费用。

已完成工作实际费用$ACWP$，即到某一时刻为止，已完成的工作（或部分工作）所实际花费的总金额。

2）二个偏差

费用偏差CV：

$$CV=BCWP-ACWP \tag{7-4}$$

当CV为负值时，表示项目运行超出预算费用；当CV为正值时，表示项目运行节支，实际费用没有超出预算费用。

进度偏差SV：

$$SV=BCWP-BCWS \tag{7-5}$$

当 SV 为负值时,表示进度延误,实际进度落后计划进度;当 SV 为正值时,表示进度提前,即实际进度快于计划进度。

3)二个绩效

费用绩效指数 CPI:　　$CPI = BCWP/ACWP$　　(7-6)

当 $CPI<1$ 时,表示超支,即实际费用高于预算费用;当 $CPI>1$ 时,表示节支,即实际费用低于预算费用。

进度绩效指数 SPI:　　$SPI = BCWP/BCWS$　　(7-7)

当 $SPI<1$ 时,表示进度延误,即实际进度比计划进度拖后;当 $SPI>1$ 时,表示进度提前,即实际进度比计划进度快。

费用(进度)偏差反映的是绝对偏差,结果很直观,有助于费用管理人员了解项目费用出现偏差的绝对数额,并以此采取一定措施,制订或调整费用支出计划和资金筹措计划。但是,绝对偏差有其不容忽视的局限性。如同样是20万元的费用偏差,对于总费用1 000万元的项目和总费用1亿元的项目而言,其严重性显然是不同的。因此,费用(进度)偏差仅适合于对同一项目做偏差分析。费用(进度)绩效指数反映的是相对偏差,它不受项目层次的限制,也不受项目实施时间的限制,因而在同一项目和不同项目比较中均可应用。

任务7.4 施工成本核算和分析

7.4.1 施工成本核算

施工成本核算是指按照规定开支范围对施工费用进行归集,计算出施工费用的实际发生额,并根据成本核算对象,采用适当的方法,计算出该施工项目的总成本和单位成本。施工项目成本核算所提供的各种成本信息是施工成本预测、施工成本计划、施工成本控制、施工成本分析和施工成本考核等各个环节的依据。施工成本核算是成本管理中一个十分重要的环节,是施工项目管理中一个极其重要的子系统,也是施工项目管理最根本的标志和主要工作内容。

7.4.1.1 施工成本核算的对象

施工成本核算的对象是指在计算施工成本时,确定归集和分配生产费用的具体对象,即生产费用承担的客体。合理地划分施工成本核算对象,是正确组织施工成本核算的前提条件。

确定施工成本核算对象一般有以下几种方法:

(1)在一般情况下,应以每一独立编制施工图预算的单位工程为施工成本核算对象。

(2)如果两个或两个以上施工单位共同承担一项单位工程施工任务,则以单位工程为施工成本核算对象,各自核算其自行施工的部分。

(3)对于个别规模大、工期长的施工项目,可以结合经济责任制的需要,按一定的部位划分施工成本核算对象。

(4)对于同一施工项目、同一施工地点、结构类型相同、开竣工时间接近的几个单位工程,可以合并为一个施工成本核算对象。

(5)改、扩建的零星工程可以将开竣工时间接近、属于同一施工项目的几个单位工程合并为一个施工成本核算对象。

(6)土石方工程、打桩工程可以根据实际情况和管理需要,以一个单位工程作为施工成本核算对象,或将同一施工地点的若干个工程量较小的单位工程合并作为一个施工成本核算对象。

施工成本核算对象一旦确定,在施工成本核算过程中不能随意变更。所有原始记录都必须按照确定的施工成本核算对象填写清楚,以便归集和分配施工生产费用。为了集中反映和计算各个施工成本核算对象本期应负担的施工费用,财会部门应该为每一施工成本核算对象设置施工成本明细账,并按成本项目分设专栏来组织施工成本核算。

7.4.1.2 施工成本核算的任务与方法

1. 施工成本核算的任务

鉴于施工项目成本核算在施工项目成本管理中所处的重要地位,施工成本核算应完成以下基本任务:

(1)执行国家有关成本开支范围、费用开支标准、工程预算和施工预算成本计划的有关规定,控制费用,促使项目合理,节约使用人力、物力和财力。这是施工项目成本核算的前提和首要任务。

(2)正确及时核算施工过程中发生的各项生产费用,计算施工项目的实际成本。这是施工项目成本核算的主体和中心任务。

(3)反映和监督施工成本及施工成本计划的完成情况。为施工项目成本预测、参与施工项目施工生产和经营管理提供可靠的信息资料,促进项目不断提高施工技术水平,改善经营管理,降低成本,提高经济效益。这是施工项目成本核算的根本目的。

2. 施工成本核算需要注意的问题

1)及时收回工程款

项目应按合同有关条款,及时、足额地收回工程款。项目一般按施工成本收入占合同造价的比例分解和上交资金,具体按各单位的相关规定执行。

项目与企业之间对资金的相互占用,应以内部银行的方式分清对资金使用的主导权,相互合理分割、确保上交、有偿拆借、超期赔偿的方式,建立内部的信贷机制。

项目应按各单位的资金支付的审核、批准程序,办理正规的资金支付和使用手续。

2)建立内部模拟要素市场

项目和企业要加大对材料采购和机械设备的租赁管理,建立内部模拟要素市场,根据料具和机械设备管理的规定和管理办法,制定员工劳动管理办法,制定材料采购、供应管理办法,制定周转材料工具租赁管理办法,制定机械设备租赁管理办法等配套文件,支持项目施工成本核算工作的开展。

3)加强资金管理

开展项目施工成本核算,对成本和费用控制来讲,项目施工通过贯彻项目经理责任制和项目施工成本核算制控制成本,公司通过预算控制费用。通过“两制”和预算方式,使整个开支都处于受控状态。

对于资金管理,也应纳入项目经理责任制和项目施工成本核算制内容并加以管理。对工程款依据项目承包总额收入占工程报价的比例,分解为生产用资金和非生产用资金,完成资金的初次分配。对分解的非生产资金依据预算和其他指标,所属的各管理层次完成再分配,使各项资金在企业的各个层次实现有序的流动和合理的分割,克服资金管理上分解不清和权力不明的问题。

3.施工成本核算的方法

施工成本核算是在项目施工条件下诞生的,是企业探索适合施工项目管理方式的重要体现。它是建立在企业管理方式和管理水平基础上,适合施工企业特点的降低成本开支、提高利润水平的重要途径。

施工成本核算的方法主要有会计核算、业务核算、统计核算三种,以会计核算为主。

1)会计核算

会计核算主要是价值核算。会计是对一定单位的经济业务进行计量、记录、分析和检查,做出预测,参与决策,实行监督,旨在实现最优经济效益的一种管理活动。它通过设置账户、复式记账、填制和审核凭证、登记账簿、成本计算、财产清查和编制会计报表等一系列有组织、有系统的方法,来记录企业的一切生产经营活动,然后据以提出一些用货币来反映的有关各种综合性经济指标的数据。资产、负债、所有者权益、营业收入、成本、利润等会计六要素指标,主要通过会计来核算。至于其他指标,会计核算的记录中也是可以有所反映的,但在反映的广度和深度上有很大的局限性,一般不用会计核算来反映。由于会计记录具有连续性、系统性、综合性等特点,所以它是施工成本分析的重要依据。

2)业务核算

业务核算是各业务部门根据业务工作的需要而建立的核算制度,它包括原始记录和计算登记表,如单位工程及分部(分项)工程进度登记,质量登记,工效、定额计算登记,物资消耗定额记录,测试记录等。业务核算的范围比会计、统计核算要广,会计和统计核算一般是对已经发生的经济活动进行核算,而业务核算不但可以对已经发生的经济活动进行核算,而且可以对尚未发生或正在发生的经济活动进行核算,看是否可以做,是否有经济效益,它的特点是对个别的经济业务进行单项核算,只记载单一的事项,最多是略有整理或稍加归类,不求提供综合性、总括性指标。核算范围不太固定,方法也很灵活,不像会计核算和统计核算那样有一套特定的、系统的方法。例如,各种技术措施、新工艺等项目,可以核算已经完成的项目是否达到原定的目的,取得预期的效果,也可以对准备采取措施的项目进行核算和审查,看是否有效果,值不值得采纳,随时都可以进行。业务核算的目的在于迅速取得资料,在经济活动中及时采取措施进行调整。

3)统计核算

统计核算是利用会计核算资料和业务核算资料,把企业生产经营活动客观现状的大量数据,按统计方法加以系统整理,表明其规律性。它的计量尺度比会计宽,可以用货币计算,也可以用实物或劳动量计量。它通过全国调查和抽样调查等特有的方法,不仅能提供绝对数指标,还能提供相对数和平均数指标,可以计算当前的实际水平,确定变动速度,可以预测发展的趋势。统计除主要研究大量的经济现象外,也很重视个别先进事例与典型事例的研究。有时,为了使研究的对象更有典型性和代表性,还把一些偶然性的因素或次要的枝节问题予以剔除;为了对主要问题进行深入分析,不一定要求对企业的全部经济活动做出完整、全面、时序的反映。

7.4.2 施工成本分析

施工成本分析就是根据会计核算、业务核算和统计核算提供的资料,对施工成本的形成过程和影响成本升降的因素进行分析,以寻求进一步降低成本的途径,包括有利偏差的挖掘和不利偏差的纠正。它是在成本的形成过程中,主要利用施工项目的成本核算资料(成本信息),与目标成本、预算成本以及类似的施工项目的实际成本等进行比较,了解成本的变动情况。成本偏差的控制,分析是关键,纠偏是核心,要针对分析得出的偏差发生原因,采取切实措施,加以纠正。

7.4.2.1 施工成本分析应遵守的原则

1. 用数据说话原则

施工成本分析要充分利用会计核算、业务核算、统计核算和有关辅助记录(台账)的数据进行定量分析,尽量避免抽象的定性分析。定量分析对事物的评价更为精确,更令人信服。

2. 注意时效原则

注意时效原则就是要做到施工成本分析及时、发现问题及时、解决问题及时;否则,就有可能贻误解决问题的最好时机,甚至造成问题成堆,积重难返,发生难以挽回的损失。

3. 为生产经营服务原则

施工成本分析不仅要揭露矛盾,而且要分析矛盾产生的原因,并为解决矛盾献计献策,提出积极有效的解决矛盾的合理化建议。这样的施工成本分析必然会深得人心,从而受到项目经理和有关项目管理人员的配合和支持,使施工成本分析更健康地开展下去。

7.4.2.2 施工成本分析的内容

从施工成本分析应为生产经营服务的角度出发,施工成本分析应与施工成本核算对象的划分同步。一般而言,施工成本分析主要包括以下几个方面:

(1)随着项目施工的进展而进行的成本分析,包括分部(分项)工程成本分析、月(季)度成本分析、年度成本分析、竣工成本分析。

(2)按目标成本项目进行的成本分析,包括人工费分析、材料费分析、机械使用费分析、其他直接费分析、间接成本分析。

(3)针对专项成本事项进行的成本分析,包括成本盈亏异常分析、工期成本分析、质量成本分析、资金成本分析、技术组织措施节约效果分析、其他有利因素和不利因素对成本影响的分析。

由于施工成本涉及范围很广,需要分析的内容很多,应该在不同的情况下采用不同的分析方法,施工成本分析基本方法主要有比较法、因素分析法、差额分析法、比率法等。

7.4.2.3 施工成本分析的方法

1. 比较法

比较法,又称指标对比分析法,就是通过技术经济指标的对比,检查目标的完成情况,分析产生差异的原因,进而挖掘内部潜力的方法。这种方法具有通俗易懂、简单易行、便于掌握的特点,因而得到广泛的应用,但在应用时必须注意各技术经济指标的可比性。比较法的应用通常有下列形式:

(1)将实际指标与目标指标对比。以此检查目标完成情况,分析影响完成目标的积极因素和消极因素,以便及时采取措施,保证成本目标的实现。在进行实际指标与目标指标对比时,还应注意目标本身有无问题,如果目标本身出现问题,则应调整目标,重新正确评价实际工作的成绩。

(2)本期实际指标与上期实际指标对比。通过这种对比,可以看出各项技术经济指标的变动情况,反映施工管理水平的提高程度。

(3)与本行业平均水平、先进水平对比。通过这种对比,可以反映本项目的技术管理和经济管理与行业的平均水平和先进水平的差距,进而采取措施赶超先进水平。

以上三种对比,可以在一张表上同时反映出来。

2. 因素分析法

因素分析法又称连环置换法。这种方法可用来分析各种因素对成本的影响程度。在进行分析时,首先要假定众多因素中的一个因素发生了变化,而其他因素则不变,然后逐个替换,分别比较其计算结果,以确定各个因素的变化对成本的影响程度。

因素分析法的计算步骤如下:

(1)确定分析对象(即所分析的技术经济指标),并计算出实际数与目标数的差异。

(2)确定该指标是由哪几个因素组成的,并按其相互关系进行排序。

(3)以目标数为基础,将各因素的目标数相乘,作为分析替代的基数。

(4)将各个因素的实际数按照上面的排列顺序进行替换计算,并将替换后的实际数保留下来。

(5)将每次替换计算所得的结果,与前一次的计算结果相比较,两者的差异即为该因素对成本的影响程度。

(6)各个因素的影响程度之和,应与分析对象的总差异相等。

必须指出,在应用因素分析法进行成本分析时,各个因素的排列顺序应该固定不变;

否则,就会得出不同的计算结果,也会产生不同的结论。

【例 7-1】 某钢筋混凝土框剪结构工程施工,采用商品混凝土,标准层一层目标成本为 166 860 元,实际成本为 176 715 元,比目标成本增加了 9 855 元,其他有关资料见表 7-1。试用因素分析法分析其成本增加的原因。(注意:替换程序按照先量后加,先绝对值后相对值的原则)。

表 7-1 目标成本与实际成本对比

项目	单位	计划	实际	差异
产量	m^3	600	630	+30
单价	元/m^3	270	275	+5
损耗率	%	3	2	-1
成本	元	166 860	176 715	+9 855

解:

(1)分析对象是浇筑一层结构商品混凝土的成本,实际成本与目标成本的差额为 9 855元。

(2)该指标是由产量、单价、损耗率三个因素组成的。

(3)目标数 166 860(600×270×1.03)为分析替代的基础。

(4)替换。

第一次替换:产量因素,以 630 替代 600,得 630×270×1.03=175 203(元)。

第二次替换:单价因素,以 275 替代 270,并保留上次替换后的值,得630×275×1.03=178 447.5(元)。

第三次替换:损耗率因素,以 1.02 替代 1.03,并保留上两次替换后的值,得630×275×1.02=176 715(元)。

(5)计算差额。

第一次替换与目标数的差额=175 203-166 860=8 343(元)。

第二次替换与第一次替换的差额=178 447.5-175 203=3 244.5(元)。

第三次替换与第二次替换的差额=176 715-178 447.5=-1 732.5(元)。

产量增加使成本增加了 8 343 元,单价提高使成本增加了 3 244.5 元,损耗率下降使成本减少了 1 732.5 元。

(6)各因素和影响程度之和=8 343+3 244.5-1 732.5=9 855(元),与实际成本和目标成本的总差额相等。

为了使用方便,也可以通过运用因素分析表求出各因素的变动对实际成本的影响程度,其具体形式见表 7-2。

表7-2 商品混凝土成本变动因素分析 (单位:元)

顺序	循环替换计算	差异	因素分析
计划数	600×270×1.03=166 860		
第一次替换	630×270×1.03=175 203	8 343	由于产量增加30 m^3,成本增加8 343元
第二次替换	630×275×1.03=178 447.5	3 244.5	由于单价提高5元/m^3,成本增加3 244.5元
第三次替换	630×275×1.02=175 671.5	−1 732.5	由于损耗率下降1%,成本减少1 732.5元
合计	8 343+3 244.5−1 732.5=9 855	9 855	

3. 差额分析法

差额分析法是因素分析法的一种简化形式,它利用各个因素的目标值与实际值的差额来计算其对成本的影响程度。

【例7-2】 某施工项目某月的实际成本降低额比目标值提高了4.4万元,其他有关资料见表7-3,试用差额分析法来分析预算成本、成本降低率对成本降低额的影响程度。

表7-3 降低成本计划与实际对比

项目	单位	计划	实际	差异
预算成本	万元	240	280	+40
成本降低率	%	4	5	+1
成本降低额	万元	9.6	14	+4.4

解:

(1)预算成本增加对成本降低额的影响程度:

$$(280-240)\times 4\% = 1.6(\text{万元})$$

(2)成本降低率提高对成本降低额的影响程度:

$$(5\%-4\%)\times 280 = 2.8(\text{万元})$$

(3)以上两项合计:

$$1.6+2.8=4.4(\text{万元})$$

4. 比率法

比率法是指用两个以上的指标的比例进行分析的方法。它的基本特点是先把对比分析的数值变成相对数,再观察其相互之间的关系。常用的比率法有相关比率法、构成比率法、动态比率法等。

1)相关比率法

由于项目经济活动的各个方面是相互联系、相互依存,又相互影响的,因而可以将两个性质不同而又相关的指标加以对比,求出比率,并以此来考察经营成果的好坏。例如,产值和工资是两个不同的概念,但它们的关系又是投入与产出的关系。在一般情况下,都希望以最少的工资支出完成最大的产值。因此,用产值工资率指标来考核人工费的支出水平,就很能说明问题。

2)构成比率法

构成比率法又称比重分析法或结构对比分析法。通过构成比率,可以考察成本总量的构成情况及各成本项目占成本总量的比重,同时可看出量、本、利的比例关系(即预算成本、实际成本和降低成本的比例关系),从而为寻求降低成本的途径指明方向。

3)动态比率法

动态比率法就是将同类指标不同时期的数值进行对比,求出比率,以分析该项指标的发展方向和发展速度。

成本分析的方法可以单独使用,也可结合使用。为了更好地说明成本升降的具体原因,必须依据定量分析的结果进行定性分析。

思考题

7-1 什么是施工成本?

7-2 建筑安装工程费按构成要素分为哪几类?

7-3 简述人工费、材料费的控制方法。

7-4 施工成本控制的步骤是什么?

7-5 某安装工程进行到第3个月末时,已完成工作预算费用40万元,已完成工作实际费用为45万元,则该项目的成本控制效果是(　　)。

A. 费用偏差为 -5 万元,项目运行超出预算

B. 费用偏差为5万元,项目运行节支

C. 费用偏差为5万元,项目运行超出预算

D. 费用偏差为 -5 万元,项目运行节支

7-6 现场生产工人和项目部管理人员的工资分别应该是直接成本还是间接成本?

7-7 某施工项目的商品混凝土目标成本是420 000元(目标产量500 m^2,目标单价800元/m^2,预计损耗率为5%),实际成本是511 680元(实际产量600 m^2,实际单价820元/m^2,实际损耗率为4%)。若采用因素分析法进行成本分析(因素的排列顺序是产量、单价、耗损率),则由于产量提高增加的成本是多少元?

7-8 什么是施工成本核算?

7-9 假设完成一个工作任务需花费1 500元,并于今日完成,然而截至目前我们实际花费了1 350元,并完成了工作的2/3,试计算成本偏差和进度偏差。

7-10 简述施工成本管理的内容。

7-11 用赢得值法进行成本控制,其基本参数有哪些?

项目8 施工项目进度控制

教学提示：本章主要介绍了施工进度计划监测与调整的系统过程、实际进度与计划进度的比较方法、施工进度计划的控制措施、施工进度计划的调整方法和施工进度计划的应用。

教学要求：通过本章教学，使学生了解施工进度计划监测与调整的系统过程；熟悉横道图比较法、S形曲线比较法和前锋线比较法；掌握施工进度计划中的组织、经济、技术和管理等控制措施；熟悉进度计划的调整方法；熟悉施工进度计划在工期索赔和综合索赔中的应用。

任务8.1 施工项目进度控制概述

8.1.1 影响施工项目进度的因素

影响施工项目进度的因素大致可分为三类，详见表8-1。

表8-1 影响施工项目进度的因素

种类	影响因素	相应对策
项目经理部内部因素	施工组织不合理，人力、机械设备调配不当，解决问题不及时； 施工技术措施不当或发生事故； 质量不合格引起返工； 与相关单位关系协调不善等； 项目经理部管理水平低	项目经理部的活动对施工进度起决定性作用，因而要： (1)提高项目经理部的组织管理水平、技术水平； (2)提高施工作业层的素质； (3)重视与内外关系的协调
相关单位因素	设计图纸供应不及时或有误； 业主要求设计变更； 实际工程量增减变化； 材料供应、运输等不及时或质量、数量、规格不符合要求； 水电通信等部门、分包单位没有认真履行合同或违约； 资金没有按时拨付等	相关单位的密切配合与支持，是保证施工项目进度的必要条件，项目经理部应做好： (1)与有关单位以合同形式明确双方协作配合要求，严格履行合同，寻求法律保护，减少和避免损失； (2)编制进度计划时，要充分考虑向主管部门和职能部门进行申报、审批所需的时间，留有余地

续表 8-1

种类	影响因素	相应对策
不可预见因素	施工现场水文地质状况比设计合同文件预计的要复杂得多； 严重自然灾害； 战争、政变等政治因素等	该类因素一旦发生就会造成较大影响，应做好调查分析和预测； 有些因素可通过参加保险来规避或减少风险

8.1.2 施工项目进度控制的措施

施工项目进度控制的措施主要有管理信息措施、组织措施、技术措施、合同措施和经济措施等，具体见表 8-2。

表 8-2 施工项目进度控制措施

措施种类	措施内容
管理信息措施	建立对施工进度能有效控制的监测、分析、调整、反馈信息系统和信息管理工作制度； 随时监控施工过程的信息流，实现连续、动态的全过程进度目标控制
组织措施	建立施工项目进度实施和控制的组织系统； 订立进度控制工作制度：检查时间、方法，召开协调会议时间、人员等； 落实各层次进度控制人员、具体任务和工作职责； 确定施工项目进度目标，建立施工项目进度控制目标体系
技术措施	尽可能采用先进施工技术、方法和新材料、新工艺、新技术，保证进度目标实现； 落实施工方案，在发生问题时，能适时调整工作之间的逻辑关系，加快施工进度
合同措施	以合同形式保证工期进度的实现： (1)保持总进度控制目标与合同总工期相一致； (2)分包合同的工期与总包合同的工期相一致； (3)供货、供电、运输、构件加工等合同规定的提供服务时间与有关的进度控制目标一致
经济措施	落实实现进度目标的保证资金； 签订并实施关于工期和进度的经济承包责任制； 建立并实施关于工期和进度的奖惩制度

8.1.3 施工项目进度控制原理

施工项目进度控制是以现代科学管理原理作为其理论基础的，主要有系统原理、动态控制原理、信息反馈原理、弹性原理和封闭循环原理等。

8.1.3.1 系统原理

系统原理就是用系统的概念来剖析和管理施工项目进度控制活动。进行施工项目进度控制应建立施工项目进度计划系统、施工项目进度组织系统。

1. 施工项目进度计划系统

施工项目进度计划系统是施工项目进度实施和控制的依据。施工项目进度计划包括施工项目总进度计划、单位工程进度计划、分部(分项)工程进度计划、材料计划、劳动力计划、季度和月(旬)作业计划等。形成了一个进度控制目标按工程系统构成、施工阶段和部位等逐层分解,编制对象从大到小,范围由总体到局部,层次由高到低,内容由粗到细的完整的计划系统。计划的执行则是由下而上,从月(旬)作业计划、分部(分项)工程进度计划开始,逐级按进度目标控制,最终完成施工项目总进度计划。

2. 施工项目进度组织系统

施工项目进度组织系统是实现施工项目进度计划的组织保证。施工项目的各级负责人,从项目经理、各子项目负责人、计划人员、调度人员、作业队长、班组长以及有关人员组成了施工项目进度组织系统。这个组织系统既要严格执行进度计划要求、落实和完成各自的职责和任务,又要随时检查、分析计划的执行情况,在发现实际进度与计划进度发生偏离时,能及时采取有效措施进行调整、解决。也就是说,施工项目进度组织系统既是施工项目进度的实施组织系统,又是施工项目进度的控制组织系统,既要承担计划实施赋予的生产管理和施工任务,又要承担进度控制目标,对进度控制负责,这样才能保证总进度目标实现。

8.1.3.2 动态控制原理

施工项目进度目标的实现是一个随着项目的施工进展以及相关因素的变化不断进行调整的动态控制过程。施工项目按计划实施,但面对不断变化的客观实际,施工活动的轨迹往往会产生偏差。当发生实际进度与计划进度超前或落后时,控制系统就要做出应有的反应:分析偏差产生的原因,采取相应的措施,调整原来的计划,使施工活动在新的起点上按调整后的计划继续运行;当新的干扰影响施工进度时,新一轮调整、纠偏又开始了。施工项目进度控制活动就这样循环往复进行,直至预期计划目标实现。

8.1.3.3 信息反馈原理

反馈是控制系统把信息输送出去,又把其作用结果返送回来,并对信息的再输出施加影响,起到控制作用,以达到预期目的。

施工项目进度控制的过程实质上就是对有关施工活动和进度的信息不断收集、加工、汇总、反馈的过程。施工项目信息管理中心要对收集的施工进度和相关影响因素的资料进行加工分析,由领导做出决策后,向下发出指令,指导施工或对原计划做出新的调整、部署;基层作业组织根据计划和指令安排施工活动,并将实际进度和遇到的问题随时上报。每天都有大量的内外部信息、纵横向信息流进流出,因而必须建立健全一个施工项目进度控制的信息网络,使信息准确、及时、畅通,反馈灵敏、有力,以及能正确运用信息对施工活动有效控制,才能确保施工项目的顺利实施和如期完成。

8.1.3.4 弹性原理

施工项目进度控制中应用弹性原理,首先表现在编制施工项目进度计划时,要考虑影响进度的各类因素出现的可能性及其变化的影响程度,进度计划必须保持充分弹性,要有预见性;其次是在施工项目进度控制中具有应变性,当遇到干扰、工期拖延时,能够采取利用进度计划的弹性,或缩短有关工作的时间,或改变工作之间的逻辑关系,或增减施工内容、工程量,或改进施工工艺、方案等有效措施,对施工项目进度计划做出及时的相应调整,缩短剩余计划工期,最后达到预期的计划目标。

8.1.3.5 封闭循环原理

施工项目进度控制是从编制项目施工进度计划开始的,由于影响因素的复杂和不确定性,在计划实施的全过程中,需要连续跟踪检查,不断地将实际进度与计划进度进行比较,如果运行正常可继续执行原计划;如果发生偏差,应在分析其产生的原因后,采取相应的解决措施和办法,对原进度计划进行调整和修订,然后进入一个新的计划执行过程。这个由计划、实施、检查、比较、分析、纠偏等环节组成的过程就形成了一个封闭循环回路,见图8-1。而施工项目进度控制的全过程就是在许多这样的封闭循环中得到有效的不断调整、修正与纠偏,最终实现总目标的。

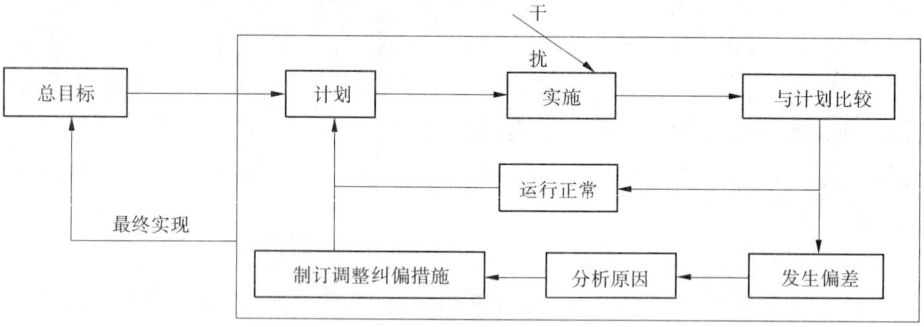

图8-1 施工项目进度控制的封闭循环

8.1.4 施工项目进度控制目标体系

施工项目进度控制总目标是依据施工项目总进度计划确定的。它对施工项目进度控制总目标进行层层分解,形成实施进度控制、相互制约的目标体系。

施工项目进度目标是从总的方面对项目建设提出的工期要求。但在施工活动中,是通过对最基础的分部(分项)工程的施工进度控制来保证各单项(位)工程或阶段工程进度控制目标的完成,进而实现施工项目进度控制总目标的。因而需要将总进度目标进行一系列的从总体到细部、从高层次到基础层次的层层分解,一直分解到在施工现场可以直接调度控制的分部(分项)工程或作业过程的施工为止。在分解中,每一层次的进度控制目标都限定了下一级层次的进度控制目标,而较低层次的进度控制目标又是较高一级层次进度控制目标得以实现的保证,于是就形成了一个自上而下层层约束、由下而上级级保证、上下一致的多层次的进度控制目标体系,如可以按单位工程或分包单位分解为交工分目标,按承包的专业或按施工阶段分解为完工目标,按年、季、月计划期分解为时间目标等,其结构框架如图8-2所示。

为了便于对施工进度的控制与协调,可以从不同角度建立与施工项目进度控制目标体系相联系配套的进度控制目标。

8.1.5 施工项目进度控制程序

(1)项目经理部要根据施工合同的要求确定施工进度目标,明确计划开工日期、计划

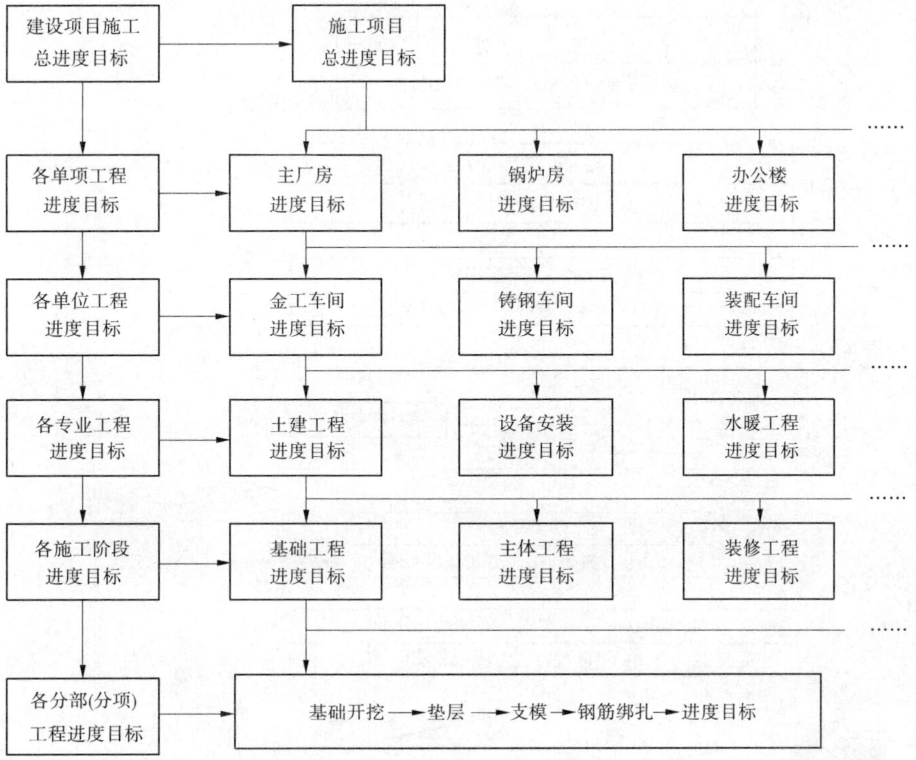

图8-2　施工项目进度控制目标体系结构框架示意图

总工期和计划竣工日期，确定项目分期分批的开工、竣工日期。

(2)编制施工进度计划，具体安排实现计划目标的工艺关系、组织关系、搭接关系、起止时间、劳动力计划、材料计划、机械计划及其他保证性计划。分包人负责根据项目施工进度计划编制分包工程施工进度计划。

(3)向监理工程师提出开工申请报告，按监理工程师开工令确定的日期开工。

(4)实施施工进度计划。项目经理应通过施工部署、组织协调、生产调度和指挥、改善施工程序和方法的决策等，应用技术、经济和管理手段实现有效的进度控制。项目经理部首先要建立进度实施、控制的科学组织系统和严密的工作制度，然后依据施工项目进度控制目标体系，对施工的全过程进行系统控制。正常情况下，进度实施系统应发挥监测、分析职能并循环运行，即随着施工活动的进行，信息管理系统会不断地将施工实际进度信息，按信息流动程序反馈给进度控制者，经过统计整理、比较分析后，确认进度无偏差，则系统继续运行；一旦发现实际进度与计划进度有偏差，系统将发挥调控职能，分析偏差产生的原因及对后续施工和总工期的影响。必要时，可对原计划进度做出相应的调整，提出纠偏方案和实施的技术、经济、合同保证措施，以及取得相关单位支持与配合的协调措施，确认切实可行后，将调整后的新进度计划输入到进度实施系统，施工活动继续在新的控制下运行。当新的偏差出现后，再重复上述过程，直到施工项目全部完成。进度控制系统也可以处理由于合同变更而需要进行的进度调整。

(5)全部任务完成后，进行进度控制总结并编写进度控制报告。

施工项目进度控制的程序见图8-3。

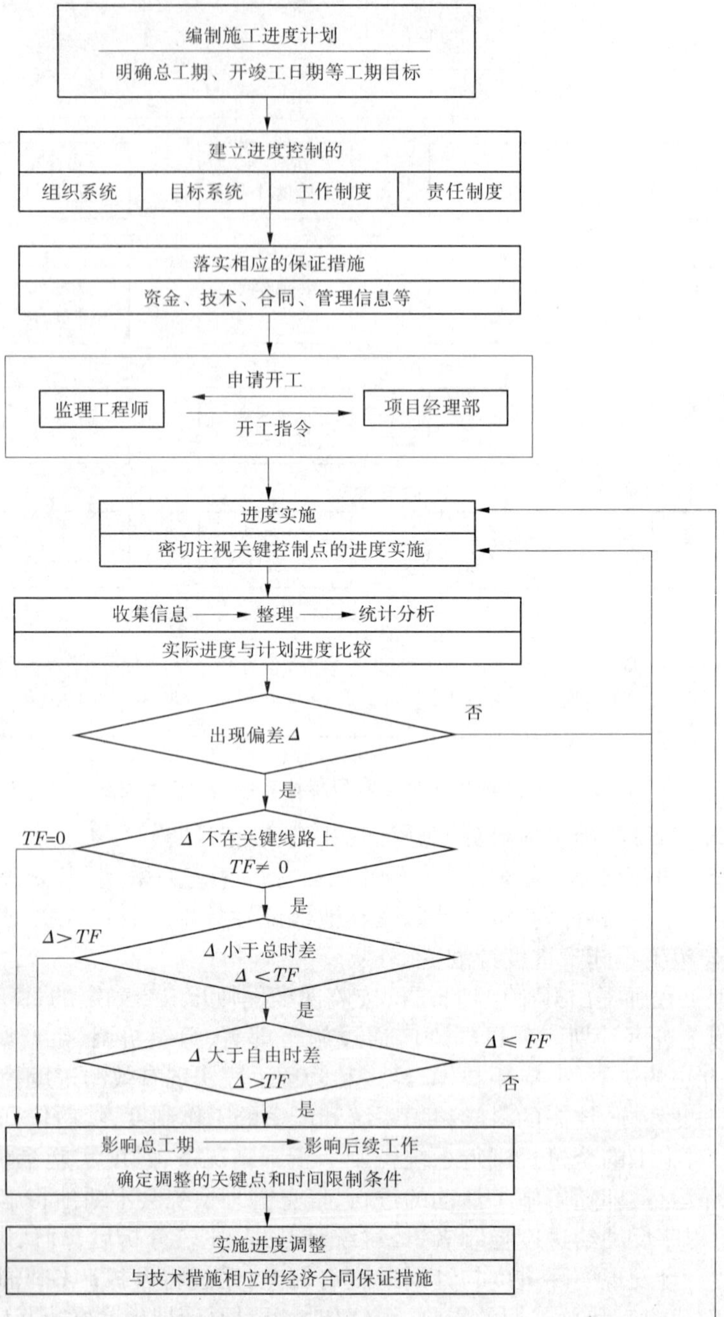

图 8-3 施工项目进度控制的程序

任务8.2 施工项目进度计划的审核、实施与检查

8.2.1 施工项目进度计划的审核

项目经理应对施工项目进度计划进行审核,主要审核内容有:

(1)项目总目标和所分解的子目标的内在联系是否合理,进度安排能否满足施工合同工期的要求,是否符合其开工、竣工日期的规定,分期施工是否满足分批交工的需要和配套交工的要求。

(2)施工进度中的内容是否全面、有无遗漏项目,是否能保证施工质量和安全的需要。

(3)施工程序和作业顺序安排是否正确合理。

(4)各类资源供应计划是否能保证施工进度计划的实现,供应是否均衡。

(5)总分包之间和各专业之间在施工时间和位置的安排上是否合理、有无干扰。

(6)总分包之间的进度计划是否相协调,专业分工与计划的衔接是否明确、合理。

(7)对实施进度计划的风险是否分析清楚,是否有相应的防范对策和应变预案。

(8)各项保证进度计划实现的措施设计得是否周到、可行、有效。

8.2.2 施工项目进度计划的实施

施工项目进度计划实施的主要内容见表8-3。

表8-3 施工项目进度计划实施的内容

项目	主要内容
编制月(旬或周)作业计划	每月(旬或周)末,项目经理提出下期目标和作业项目,通过工地例会协调后编制 应根据规定的计划任务,当前施工进度,现场施工环境、劳动力、机械等资源条件编制 作业计划是施工进度计划的具体化,应具有实施性,使施工任务更加明确、具体可行,便于测量、控制、检查 对总工期跨越一个年度以上的施工项目,应根据不同年度的施工内容编制年度和季度的控制性施工项目进度计划,确定并控制项目施工总进度的重要节点目标 项目经理部应将资源供应进度计划和分包工程施工项目进度计划纳入项目进度控制范畴

续表 8-3

项目	主要内容
签发施工任务书	施工任务书是下达施工任务、实行责任承包、全面管理和原始记录的综合性文件 施工任务书包括施工任务单(见表 8-4)、限额领料单及限额发放记录(见表 8-5、表 8-6)、考勤表等,其中: (1)施工任务单包括分项工程施工任务,工程量,劳动量,开工、完工日期,工艺、质量和安全要求; (2)限额领料单根据施工任务单编制,是控制班组领用料的依据,其中列明材料名称、规格、型号、单位和数量、领退料记录等。 工长根据作业计划按班组编制施工任务书,签发后向班组下达并落实施工任务。 在实施过程中,做好记录,任务完成后回收,作为原始记录和业务核算资料保存
做好施工进度记录、填施工进度统计表	各级施工进度计划的执行者做好施工记录,如实记载计划执行情况: (1)每项工作的开始、完成时间,每日完成数量; (2)记录现场发生的各种情况、干扰因素的排除情况。 跟踪做好形象进度、工程量、总产值、耗用的人工、材料、机械台班、能源等数量。 及时进行统计分析并填表上报,为施工项目进度检查和控制分析提供反馈信息
做好施工调度工作	施工调度是掌握计划实施情况,组织施工中各阶段、环节、专业和工种的互相配合,协调各方面关系,采取措施,排除各种干扰、矛盾,加强薄弱环节,发挥生产指挥作用,实现连续均衡顺利施工,以保证完成各项作业计划,实现进度目标。其具体工作如下: (1)执行施工合同中对进度、开工及延期开工、暂停施工、工期延误、工程竣工的承诺; (2)落实控制施工项目进度措施应具体到执行人、目标、任务、检查方法和考核办法; (3)监督检查施工准备工作、作业计划的实施、协调各方面的进度关系; (4)督促资源供应单位按计划供应劳动力、施工机具、材料构配件、运输车辆等,并对临时出现问题采取调配措施; (5)由于工程变更引起资源需求的数量变更和品种变化时,应及时调整供应计划; (6)按施工平面图管理施工现场,遇到问题做必要的调整,保证文明施工; (7)及时了解气候和水、电供应情况,采取相应的防范和调整保证措施; (8)及时发现和处理施工中各种事故和意外事件; (9)协助分包人解决项目进度控制中的相关问题; (10)定期、及时召开现场调度会议,贯彻项目主管人的决策,发布调度令; (11)当发包人提供的资源供应进度发生变化不能满足施工进度要求时,应敦促发包人执行原计划,并对造成的工期延误及经济损失进行索赔

表 8-4 施工任务单

项目名称　　　　　　　　编　号　　　　　　　　开工日期

部位名称　　　　　　　　签发人　　　　　　　　交底人

施工班组　　　　　　　　签发日期　　　　　　　回收日期

定额编号	分项工程名称	单位	定额工程			实际完成情况			
			工程量	时间定额 定额系数	定额工数	工程量	实需工数	实耗工数	工效(%)
合计									

材料名称	单位	单位定额	定额数量	实需数量	实耗数量

施工要求及注意事项

验收内容	签证人
质量分	
安全分	
施工文明分	

考勤记录															
姓名	日期														
合计															

计划施工日期：　月　日至　月　日　　实际施工日期：　月　日至　月　日　　工期超　天　　拖　天

表 8-5 限额领料单

年　月　日

单位工程			施工预算工程量				任务单编号			
分项工程			实际工程量				执行班组			
材料名称	规格	单位	施工定额	计划用量	实际用量	计划单价	金额	级配	节约	超用

表 8-6 限额领料发放记录

月/日	名称、规格	单位	数量	领用人	月/日	名称、规格	单位	数量	领用人

8.2.3 施工项目进度计划的检查

跟踪检查施工项目实际进度是施工项目进度控制的关键措施,其有关内容见表 8-7。

表 8-7 施工项目进度计划检查

项目	说明
检查依据	施工项目进度计划、作业计划及施工项目进度计划实施记录
检查目的	检查实际施工进度,收集整理有关资料,并与计划对比,为进度分析和计划调整提供信息
检查时间	根据施工项目的类型、规模、施工条件和对进度执行要求的程度确定检查时间和间隔时间: (1)常规性检查可确定为每月、半月、旬或周进行一次; (2)施工中遇到天气、资源供应等不利因素严重影响时,间隔时间临时可缩短,次数应频繁; (3)对施工进度有重大影响的关键施工作业可每日检查或派人驻现场督阵
检查内容	对日施工作业效率、周、旬作业进度及月作业进度分别进行检查,对完成情况做出记录; 检查期内实际完成和累计完成工程量; 实际参加施工的人力、机械数量和生产效率; 窝工人数、窝工机械台班及其原因分析; 进度偏差情况; 进度管理情况; 影响进度的特殊原因及分析
检查方法	建立内部施工进度报表制度; 定期召开进度工作会议,汇报实际进度情况; 进度控制、检查人员经常到现场实地察看

续表 8-7

项目	说明
数据整理比较分析	将实际收集的进度数据和资料进行整理加工，使之与相应的进度计划具有可比性； 一般采用实物工程量、施工产值、劳动消耗量、累计百分比等和形象进度统计； 将整理后的实际数据、资料与进度计划比较，通常采用的方法有横道图法、列表比较法、S形曲线比较法、香蕉形曲线比较法、前锋线比较法等； 得出实际进度与计划进度是否存在偏差的结论：相一致、超前、落后
检查报告	由计划负责人或进度管理人员与其他管理人员协作，在检查后即时编写进度控制报告，也可按月、旬、周的间隔时间编写上报，其中： (1)向项目经理、企业经理或业务部门以及建设单位上报关于整个施工项目进度执行情况的项目概要及进度报告； (2)向项目经理、企业业务部门上报关于单位工程或项目分区进度执行情况的项目概要管理级进度报告； (3)就某个重点部位或重点问题的检查结果应编制业务管理及进度报告，为项目管理者及各业务部门提供参考。 施工项目进度控制报告的基本内容有： (1)对施工进度执行情况做综合描述：检查期的起止时间、当地气象及晴雨天数统计、计划目标及实际进度、检查期内施工现场主要大事记； (2)项目实施、管理、进度概况的总说明：施工进度、形象进度及简要说明，施工图纸提供进度，材料、物资、构配件供应进度，劳务记录及预测，日历计划，对建设单位和施工者的工程变更指令、价格调整、索赔及工程款收支情况，停水、停电、事故发生及处理情况，实际进度与计划目标相比较的偏差状况及其原因分析，解决问题措施，计划调整意见等

任务8.3　施工项目进度计划执行情况对比分析

施工项目进度计划的执行情况对比分析是将施工项目实际进度与计划进度对比，计算出计划的完成程度与存在的差距，也可结合与计划表达方式一致的图表进行图解分析。其对比分析方法介绍如下。

8.3.1　计算对比法

8.3.1.1　单一施工过程（一个分项工程）进度计划的完成情况

1. 匀速施工情况

匀速施工是指每天完成的工程量是相同的。这时施工的时间进度和工程量进度是一致的。检查施工项目进度计划完成的计算分析公式是：

$$Y(\text{施工项目进度计划完成程度},\%) = \frac{\text{到检查日止实际施工时间(d)}}{\text{到检查日止计划施工时间(d)}} = \frac{\text{到检查日止累计实际完成工程量}}{\text{到检查日止累计计划完成工程量}} \tag{8-1}$$

若式(8-1)中的分子－分母,即实际－计划得累计完成工程量为 ΔQ、施工进度时间为 Δt,则判别关系见表 8-8。

表 8-8 Y、ΔQ、Δt 判别关系

项目	未完成计划	刚好完成计划	超额完成计划
$Y(\%)$	<100	100	>100
ΔQ	<0,拖欠工程量	0,按量完成	>0,超额工程量
Δt	<0,拖后时间	0,按时完成	>0,超前时间

2. 变速施工情况

变速施工是指每天的计划施工速度不同,或者是实际施工速度与计划施工速度不同。这时应检查施工以来累计工程量进度完成情况,其计算公式是:

Y(累计工程量进度计划完成程度,%)

$$=\frac{\text{到检查日止实际累计完成工程量}}{\text{到检查日止计划累计完成工程量}}$$

$$=\frac{\text{到检查日止实际工程量累计完成百分比}(\%)}{\text{到检查日止计划工程量累计完成百分比}(\%)} \qquad (8\text{-}2)$$

若式(8-2)的分子－分母,即实际－计划得累计完成工程量为 ΔQ、施工进度时间为 Δt,则判别关系见表 8-9。

表 8-9

项目	未完成计划	刚好完成计划	超额完成计划
$Y(\%)$	<100	100	>100
ΔQ	<0,拖欠工程量	0,按量完成	>0,超额工程量
Δt	>0,拖后时间	0,按时完成	<0,超前时间

8.3.1.2 多项施工过程(多工种、多分部(分项)工程)进度计划的综合完成情况

多项施工过程的工程量性质不同,不能相加,可用施工产值或消耗的劳动时间工日进行综合比较,其计算公式为

Y_1(多项施工过程施工进度(累计产值)计划完成程度,%)

$$=\frac{\sum(\text{到检查日止各项施工实际完成工程量}\times\text{预算单价})}{\sum(\text{到检查日止各项施工计划完成工程量}\times\text{预算单价})}$$

$$=\text{到检查日止用预算单价计算的}\left(\frac{\text{实际完成产值}}{\text{计划完成产值}}\right) \qquad (8\text{-}3)$$

Y_2(多项施工过程施工进度(累计工日)计划完成程度,%)

$$=\frac{\sum(\text{到检查日止各项施工实际完成工程量}\times\text{工日定额})}{\sum(\text{到检查日止各项施工计划完成工程量}\times\text{工日定额})}$$

$$=\text{到检查日止各项施工累计完成的}\left(\frac{\text{实际定额工日数}}{\text{计划定额工日数}}\right) \qquad (8\text{-}4)$$

则 Y_1、Y_2 判别关系见表 8-10。

表 8-10 Y_1、Y_2 判别关系

项目	未完成计划	刚好完成计划	超额完成计划
Y_1(%)	<100	100	>100
Y_2(%)	<100	100	>100

此法亦可用于单位工程、单项工程和建设项目的计划完成情况的对比分析。

8.3.2 图形对比法

8.3.2.1 图形对比法的选择

图形对比法是在表示计划进度的图形上，标注出实际进度，根据两个进度之间的相对位置差距或形态差异，对进度计划的完成情况做出判断和预测的方法。它具有形象直观的优点。

由于施工过程包含的施工作业工作多样、复杂，因而施工进度的图形表达方式有很多种，主要分为单比例横道图法、垂直进度图法、双比例单侧（双侧）横道图法、S 形曲线比较法、香蕉形曲线比较法、网络图切割线法、网络图前锋线法、列表比较法、模型图检查法等。一般是根据施工的特点和检查要求来选择适当的方法，详见表 8-11。

表 8-11 施工进度图形对比法的特点及选择

检查对象	特点	宜采用的方法
分项工程匀速施工 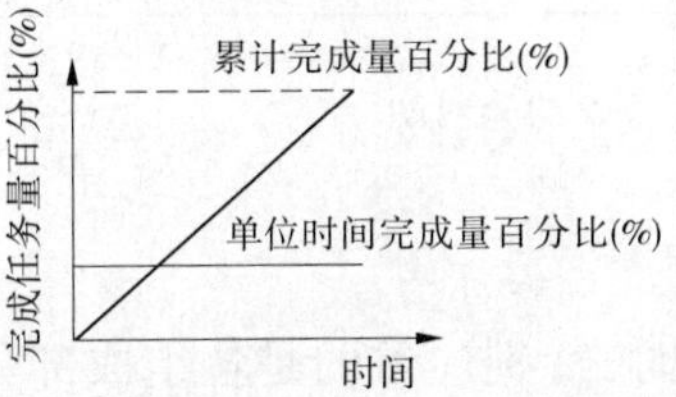 	施工速度是一条水平直线，即每天完成量相等； 施工时间与累计完成施工任务量(%)是线性关系，其斜率即为施工速度 施工时间长度与累计完成施工任务量(%)同步增长； 检查施工时间(天数)也就等于检查了累计完成施工任务量(%)； 利用实际与计划天数比例可换算累计完成施工任务量(%)	单比例横道图法 垂直进度图法 网络图前锋线法
分项工程变速施工 或多项工程综合进度 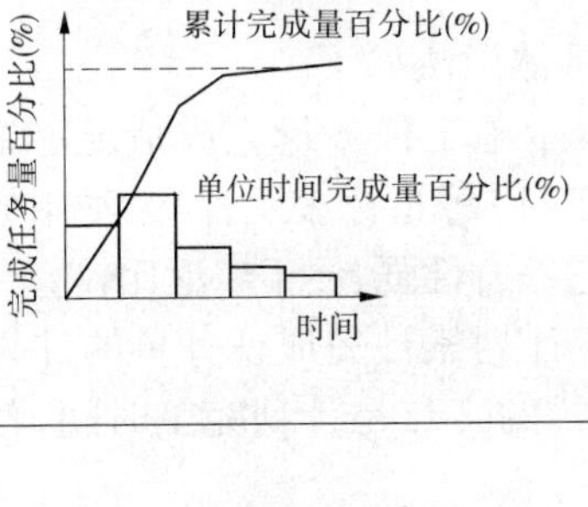 	施工速度是不同高度的水平线段，即每天完成任务量不等； 施工时间与累计完成施工任务量(%)是曲线(折线)关系，其各点斜率即为施工速度； 检查时，应同时标注和检查施工时间(天数)和累计完成施工任务量(%)的执行情况	双比例单侧横道图法 双比例双侧横道图法 S 形曲线比较法 香蕉形曲线比较法
对单位(项)工程进度 进行全局性检查	包含多项工作，须明确各工作之间的逻辑关系； 重点检查关键工作、关键线路； 预测对后续工作和总工期的影响； 对计划的调整提供建议； 仅检查进度目标工期实现情况	网络图前锋线法 列表比较法 模型图检查法 单比例横道图法

8.3.2.2 单比例横道图法

对分项工程检查时,匀速施工条件下,时间进度与完成工程量进度一致,仅按时间进度标注、检查即可。具体做法是:将检查结果得到的实际进度(施工时间)用另一种颜色(或标记)标注在相应的施工项目计划进度横道图上。如果实际施工速度与计划速度不同,则应将实际完成施工任务量按计划速度换算为施工时间(天数)标注。将到检查日止的实际进度线与计划进度线的长度进行比较,二者之差为时间进度差 Δt。$\Delta t=0$,为按期完成;$\Delta t>0$,为提前时间;$\Delta t<0$,为拖期时间。

如图 8-4 所示,在第 10 d 检查时,A 工程按期完成计划;B 工程进度落后 2 d;C 工程因早开工 1 d,实际进度提前了 1 d。

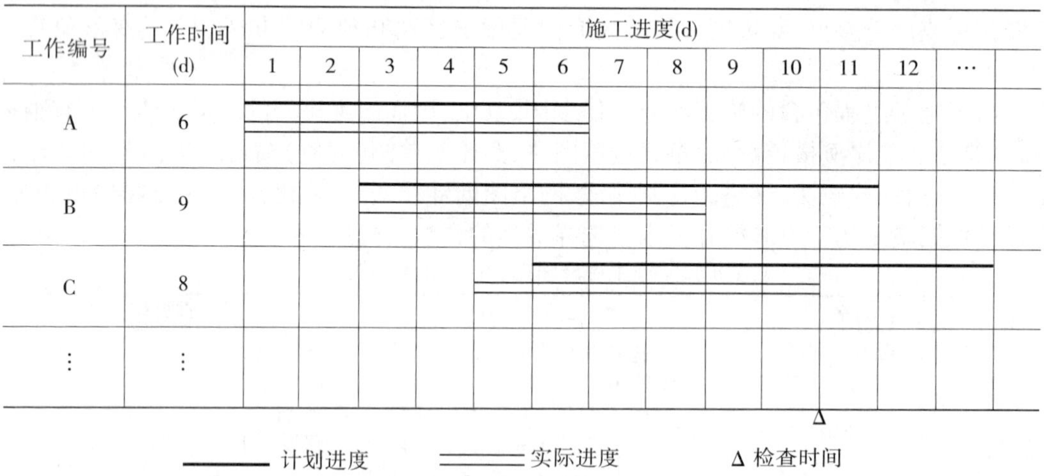

图 8-4 单比例横道图法

当进行单位(项)工程或整个项目的施工进度计划检查时,特别注重的是各组成部分的工期目标(完工或交工时间)是否实现,而不计较具体的施工速度时,也可采用单比例横道图法。

8.3.2.3 垂直进度图法

垂直进度图法适用于多项匀速施工作业的进度检查。具体做法如下:

(1)建立直角坐标系,其横轴 t 表示进度时间、纵轴 Y 表示施工任务量完成情况。施工任务量进度可用实物工程量、施工产值、消耗的劳动时间(工日)等指标表示,但最常用的指标是由前述几个指标计算的完成任务量百分比(%),因为它综合性强、便于广泛比较。

(2)在图中绘制出表示每个工程的计划进度时间和相应计划累计完成任务量的计划线。计划线与横轴的交点表示计划开始时间,与 100% 水平线的交点是计划完工时间,各计划线的斜率表示每个工程的施工速度。

(3)对进度计划执行情况检查,将在检查日已完成的施工任务标注在相应计划线的一侧,然后可按纵、横两个坐标方向进行完成任务量(进度百分比,%)和工期进度的比较分析,在图 8-5 中,A、B、C、D、E、F 等 6 项工程的总工期为 90 d,在第 50 天检查时 A、B 工程已完成;D 工程完成了 60%,符合进度按计划要求;C 工程按计划应全部完成,但实际完成了 80%,相当于第 40 天的计划任务,故拖期了 10 d。

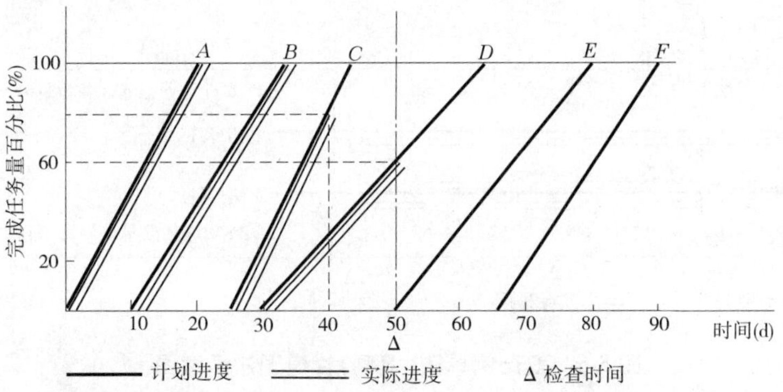

图 8-5 垂直进度图法示意图

运用垂直进度图法检查进度，可在纵坐标上直接查到实际的数量进度，不必用时间进度去换算，在实际施工速度与计划施工速度不同时，尤为方便、快捷。

8.3.2.4 双比例单侧(双侧)横道图法

双比例单侧(双侧)横道图法用于检查变速施工进度或多项施工的综合进度。变速施工或多项施工条件下，单位时间完成的施工任务量不同，且不能简单相加，时间进度与数量进度不一致，因而应对时间坐标及计划和实际两个进度的累计完成百分比同时标注检查，才能准确地反映施工进度完成情况。具体做法如下：

(1)在计划横道图上方平行绘制出标注有时间及对应的累计计划完成任务量(进度百分比,%)的横坐标。

(2)检查后，用明显标识将自开工日(或上一检查日)起到检查日止的实际施工时间标注在计划横道图的一侧。

(3)在计划横道图下方平行标注出检查结果，即绘制出自开工日起到检查日止的实际累计完成任务量(进度百分比,%)的横坐标，于是就得到了双比例单侧横道图。

(4)如果将每次检查的实际施工时间交替标注在计划横道图的上下两侧，得到的是双比例双侧横道图。双侧标注可以提供各段检查期间的施工进度情况等更多信息。

(5)观察同一时间的计划与实际累计完成任务量(进度百分比,%)的差距，进行进度比较。

如图 8-6 中，该项施工工期为 8 个月。7 月末计划应完成计划任务量的 90%，但实际只完成了计划任务量的 80%，与 6 月末的计划要求相同，故拖延工期 1 个月；进度计划的完成任务量为 89%(80%/90%)，少完成了 10 个百分点(80% -90%)。

若该项工程每月末检查一次，其结果按双侧标注，将得到更多信息：前两个月尚能完成计划任务量，从第 3 个月开始都没有完成计划任务量。因而，及早检查发现，采取措施是必要的。

8.3.2.5 S 形曲线比较法

S 形曲线比较法适用于变速施工作业或多项工程的综合进度检查。具体做法如下：

(1)建立直角坐标系，其横轴 t 表示进度时间、纵轴 Y 表示施工任务的累计完成任务量百分比(%)。

(2)在直角坐标系中绘制出表示计划进度时间和相应计划累计完成任务量的计划线。因为是变速施工，所以计划线是曲线形态，若施工速度(单位时间完成工程任务)是

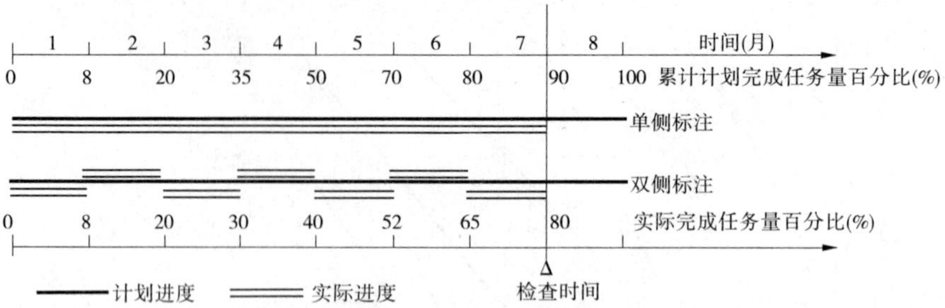

图 8-6 双比例单侧(双侧)横道图法示意图

先快后慢,则计划线呈抛物线形态;若施工速度是先慢后快,则计划线呈指数曲线形态;若施工速度是快慢相间,则计划线呈上升波浪线形态;若施工速度是中期快首尾慢,则计划线呈S形曲线形态,见表8-12。其中,S形曲线形态居多,故而得名。计划线上各点切线的斜率表示即时施工速度。

表 8-12 施工速度与累计完成任务量的关系

施工速度与时间关系	累计完成任务量与时间关系

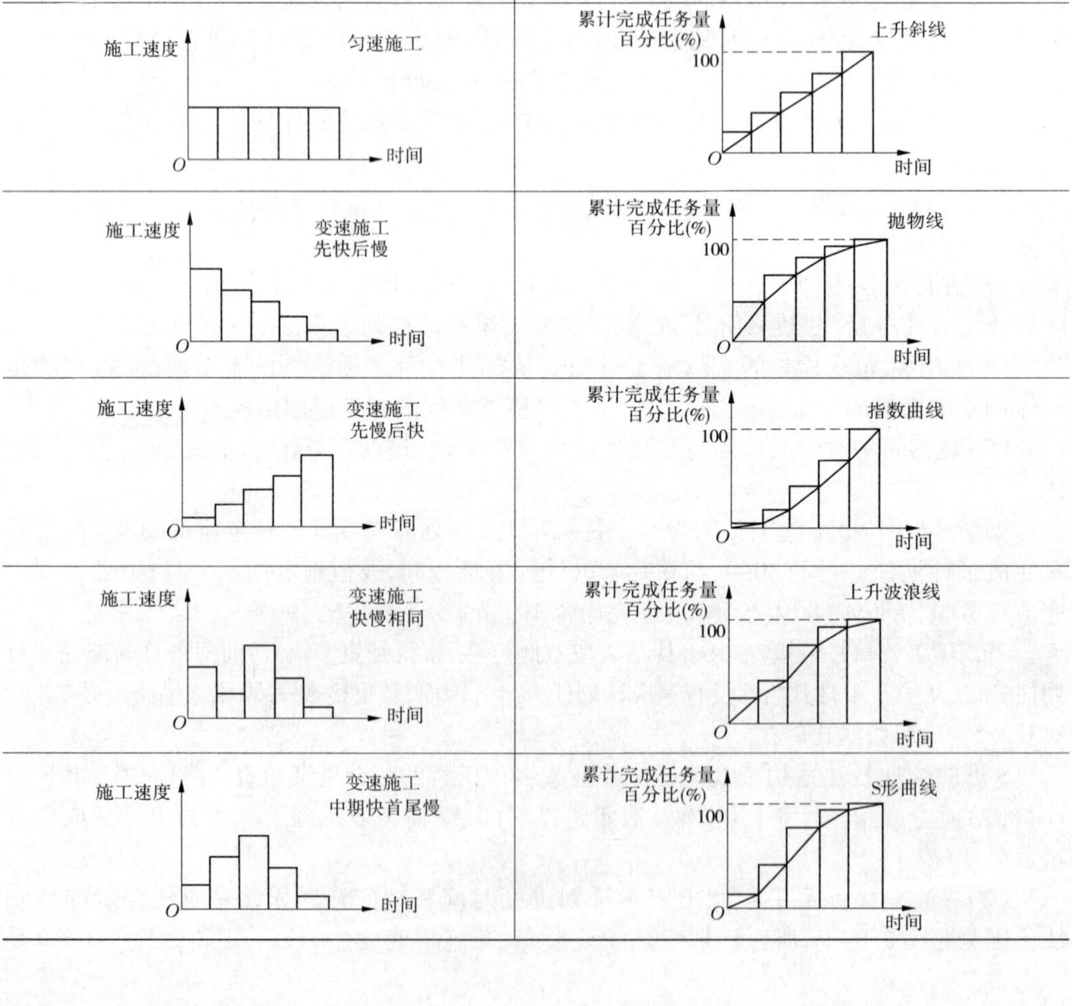

(3)对进度计划执行情况检查,并在图上标注出每次检查的实际进度点,将各点连接成实际进度线,然后可按纵、横两个坐标方向进行累计完成任务量(进度百分比,%)和工期进度的比较分析,具体判别关系如表8-13所示。

表8-13 S形曲线比较判别关系

纵向(数量)比较	同一时间内实际完成与计划完成任务量(进度百分比,%)Q 相比较		
实际点位于S形曲线	上方	重合	下方
ΔQ	>0	0	<0
进度计划执行情况	超额完成	刚好完成	未完成
横向(时间)比较	完成相同工作任务量(进度百分比,%)实际所用时间与计划需要时间 t 相比较		
实际点位于S形曲线	左侧	重合	右侧
Δt	<0	0	>0
进度计划执行情况	工期提前	按期完成	工期拖延

在图8-7中,计划工期为90 d,第40天检查时,实际进度点 a 落在了计划线的上方左侧,从纵向比较看,实际完成任务量的30%,与同期计划比,$\Delta Q_a \approx 30\% - 20\% = 10\%$,即多完成10个百分点;从横向比较看,相当于完成了第50天的计划任务量,$\Delta t_a = 40 - 50 = -10$(d),故工期提前了10 d。第70天检查时,实际进度点 b 落在了计划线的下方右侧,从纵向比较看,实际完成任务量的60%,与同期计划比,$\Delta Q_b = 60\% - 80\% = -20\%$,即少完成20个百分点;从横向比较看,相当于完成了第60天的计划任务量,$\Delta t_b \approx 70 - 60 = 10$(d),故工期拖延了10 d。若继续保持当前速度施工(施工进度呈直线),预计总工期有可能拖后 $\Delta t_c = 10$ d。

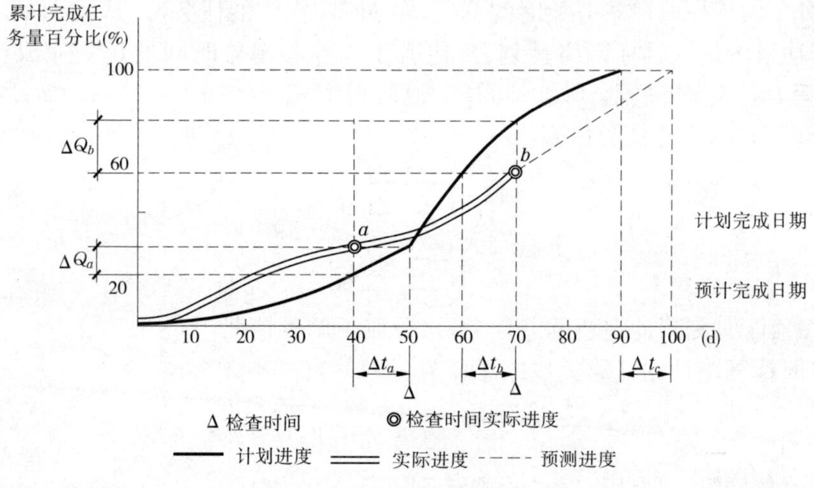

图8-7 S形曲线比较法示意图

8.3.2.6 香蕉形曲线比较法

1. 香蕉形曲线的特征

香蕉形曲线是两条S形曲线组合成的闭合图形。如前所述，工程项目的计划时间和累计完成任务量之间的关系都可用一条S形曲线表示。在工程项目的网络计划中，各项工作一般可分为最早开始时间和最迟开始时间，于是根据各项工作的计划最早开始时间安排进度，就可绘制出一条S形曲线，称为ES曲线，而根据各项工作的计划最迟开始时间安排进度，绘制出的S形曲线，称为LS曲线。这两条曲线都是起始于计划开始时刻，终止于计划完成之时，因而图形是闭合的；一般情况下，在其余时刻，ES曲线上各点均应在LS曲线的左侧，其图形如图8-8所示，形似香蕉，因而得名。

因为在项目的进度控制中，除开始点和结束点外，香蕉形曲线的ES和LS上的点不会重合，即同一时刻两条曲线所对应的计划完成量形成了一个允许实际进度变动的弹性区间，只要实际进度曲线落在这个弹性区间内，就表示项目进度是控制在合理范围内的。在实践中，每次进度检查后，将实际点标注于图上，并连成实际进度线，便可以对工程实际进度与计划进度进行比较分析，对后续工作进度做出预测和相应安排。

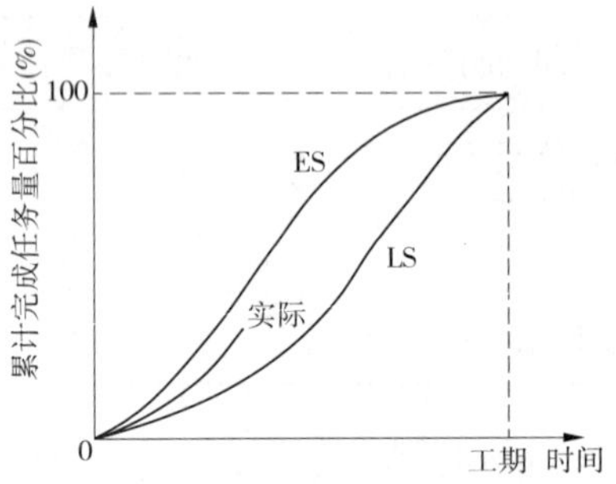

图8-8 香蕉形曲线比较法示意图

2. 香蕉形曲线的绘制

(1)以工程项目的网络计划为基础，确定该工程项目的工作数目 n 和计划检查次数 m，并计算时间参数 ES_i、LS_i($i=1$、2、…、n)。

(2)确定各项工作在不同时间的计划完成任务量，分为以下两种情况：

按工程项目的最早时标网络计划，确定各工作在各单位时间的计划完成任务量，用 q_{ij}^{ES} 表示，即第 i 项工作按最早开始时间开工，第 j 时间完成的任务量($1 \leqslant i \leqslant n, 1 \leqslant j \leqslant m$)；

按工程项目的最迟时标网络计划，确定各工作在各单位时间的计划完成任务量，用 q_{ij}^{LS} 表示，即第 i 项工作按最迟开始时间开工，第 j 时间完成的任务量($1 \leqslant i \leqslant n, 1 \leqslant j \leqslant m$)。

(3)计算工程项目总任务量 Q。

$$Q = \sum_{i=1}^{n} \sum_{j=1}^{m} q_{ij}^{ES} \tag{8-5}$$

或

$$Q = \sum_{i=1}^{n} \sum_{j=1}^{m} q_{ij}^{LS} \tag{8-6}$$

(4)计算到 j 时刻累计完成的总任务量，分以下两种情况：

按最早时标网络计划计算完成的总任务量 Q_j^{ES} 为

$$Q_j^{ES} = \sum_{i=1}^{n} \sum_{j=1}^{m} q_{ij}^{ES} \quad (1 \leqslant i \leqslant n, 1 \leqslant j \leqslant m) \tag{8-7}$$

按最迟时标网络计划计算完成的总任务量 Q_j^{LS} 为

$$Q_j^{LS} = \sum_{i=1}^{n} \sum_{j=1}^{m} q_{ij}^{LS} \quad (1 \leqslant i \leqslant n, 1 \leqslant j \leqslant m) \tag{8-8}$$

(5)计算到 j 时刻累计完成项目总任务量百分比,分以下两种情况:

按最早时标网络计划计算完成的总任务量百分比 μ_j^{ES} 为

$$\mu_j^{ES} = \frac{Q_j^{ES}}{Q} \times 100\% \tag{8-9}$$

按最迟时标网络计划计算完成的总任务量百分比 μ_j^{LS} 为

$$\mu_j^{LS} = \frac{Q_j^{LS}}{Q} \times 100\% \tag{8-10}$$

(6)绘制香蕉形曲线。按 $\mu_j^{ES}(j=1、2、\cdots、m)$ 描绘各点,并连接各点得 ES 曲线;按 $\mu_j^{LS}(j=1、2、\cdots、m)$ 描绘各点,并连接各点得 LS 曲线。由 ES 曲线和 LS 曲线组成香蕉形曲线。在项目实施过程中,按同样的方法,将每次检查的各项工作实际完成的任务量代入式(8-9)、式(8-10),计算出不同时间实际完成任务量的百分比,并在香蕉形曲线的平面内绘出实际进度曲线,便可以进行实际进度与计划进度的比较。

【例 8-1】 已知某工程项目网络计划如图 8-9 所示,有关网络计划时间参数见表 8-14,完成任务量以劳动量消耗数量表示,见表 8-15,试绘制香蕉形曲线。

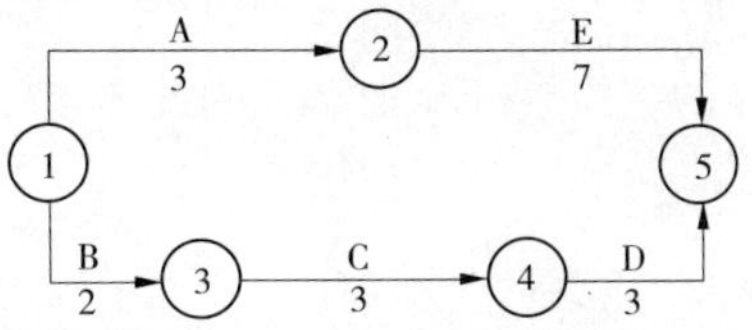

图 8-9　某施工项目网络计划

表 8-14　网络计划时间参数

t	工作编号	工作名称	D_i(d)	ES_i	LS_i
1	1—2	A	3	0	0
2	1—3	B	2	0	2
3	8—4	C	3	2	4
4	4—5	D	3	5	7
5	2—5	E	7	3	3

表 8-15　劳动量消耗数量

q_{ij}(工日)		q_{ij}^{ES}										q_{ij}^{LS}									
j(d)		1	2	3	4	5	6	7	8	9	10	1	2	3	4	5	6	7	8	9	10
i	1	3	3	3								3	3	3							
	2	3	3											3	3						
	3			3	3	3										3	3	3			
	4						2	2	1										2	2	1
	5				3	3	3	3	3	3	3				3	3	3	3	3	3	3

解：施工项目工作数 $n=5$，计划每天检查一次 $m=10$

（1）计算工程项目的总劳动消耗量 Q：

$$Q = \sum_{i=1}^{5}\sum_{j=1}^{10} q_{ij}^{ES} = 50$$

（2）计算到 j 时刻累计完成的总任务量 Q_j^{ES} 和 Q_j^{LS}，见表 8-15。

（3）计算到 j 时刻累计完成的总任务量百分比 μ_j^{ES}、μ_j^{LS}，见表 8-16。

表 8-16 完成的总任务量及其百分比

j(d)	1	2	3	4	5	6	7	8	9	10
Q_j^{ES}（工日）	6	12	18	24	30	35	40	44	47	50
Q_j^{LS}（工日）	3	6	12	18	24	30	36	41	46	50
μ_j^{ES}（%）	12	24	36	48	60	70	80	88	94	100
μ_j^{LS}（%）	6	12	24	36	48	60	72	82	92	100

（4）根据 μ_j^{ES}、μ_j^{LS} 及其相应的 j 绘制 ES 曲线和 LS 曲线，得香蕉形曲线，如图 8-10 所示。

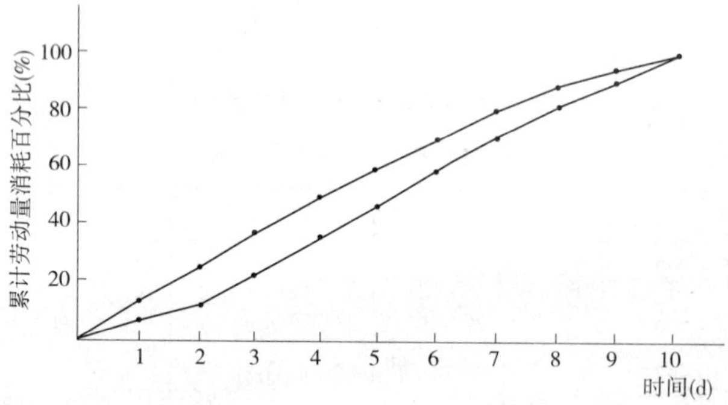

图 8-10 香蕉形曲线

8.3.2.7 **网络图切割线法**

在网络图上作切割线（常用点划线表示）表示检查日的实际进度，并在[ ]内标注出检查日之后完成各项工作尚需要的施工天数，再与计划相比较。如图 8-11 所示，在第 14 d 检查时，A 工作已完成，D 工作尚需 2 d 才能完成，而按计划还有 2 d(16－14)可以施工，不致影响进度，B 工作还有 3 d 的任务量，但作业时间仅剩 2 d，而且 B 工作是关键工作，其拖延 1 d 工期将对总工期造成影响。

8.3.2.8 **网络图前锋线法**

网络图前锋线法是利用时标网络计划图检查和判定工程进度实施情况的方法。其具体做法如下：

（1）将一般网络计划图变换为时标网络计划图，并在图的上下方绘制出时间坐标，使各工作箭线长度与所需工作时间一致，即将图 8-12 形式变换为图 8-13 形式。

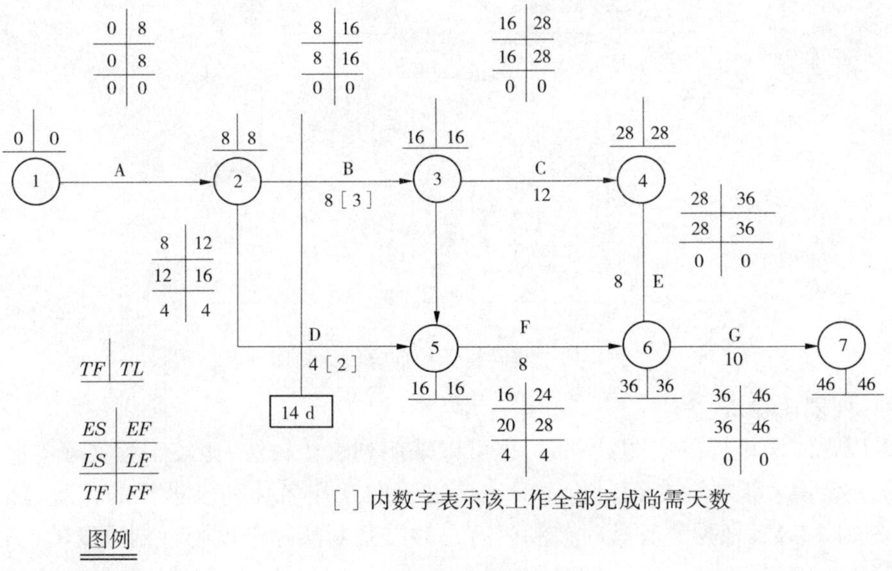

图8-11 网络图切割线法示意图

(2)在时标网络计划图上标注出检查日的各工作箭线实际进度点,并将上下方的检查日点与实际进度点依次连接,即得到一条实际进度前锋线(一般为折线)。

(3)前锋线的左侧为已完施工,右侧为尚需工作时间。

(4)其判别关系是工作箭线的实际进度点与检查日点重合,说明该工作按时完成计划任务量;若实际进度点在检查日点左侧,表示该工作未完成计划任务量,其长度的差距为拖后时间;若实际进度点在检查日点右侧,表示该工作超额完成计划任务量,其长度的差距为提前时间。

【例8-2】 已知网络计划如图8-12所示,在第5天检查时,发现工作A已完成,工作B已进行1 d,工作C已进行2 d,工作D尚未开始。试用网络图前锋线法进行实际进度与计划进度比较。

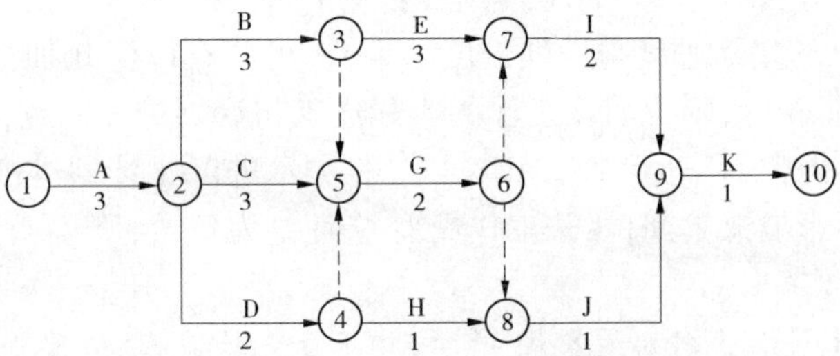

图8-12 某网络计划图

解:(1)按已知网络计划图绘制时标网络计划图,如图8-13所示。

(2)按第5天检查实际进度情况绘制前锋线,如图8-13中点划线。

(3)实际进度与计划进度比较。从图8-13中的前锋线可以看出,工作B拖延1 d,工作C与计划一致,工作D拖延2 d。

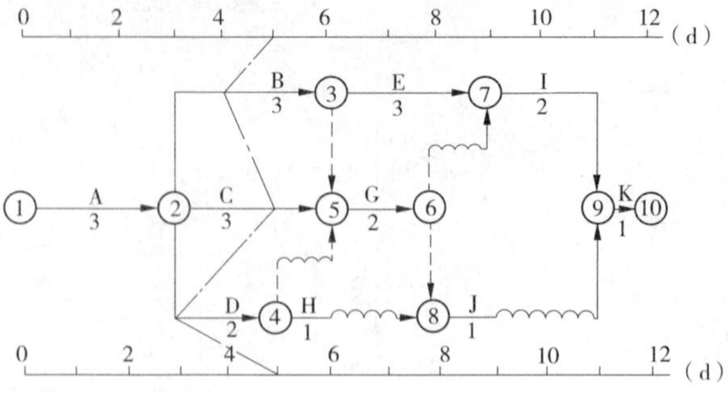

图 8-13 某网络计划前锋线比较图

8.3.2.9 列表比较法

当采用无时间坐标网络图计划时，也可以采用列表比较法，比较工程实际进度与计划进度的偏差情况。该方法是记录检查时应该进行的工作名称和已进行的天数，然后列表计算有关时间参数，根据原有总时差和尚有总时差判断实际进度与计划进度的比较方法。列表比较法步骤如下：

(1)计算检查时应该进行的工作 $i—j$ 尚需作业时间 $T_{i-j}^{②}$，其计算公式为

$$T_{i-j}^{②} = D_{i-j} - T_{i-j}^{①} \tag{8-11}$$

式中 D_{i-j}——工作 $i—j$ 的计划持续时间；

$T_{i-j}^{①}$——工作 $i—j$ 检查时已经进行的时间。

(2)计算工作 $i—j$ 检查时至最迟完成时间的尚余时间 $T_{i-j}^{③}$，其计算公式为

$$T_{i-j}^{③} = LF_{i-j} - T_2 \tag{8-12}$$

式中 LF_{i-j}——工作 $i—j$ 的最迟完成时间；

T_2——检查时间。

(3)计算工作 $i—j$ 尚有总时差 $TF_{i-j}^{①}$，其计算公式为

$$TF_{i-j}^{①} = T_{i-j}^{③} - T_{i-j}^{②} \tag{8-13}$$

(4)填表分析工作实际进度与计划进度的偏差，可能有以下几种情况：①若工作尚有总时差与原有总时差相等，则说明该工作的实际进度与计划进度一致；②若工作尚有总时差小于原有总时差，但仍为正值，则说明该工作的实际进度比计划进度拖后，产生的偏差值为二者之差，但不影响总工期；③若工作尚有总时差为负值，则说明该工作对总工期有影响。

【例 8-3】 已知网络计划如图 8-12 所示，在第 5 天检查时，发现工作 A 已完成，工作 B 已进行 1 d，工作 C 已进行 2 d，工作 D 尚未开始。试用列表比较法进行实际进度与计划进度比较。

解：(1)计算工作检查时计划应进行工作尚需作业时间 $T_{i-j}^{①}$，如工作 B：

$$T_{2-3}^{②} = D_{2-3} - T_{2-3}^{①} = 3 - 1 = 2(\text{d})$$

(2)计算工作检查时至最迟完成时间的尚余时间 $T_{i-j}^{③}$，如工作 B：

$$T_{2-3}^{③} = LF_{2-3} - T_2 = 6 - 5 = 1(\text{d})$$

(3)计算工作尚有总时差 $TF_{i-j}^{①}$,如工作B:

$$TF_{2-3}^{①} = T_{2-3}^{③} - T_{2-3}^{②} = 1 - 2 = -1(\mathrm{d})$$

其余有关工作C和D的时间数据计算方法相同,见表8-17。

(4)从表8-17中分析工作实际进度与计划进度的偏差。将有关数据填入表格的相应栏目内,并进行情况判断。

表8-17　工程进度检查比较

工作代号	工作名称	检查计划时尚需作业天数 $T_{i-j}^{②}$	到计划最迟完成时尚余天数 $T_{i-j}^{③}$	原有总时差 TF_{i-j}	尚有总时差 $TF_{i-j}^{①}$	情况判断
2—3	B	2	1	0	-1	影响工期1 d
2—5	C	1	2	1	1	正常
2—4	D	2	2	2	0	拖后

8.3.2.10　模型图检查法

模型图检查法常用于监测高层建筑的施工进度。图8-14为一高层建筑施工进度模型检查示意图,竖向表示由基础到楼顶的各层施工作业面,横向依次表示各作业面上的施工过程,当施工内容大致相同时,应按最多的施工过程列项,某层没有该内容时,可越过不填;当施工内容相差很大时,可以分段(如基础、地上一层、标准层、设备层、屋面等)标注。表示进度的要素依施工项目进度控制的要求而定,一般包括计划和实际的开始时间、结束时间和工作持续时间。在整个施工过程中,按施工流向从左至右、由下而上依次标注出施工进度的完成情况,并将提前完成、按期完成和拖期完成部分用不同颜色区别开来。这是

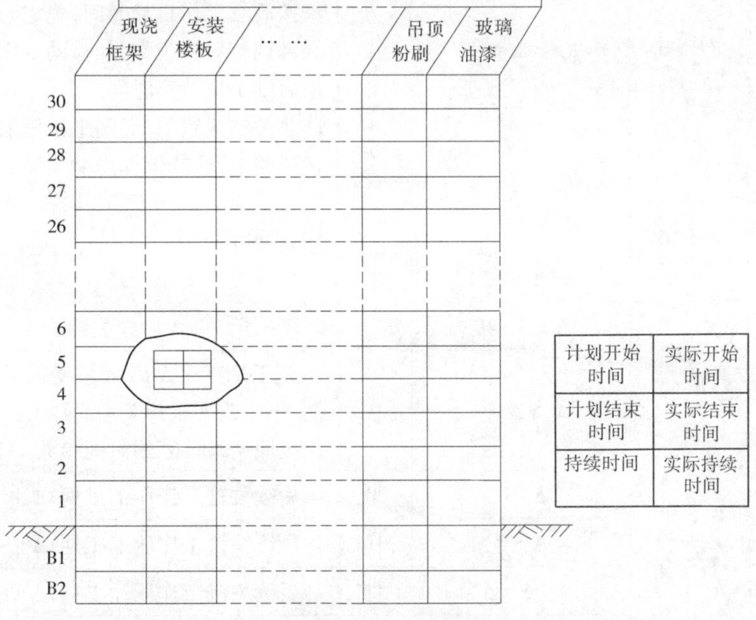

图8-14　高层建筑施工进度模型检查示意图

一种用施工的形象进度结合时间要素综合反映施工进度的方法，形象直观，逻辑关系表达清楚，可检查、比较、分析，实现不同专业工种或分包单位施工的协调。

任务 8.4　施工项目进度计划的调整与总结

施工项目进度计划的调整应依据施工进度计划检查结果，在进度计划执行发生偏离的时候，通过对施工内容、工程量、起止时间、资源供应的调整，或通过局部改变施工顺序，重新确认作业过程相互协作方式等工作关系进行的调整，更充分利用施工的时间和空间进行合理交叉衔接，并编制调整后的施工项目进度计划，以保证施工总目标的实现。

8.4.1　施工项目进度检查结果的处理意见

通过检查发现施工进度发生偏差 Δ 后，可利用网络图分析偏差 Δ 所处的位置及其与总时差 TF、自由时差 FF 的对比关系，判断 Δ 对总工期和后续工作的影响，并依据施工工期要求提出处理意见，在必要时做出调整。每次检查之后都要及时调整，力争将偏差在最短期间内，在所发生的施工阶段内自行消化、平衡，以免造成太大影响。对施工项目进度检查结果的处理意见表 8-18。

表 8-18　施工项目进度检查结果的处理意见

<table>
<tr><th>工期要求</th><th colspan="2">进度偏差(Δ)分析</th><th>序号</th><th>处理意见</th></tr>
<tr><td rowspan="7">按期完工
总工期为 T</td><td colspan="2">$\Delta=0$</td><td>①</td><td>执行原计划</td></tr>
<tr><td rowspan="4">$TF>0$</td><td>$\Delta<0$</td><td>②</td><td rowspan="2">不需调整</td></tr>
<tr><td>$0<\Delta\leqslant FF$</td><td>③</td></tr>
<tr><td>$FF<\Delta\leqslant TF$</td><td>④</td><td>按后续工作机动时间，确定允许拖延时间，局部调整后续工作，如移动工作起止时间、压缩后续工作持续时间</td></tr>
<tr><td>$\Delta>TF$</td><td>⑤</td><td>非关键线路上，后续工作压缩工期，同④关键线路上，后续工作压缩工期 $\Delta-TF$</td></tr>
<tr><td rowspan="2">$TF=0$</td><td>$\Delta<0$</td><td>⑥</td><td>将提前的 Δ 分配给耗资大的后续关键工作，以降低成本</td></tr>
<tr><td>$\Delta>0$</td><td>⑦</td><td>后续关键工作压缩 Δ</td></tr>
<tr><td rowspan="2">允许工期
延长 Δ'</td><td rowspan="2">$TF=0$</td><td>$\Delta>\Delta'>0$</td><td>⑧</td><td>新工期 $T+\Delta$ 后续关键工作压缩 $\Delta—\Delta'$</td></tr>
<tr><td>$\Delta'>\Delta>0$</td><td>⑨</td><td>新工期 $T+\Delta$ 后续关键工作不必压缩工期、不必改变工作关系，只需按实际进度数据修改原网络计划的时间参数</td></tr>
<tr><td rowspan="4">工期提前 Δ'
新工期 $T-|\Delta'|$</td><td rowspan="4">$TF=0$</td><td>$\Delta=0$</td><td>⑩</td><td>后续关键工作压缩工期 $|\Delta'|$</td></tr>
<tr><td>$\Delta>0$</td><td>⑪</td><td>后续关键工作压缩工期 $|\Delta'|+\Delta$</td></tr>
<tr><td>$0>\Delta>\Delta'$</td><td>⑫</td><td>后续关键工作压缩工期 $|\Delta'|-|\Delta|$</td></tr>
<tr><td>$0>\Delta=\Delta'$</td><td>⑬</td><td>同⑨</td></tr>
</table>

注：表中 Δ 为工期偏差，$\Delta=$ 实际进度工期 − 计划进度工期。工期提前 $\Delta<0$，工期拖后 $\Delta>0$。

8.4.2　施工项目进度计划的调整

8.4.2.1　压缩后续工作持续时间

在原网络计划的基础上，不改变工作间的逻辑关系，而是采取必要的组织措施、技术措施和经济措施，压缩后续工作的持续时间，以弥补前面工作产生的负时差。一般是根据工期—费用优化的原理进行调整。具体做法如下：

(1)研究后续各工作持续时间压缩的可能性及其极限工作持续时间。

(2)确定由于计划调整采取必要措施，而引起的各工作的费用变化率。

(3)选择直接引起拖期的工作及紧后工作优先压缩，以免拖期影响扩大。

(4)选择费用变化率最小的工作优先压缩，以求花费最小代价，满足既定工期要求。

(5)综合考虑(3)、(4)，确定新的调整计划。具体调整示例见图8-15。

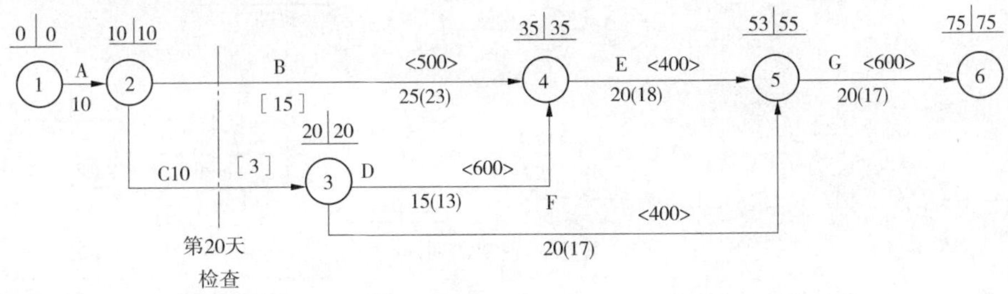

注：(　)内：极限工作时间　　(　)外：计划工作时间

[　]内：尚需工作时间　　< >：费用变化率

图8-15　计划进度调整示例(一)

图8-15中，第20天检查时，A工作已完成；B工作进度在正常范围内；C工作尚有3 d才能完成，拖期3 d，将影响总工期。若保持总工期75 d不变，需在后续关键工作中压缩工期3 d，有多种方案可供选择，考虑到若在D工作中能尽量压缩工期，以减少D工作拖期造成的损失，最后选择的压缩途径是：

D缩短2 d，E缩短1 d，调整工期造成多花费用为：$600 \times 2 + 400 \times 1 = 1\ 600$(元)。

8.4.2.2　改变施工活动的逻辑关系及搭接关系

缩短工期的另一个途径是通过改变关键线路上各工作间的逻辑关系、搭接关系和平行流水途径来实现，而施工活动持续时间并不改变，如图8-16所示。对于大型群体工程项目，单位工程间的相互制约相对较小，可调幅度较大；对于单位工程内部，由于施工顺序和逻辑关系约束较大，可调幅度较小。

当施工进度拖期太长，某一种方式的可调幅度都不能满足工期目标要求时，可以同时采用上述两种方法进行进度计划调整。

8.4.2.3　资源供应的调整

对于因资源供应发生异常而引起的进度计划执行问题，应采用资源优化方法对计划进行调整，或采取应急措施，使其对工期影响最小。

8.4.2.4　增减施工内容

增减施工内容应做到不打乱原计划的逻辑关系，只对局部逻辑关系进行调整。在增

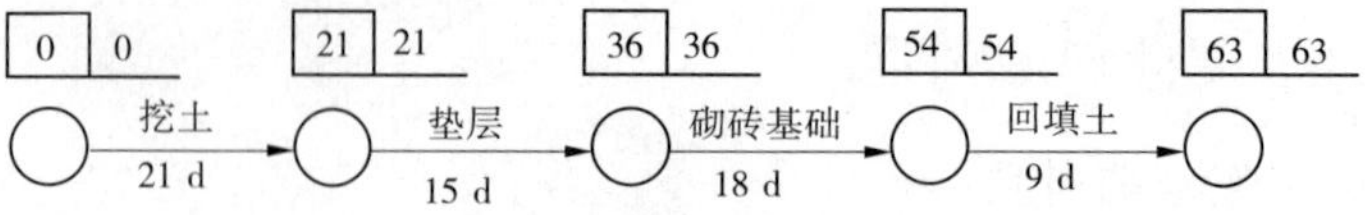

（a）原进度计划

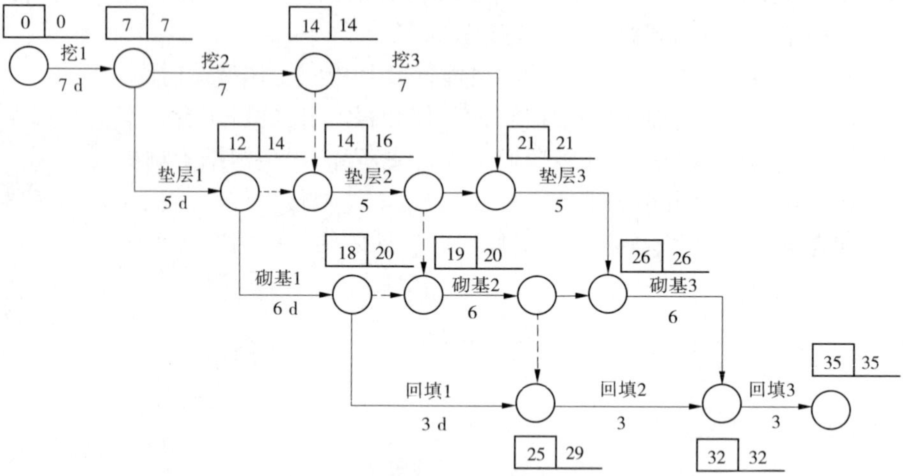

（b）调整后进度计划

图 8-16　计划进度调整示例(二)

减施工内容以后,应重新计算时间参数,分析对原网络计划的影响。当对工期有影响时,应采取调整措施,保证计划工期不变。

8.4.2.5　增减工程量

增减工程量主要是指改变施工方案、施工方法,从而导致工程量的增加或减少。

8.4.2.6　起止时间的改变

起止时间的改变应在相应的工作时差范围内进行,如延长或缩短工作的持续时间,或将工作在最早开始时间和最迟完成时间范围内移动。每次调整必须重新计算时间参数,观察该项调整对整个施工计划的影响。

8.4.3　施工项目进度控制总结

项目经理部应在施工项目进度计划完成后,及时进行施工进度控制总结,为进度控制提供反馈信息。

总结依据的资料有:

(1)施工项目进度计划。

(2)施工项目进度计划执行的实际记录。

(3)施工项目进度计划的检查结果。

(4)施工项目进度计划的调整资料。

总结的主要内容有:

(1)合同工期目标和计划工期目标完成情况。

(2)施工项目进度控制的经验。

(3)施工项目进度控制中存在的问题。

(4)科学的施工项目进度计划方法的应用情况。

(5)施工项目进度控制的改进意见。

★案例分析

某工程,建设单位与施工单位按《建设工程施工合同(示范文本)》(GF—2013—0201)(简称《施工合同文本》)签订了合同,经总监理工程师批准的施工总进度计划如图8-17所示(时间单位:d),各项工作均按最早开始时间安排且匀速施工。

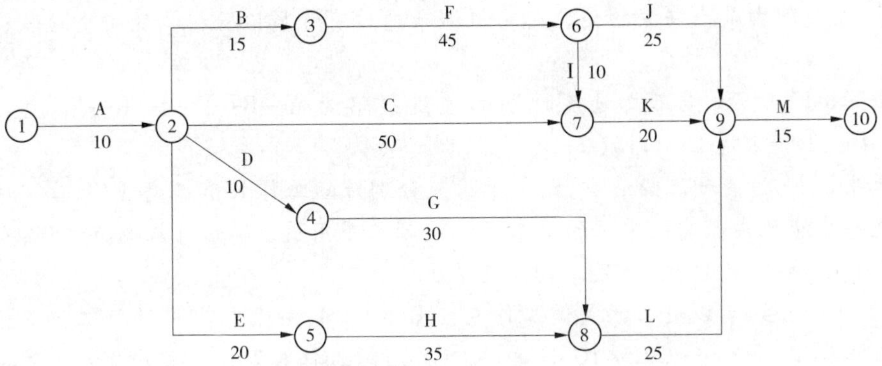

图8-17　施工总进度计划

施工过程中发生了如下事件。

事件1　合同约定开工日期前10 d,施工单位向项目监理机构递交了书面申请,请求将开工日期推迟5 d。理由是,已安装的施工起重机械未通过有资质检验机构的安全验收,需要更换主要支撑部件。

事件2　由于施工单位人员及材料组织不到位,工程开工后第33天上班时工作F才开始。为确保按合同工期竣工,施工单位决定调整施工总进度计划。经分析,各项未完成工作的赶工费率及可缩短时间见表8-19。

表8-19　工作的赶工费率及可缩短时间

工作名称	C	F	G	H	I	J	K	L	M
赶工费(万元/d)	0.7	1.2	2.2	0.5	1.5	1.8	1.0	1.0	2.0
可缩短的时间	8	6	3	5	2	5	10	6	1

事件3　施工总进度计划调整后,工作I按期开工。施工合同约定,工作I需安装的设备由建设单位采购,由于设备到货检验不合格,建设单位进行了退换。由此导致施工单位吊装机械台班费损失8万元,工作I拖延9 d。施工单位向项目监理机构提出了费用补偿和工程延期申请。

问题

1. 事件1中,项目监理机构是否应批准工程推迟开工?说明理由。

2. 指出图8-17所示施工总进度计划的关键线路和总工期。

3. 事件2中，为使赶工费最少，施工单位应如何调整施工总进度计划（写出分析与调整过程）？赶工费总计多少万元？计划调整后工作I的总时差和自由时差为多少天？

4. 事件3中，项目监理机构是否应批准费用补偿和工程延期？分别说明理由。

答案及解析

1. 事件1中，项目监理机构应批准工程推迟开工。

理由：《建设工程施工合同（示范文本）》（GF—2013—0201）的规定，如果承包人不能按时开工，应在不迟于协议约定的开工日期前7 d以书面形式向监理工程师提出延期开工的理由和要求，本案例施工单位是在开工日前10 d提出的，在合同规定的有效期内提出了申请，而且理由是已安装的施工起重机械未通过有资质检验机构的安全验收，因此应批准。

2. 如图8-17所示，施工总进度计划的关键线路为A—B—F—I—K—M。总工期 = 10 + 15 + 45 + 10 + 20 + 15 = 115(d)。

3. 事件2中，为使赶工费最少，施工单位应分别缩短工作K和工作F的工作时间5 d和2 d，这样才能既实现建设单位的要求又能使赶工费用最少。分析与调整过程如下：

(1) 由于事件2的发生，导致工期拖延7 d。

(2) 第33天后，可以赶工的关键工作包括F、I、K、M，由于工作K的赶工费率最低，首先压缩工作K，工作K可以压缩10 d。如果直接压缩工作K 7 d，结果就改变了关键线路，关键线路变成了A—B—F—J—M，即将关键工作K变成了非关键工作。为了不使关键工作K变成非关键工作，第一次压缩工作K 5 d。

(3) 经过第一次压缩后，关键线路就变成了两条，即A—B—F—J—M和A—B—F—I—K—M。此时有四种赶工方案，见表8-20。

表8-20 赶工方案

赶工方案	赶工费率（万元/d）	可压缩时间
压缩工作F	1.2	6
同时压缩工作J和I	3.3	2
同时压缩工作J和K	2.8	5
压缩工作M	2.0	1

(4) 第二次选赶工费率最低的工作F压缩2 d，这样就可以确保按合同工期竣工。赶工费总计 = 5 × 1.0 + 2 × 1.2 = 7.4（万元）。计划调整后工作I的总时差 = 115 − 105 = 10 (d)。计划调整后工作I的自由时差 = 10 − 0 = 10(d)。

4. 事件3中，项目监理机构应批准8万元的费用补偿。

理由：建设单位采购的材料出现质量检测不合格导致的机械台班损失应由建设单位承担责任。

事件3中，项目监理机构不应批准工程延期。

理由：工作I不是关键工作，且该工作的总时差为10 d，工作1拖延9 d未超过其总时差，不会影响工期的延误。

思考题

8-1 简述施工项目进度监测的系统过程。

8-2 简述施工项目进度计划调整的系统过程。

8-3 建设工程实际进度与计划进度的比较方法有哪些？各有哪些特点？

8-4 匀速施工与非匀速施工横道图比较法的区别是什么？

8-5 通过比较实际进度S形曲线和计划进度S形曲线，可以获得哪些信息？

8-6 实际进度前锋线如何绘制？

8-7 施工进度计划的控制措施有哪些方面？各方面主要内容有哪些？

8-8 如何分析进度偏差对后续工作及总工期的影响？

8-9 施工项目进度计划的调整方法有哪些？

8-10 某实行监理的工程，施工合同采用《建设工程施工合同（示范文本）》（GF—2013—0201），合同约定：吊装机械闲置补偿费600元/台班，单独计算，不计入直接费。经项目监理机构审核批准的施工总进度计划如图8-18所示（时间单位：月）。

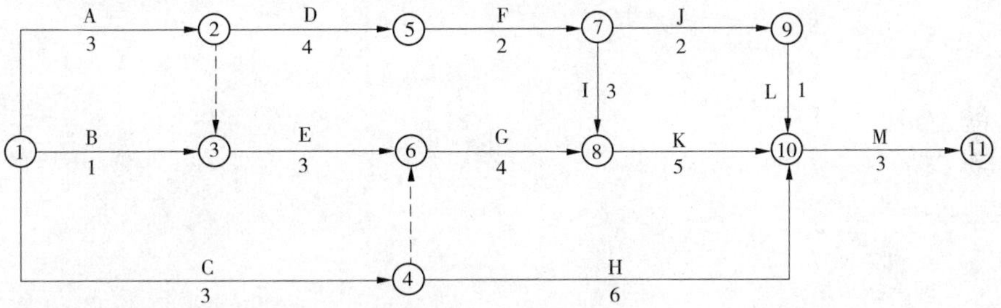

图8-18 思考题8-10图

该工程在设备基础施工和设备安装过程中出现了如下事件：

事件1 因地质勘探报告不详，出现图样中未标明的地下障碍物，处理该障碍物导致工作A持续时间延长10 d，增加人工费2万元、材料费4万元、机械费3万元。

事件2 基坑开挖时因边坡支撑失稳坍塌，造成工作B持续时间延长15 d，增加人工费1万元、材料费1万元、机械费2万元。

事件3 因不可抗力而引起施工单位的供电设施发生火灾，使工作C持续时间延长10 d，增加人工费1.5万元、其他损失费5万元。

事件4 设备安装阶段因建设单位提出工程变更，导致施工单位增加人工费4万元、材料费6万元、机械费5万元，工作E持续时间延长30 d。

事件5 因施工期间钢材涨价而增加材料费7万元。

针对上述事件，施工单位按程序向监理工程师提出了工期索赔和费用索赔。

问题

1. 按照图8-18的施工进度计划，确定该工程的关键线路和计算工期，并说明按此计划该工程是否能按合同工期要求完工？

2. 对于施工过程中发生的事件，施工单位是否可以获得工期和费用补偿？分别说明理由。

3. 施工单位可以获得的工期补偿是多少天？说明理由。

4. 施工单位租赁土方施工机械用于工作A、B，日租金为1 500元/d，则施工单位可以得到的土方租赁机械的租金补偿费用是多少？为什么？

5. 施工单位可得到的企业管理费补偿是多少？

项目9　施工项目合同管理

教学提示:本章主要介绍了施工项目合同管理概述,施工项目合同的种类和内容,施工项目合同的签订及履行以及施工索赔应用。

教学要求:通过本章的学习,要求学生具有建设工程施工合同订立的基本认识。了解建设工程施工合同框架。了解建设工程施工合同的概念及特征。理解合同组成的基本内容。重点掌握《建设工程施工合同(示范文本)》(GF—2013—0201)的基本内容及行文方式以及施工中索赔与反索赔的情况主要有哪几种。

任务9.1　施工项目合同管理概述

9.1.1　施工项目合同管理的概念、任务和内容

9.1.1.1　施工项目合同管理的概念、任务

施工项目合同管理是对工程项目施工过程中所发生的或所涉及的一切经济、技术合同的签订、履行、变更、索赔、解除、解决争议、终止与评价的全过程进行的管理工作。

施工项目合同管理的任务是根据法律、政策的要求,运用指导、组织、检查、考核、监督等手段,促使当事人依法签订合同,全面实际地履行合同,及时妥善地处理合同争议和纠纷,不失时机地进行合理索赔,预防发生违约行为,避免造成经济损失,保证合同目标顺利实现,从而提高企业的信誉和竞争能力。

9.1.1.2　施工项目合同管理的内容

(1)建立健全施工项目合同管理制度,包括合同归口管理制度,考核制度,合同用章管理制度,合同台账、统计及归档制度等。

(2)经常对合同管理人员、项目经理及有关人员进行合同法律知识教育,提高合同业务人员法律意识和专业素质。

(3)在谈判签约阶段,重点是了解对方的信誉,核实其法人资格及其他有关情况和资料;监督双方依照法律程序签订合同,避免出现无效合同、不完善合同,预防合同纠纷发生;组织配合有关部门做好施工项目合同的鉴证、公证工作,并在规定时间内送交合同管理机关等有关部门备案。

(4)在合同履约阶段,主要的日常工作是经常检查合同以及有关法规的执行情况,并进行统计分析,如统计合同份数、合同金额、纠纷次数,分析违约原因、变更和索赔情况、合

同履约率等，以便及时发现问题、解决问题；做好有关合同履行中的调解、诉讼、仲裁等工作，协调好企业与各方面、各有关单位的经济协作关系。

（5）专人整理保管合同、附件、工程洽商资料、补充协议、变更记录和与业主及其委托的监理工程师之间的来往函件等文件，随时备查；合同期满，工程竣工结算后，将全部合同文件整理归档。

9.1.2 施工项目合同的两级管理

施工项目合同管理组织一般实行企业、项目经理部两级管理。

9.1.2.1 企业的合同管理

企业设立专职合同管理部门，在企业经理授权范围内负责制定合同管理的制度、组织全企业所有施工项目的各类合同的管理工作；编写本企业施工项目分包、材料供应统一合同文本，参与重大施工项目的投标、谈判、签约工作；定期汇总合同的执行情况，向经理汇报，提出建议；负责基层上报企业的有关合同的审批、检查、监督工作，并给予必要的指导与帮助。

9.1.2.2 项目经理部的合同管理

（1）项目经理为项目总合同、分合同的直接执行者和管理者。在谈判签约阶段，预选的项目经理应参加项目合同的谈判工作，经授权的项目经理可以代表企业法人签约；项目经理还应亲自参与或组织本项目有关合同及分包合同的谈判和签署工作。

（2）项目经理部设立专门的合同管理人员，负责本部所有合同的报批、保管和归档工作；参与选择分包商工作，在项目经理授权后负责分包合同起草、洽谈，制订分包的工作程序，以及总合同变更合同的洽谈，资料的收集，定期检查合同的履约工作；负责须经企业经理签字方能生效的重大施工合同的上报审批手续等工作；监督分包商履行合同工作，以及向业主、监理工程师、分包单位发送涉及合同问题的备忘录、索赔单等文件。

任务 9.2 施工项目合同的内容

根据有关工程建设施工的法律、法规，结合我国工程建设施工的实际情况，并借鉴了国际上广泛使用的土木工程施工合同（特别是 FIDIC《土木工程施工合同条件》），国家建设部、国家工商行政管理局于 2013 年发布了《建设工程施工合同（示范文本）》（GF—2013—0201）。《施工合同文本》是各类公用建筑、民用住宅、工业厂房、交通设施及线路管道施工合同和设备安装合同的样本。

9.2.1 《施工合同文本》的组成

《施工合同文本》由合同协议书、通用合同条款、专用合同条款三部分组成，并附有 11 个附件，主要包括附件 1“承包人承揽工程项目一览表”、附件 2“发包人供应材料设备一览表”、附件 3“工程质量保修书”。

9.2.1.1 合同协议书

协议书是《施工合同文本》中总纲性的文件，主要包括工程概况、合同工期、质量标准、签约合同价和合同价格形式、项目经理、合同文件构成、承诺以及合同生效条件等重要内容,集中约定了合同当事人基本的合同权利义务。合同当事人在协议书上签字盖章后,表明合同已成立、生效,具有法律效力。

9.2.1.2 通用合同条款

通用合同条款是合同当事人根据《中华人民共和国建筑法》《中华人民共和国合同法》等法律法规的规定,就工程建设的实施及相关事项,对合同当事人的权利义务做出的原则性约定。

通用合同条款共计20条,具体条款分别为:一般约定,发包人,承包人,监理人,工程质量,安全文明施工与环境保护,工期和进度,材料与设备,试验与检验,变更,价格调整,合同价格,计量与支付,验收和工程试车,竣工结算,缺陷责任与保修,违约,不可抗力,保险,索赔,争议解决。前述条款安排既考虑了现行法律法规对工程建设的有关要求,也考虑了建设工程施工管理的特殊需要。

9.2.1.3 专用合同条款

专用合同条款是对通用合同条款原则性约定的细化、完善、补充、修改或另行约定的条款。合同当事人可以根据不同建设工程的特点及具体情况,通过双方的谈判、协商对相应的专用合同条款进行修改补充。在使用专用合同条款时,应注意以下事项:

(1)专用合同条款的编号应与相应的通用合同条款的编号一致。

(2)合同当事人可以通过对专用合同条款的修改,满足具体建设工程的特殊要求,避免直接修改通用合同条款。

(3)在专用合同条款中有横道线的地方,合同当事人可针对相应的通用合同条款进行细化、完善、补充、修改或另行约定;如无细化、完善、补充、修改或另行约定,则填写"无"或划"/"。

9.2.1.4 《施工合同文本》的附件

《施工合同文本》的附件,是对施工合同当事人的权利义务的进一步明确,并且使得施工合同当事人的有关工作一目了然,便于执行和管理。

9.2.2 施工合同文件的组成及解释顺序

《施工合同文本》通用条款第1.5条规定了施工合同文件的组成及解释顺序。

组成合同的各项文件应互相解释,互为说明。除专用合同条款另有约定外,解释合同文件的优先顺序如下:

(1)合同协议书;

(2)中标通知书;

(3)投标函及其附录;

(4)专用合同条款及其附件;

(5)通用合同条款;

(6)技术标准和要求;

(7)图纸;

(8)已标价工程量清单或预算书;

(9)其他合同文件。

双方有关工程的洽商、变更等书面协议或文件视为施工合同的组成部分。

上述合同文件应能够互相解释、互相说明。当合同文件中出现不一致时，上面的顺序就是合同的优先解释顺序。当合同文件出现含糊不清或者当事人有不同理解时，按照合同争议的解决方式处理。

任务9.3 施工项目合同的签订及履行

9.3.1 施工项目合同的签订

9.3.1.1 施工项目合同签订的原则

施工项目合同签订的原则见表9-1。

表9-1 施工项目合同签订的原则

原则	说明
依法签订的原则	必须依据《中华人民共和国经济合同法》《建筑安装工程承包合同条例》《建设工程合同管理办法》等有关法律、法规。 合同的内容、形式、签订的程序均不得违法。 当事人应当遵守法律、行政法规和社会公德，不得扰乱社会经济秩序，不得损害社会公共利益。 根据招标文件的要求，结合合同实施中可能发生的各种情况进行周密、充分的准备，按照“缔约过失责任原则”保护企业的合法权益
平等互利协商一致的原则	发包方、承包方作为合同的当事人，双方均平等地享有经济权利、平等地承担经济义务，其经济法律地位是平等的，没有主从关系。 合同的主要内容须经双方经过协商达成一致，不允许一方将自己的意志强加于对方，一方以行政手段干预对方、压服对方等现象发生
等价有偿的原则	签约双方的经济关系要合理，当事人的权利、义务是对等的。 合同条款中亦应充分体现等价有偿原则： (1)一方给付，另一方必须按价值相等原则做相应给付。 (2)不允许发生无偿占有、使用另一方财产现象。 (3)对工期提前、质量全优者要予以奖励；延误工期、质量低劣应罚款；提前竣工的收益由双方分享等
严密完备的原则	充分考虑施工期内各个阶段，施工合同主体间可能发生的各种情况和一切容易引起争端的焦点问题，并预先约定解决问题的原则和方法。 条款内容力求完备，避免疏漏，措词力求严谨、准确、规范。 对合同变更、纠纷协调、索赔处理等方面应有严格的合同条款做保证，以减少双方矛盾
履行法律程序的原则	签约双方都必须具备签约资格，手续健全齐备。 代理人超越代理人权限签订的工程合同无效。 签约的程序符合法律规定。 签订的合同必须经过合同管理的授权机关鉴证、公证和登记等手续，对合同的真实性、可靠性、合法性进行审查，并给予确认，方能生效

9.3.1.2 签订施工合同的程序

作为承包商的建筑施工企业在签订施工合同的工作中,主要的工作程序如表9-2所示。

表9-2 签订施工合同的程序

程序	内容
市场调查建立联系	施工企业对建筑市场进行调查研究。 追踪获取拟建项目的情况和信息,以及业主情况。 当对某项工程有承包意向时,可进一步详细调查,并与业主取得联系
表明合作意愿投标报价	接到招标单位邀请或公开招标通告后,企业领导做出投标决策。 向招标单位提出投标申请书、表明投标意向。 研究招标文件,着手具体投标报价工作
协商谈判	接受中标通知书后,组成包括项目经理的谈判小组,依据招标文件和中标书草拟合同专用条款。 与发包人就工程项目具体问题进行实质性谈判。 通过协商达成一致,确立双方具体权利与义务,形成合同条款。 参照《施工合同文本》和发包人拟定的合同条件与发包人订立施工合同
签订书面合同	施工合同应采用书面形式的合同文本。 合同使用的文字要经双方确定,采用两种以上语言的合同文本时,须注明几种文本是否具有同等法律效力。 合同内容要详尽具体,责任义务要明确,条款应严密完整,文字表达应准确规范。 确认甲方,即业主或委托代理人的法人资格或代理权限。 施工企业经理或委托代理人代表承包方与甲方共同签订施工合同
鉴证与公证	合同签订后,必须在合同规定的时限内完成履约保函、预付款保函、有关保险等保证手续。 送交工商行政管理部门对合同进行鉴证并缴纳印花税。 送交公证处对合同进行公证。 经过鉴证、公证,确认了合同真实性、可靠性、合法性后,合同发生法律效力,并受法律保护

9.3.2 施工项目合同的履行

施工项目合同履行的主体是项目经理和项目经理部。项目经理部必须从施工项目的施工准备、施工、竣工至维修期结束的全过程中,认真履行施工合同,实行动态管理,跟踪收集、整理、分析合同履行中的信息,合理、及时地进行调整,还应对合同履行进行预测,及早提出和解决影响合同履行的问题,以避免或减少风险。

9.3.2.1 项目经理部履行施工合同应遵守的规定

(1)必须遵守《合同法》《建筑法》规定的各项合同履行原则和规则。

(2)在行使权力、履行义务时应当遵循诚实信用原则和坚持全面履行的原则。全面履行包括实际履行(标的的履行)和适当履行(按照合同约定的品种、数量、质量、价款或报酬等的履行)。

(3)项目经理由企业授权负责组织施工合同的履行,并依据《合同法》规定,与业主或监理工程师打交道,进行合同的变更、索赔、转让和终止等工作。

(4)如果发生不可抗力致使合同不能履行或不能完全履行时,应及时向企业报告,并在委托权限内依法及时进行处置。

(5)遵守合同对约定不明条款、价格发生变化的履行规则,以及合同履行担保规则和抗辩权、代位权、撤销权的规则。

(6)承包人按专用条款的约定分包所承担的部分工程,并与分包单位签订分包合同。非经发包人同意,承包人不得将承包工程的任何部分分包。

(7)承包人不得将其承包的全部工程倒手转给他人承包,也不得将全部工程肢解后以分包的名义分别转包给他人,这是违法行为。工程转包是指承包人不行使承包人的管理职能,不承担技术经济责任,将其承包的全部工程,或将其肢解以后以分包的名义分别转包给他人;或将工程的主要部分或群体工程的半数以上的单位工程倒手转给其他施工单位;以及分包人将承包的工程再次分包给其他施工单位,从中提取回扣的行为。

9.3.2.2 项目经理部履行施工合同应做的工作

(1)应在施工合同履行前,针对工程的承包范围、质量标准和工期要求,承包人的义务和权力,工程款的结算、支付方式与条件,合同变更、不可抗力影响、物价上涨、工程中止、第三方损害等问题产生时的处理原则和责任承担,争议的解决方法等重要问题进行合同分析,对合同内容、风险、重点或关键性问题做出特别说明和提示,向各职能部门人员交底,落实根据施工合同确定的目标,依据施工合同指导工程实施和项目管理工作。

(2)组织施工力量;签订分包合同;研究熟悉设计图纸及有关文件资料;多方筹集足够的流动资金;编制施工组织设计、进度计划、工程结算付款计划等,做好施工准备,按时进入现场,按期开工。

(3)制订科学周密的材料、设备采购计划,采购符合质量标准且价格低廉的材料、设备,按施工总进度计划及时进入现场,搞好供应和管理工作,保证顺利施工。

(4)按设计图纸、技术规范和规程组织施工;做好施工记录,按时报送各类报表;进行各种有关的现场或实验室抽检测试,保存好原始资料;制订各种有效措施,采用先进的管理方法,全面保证施工质量达到合同要求。

(5)按期竣工,试运行,通过质量检验,交付业主,收回工程价款。

(6)按合同规定,做好责任期内的维修、保修和质量回访工作。对属于承包方责任的工程质量问题应负责无偿修理。

(7)履行合同中关于接受监理工程师监督的规定,如有关计划、建议须经监理工程师审核批准后方可实施;有些工序须监理工程师监督执行,所做记录或报表要得到其签字确认;根据监理工程师要求报送各类报表、办理各类手续;执行监理工程师的指令,接受一定范围内的工程变更要求等。承包商在履行合同中还要自觉地接受公证机关、银行的监督。

(8)项目经理部在履行合同期间,应注意收集、记录对方当事人违约事实的证据,即对发包方或业主履行合同进行监督,作为索赔的依据。

9.3.3 分包合同的签订与履行

承包人经发包人同意或按照合同约定,可将承包项目的部分非主体工程、非关键工作分包给具备相应的资质条件的分包人完成,并与之订立分包合同。

9.3.3.1 分包合同文件组成及优先顺序

(1)分包合同协议书。

(2)承包人发出的分包中标书。

(3)分包人的报价书。

(4)分包合同条件。

(5)标准规范、图纸、列有标价的工程量清单。

(6)报价单或施工图预算书。

9.3.3.2 履行分包合同应符合的要求

(1)工程分包不能解除承包人任何责任与义务,承包人应在分包现场派驻相应的监督管理人员,保证本合同的履行。履行分包合同时,承包人应就承包项目(其中包括分包项目),向发包人负责,分包人就分包项目向承包人负责。分包人与发包人之间不存在直接的合同关系。

(2)分包人应按照分包合同的规定实施和完成分包工程,修补其中的缺陷,提供所需的全部工程监督、劳务、材料、工程设备和其他物品,提供履约担保、进度计划,不得将分包工程进行转让或再分包。

(3)承包人应提供总包合同(工程量清单或费率所列承包人的价格细节除外)供分包人查阅。

(4)分包人应当遵守分包合同规定的承包人的工作时间和规定的分包人的设备材料进出场的管理制度。承包人应为分包人提供施工现场及其通道;分包人应允许承包人和监理工程师等在工作时间内合理进入分包工程的现场,并提供方便,做好协助工作。

(5)分包人延长竣工时间应根据下列条件:承包人根据总包合同延长总包合同竣工时间,承包人指示延长,承包人违约。分包人必须在延长开始14 d内将延长情况通知承包人,同时提交一份证明或报告,否则分包人无权获得延期。

(6)分包人仅从承包人处接受指示,并执行其指示。如果上述指示从总包合同来分析是监理工程师失误所致,则分包人有权要求承包人补偿由此而导致的费用。

(7)分包人应根据下列指示变更、增补或删减分包工程:监理工程师根据总包合同做出的指示,再由承包人作为指示通知分包人;承包人的指示。

(8)分包工程价款由承包人与分包人结算。发包人未经承包人同意不得以任何名义向分包单位支付各种工程款项。

(9)由于分包人的任何违约行为、安全事故或疏忽、过失导致工程损害或给发包人造成损失,承包人承担连带责任。

9.3.4 施工项目合同履行中的问题及处理

施工项目合同履行过程中经常遇到不可抗力问题、施工合同的变更、违约、索赔、争议、终止与评价等问题。

9.3.4.1 发生不可抗力

不可抗力是指合同当事人不能预见、不能避免并不能克服的客观情况。建设工程施工中的不可抗力包括因战争、动乱、空中飞行物坠落或其他非发包方责任造成的爆炸、火灾,以及专用条款中约定程度的风、雨、雪、洪水、地震等自然灾害。

在订立合同时,应明确不可抗力的范围,双方应承担的责任。在合同履行中加强管理和增加防范措施。当事人一方因不可抗力不能履行合同时,有义务及时通知对方,以减轻可能给对方造成的损失,并应当在合理期限内提供证明。

不可抗力发生后,承包人应在力所能及的条件下迅速采取措施,尽量减少损失,并在不可抗力事件发生过程中,每隔7 d向工程师报告一次受害情况;不可抗力事件结束后48 h内向工程师通报受害情况和损失情况,以及预计清理和修复的费用;14 d内向工程师提交清理和修复费用的正式报告。

因不可抗力事件导致的费用及延误的工期由合同双方承担责任:

(1)工程本身的损害、因工程损害导致第三方人员伤亡和财产损失以及运至施工现场用于施工的材料和待安装的设备的损害,由发包人承担。

(2)发包方、承包方人员伤亡由其所在单位负责,并承担相应费用。

(3)承包人机械设备损坏及停工损失,由承包人承担。

(4)停工期间,承包人应监理工程师要求留在施工场地的必要的管理人员及保卫人员的费用由发包人承担。

(5)工程所需清理、修复费用由发包人承担。

(6)延误的工期相应顺延。

因合同一方迟延履行合同后发生不可抗力的,不能免除迟延履行方的相应责任。

9.3.4.2 合同变更

合同变更是指依法对原来合同进行的修改和补充,即在履行合同项目的过程中,由于实施条件或相关因素的变化,而不得不对原合同的某些条款做出修改、订正、删除或补充。合同变更一经成立,原合同中的相应条款就应解除。合同变更是在条件改变时,对双方利益和义务的调整,适当及时的合同变更可以弥补原合同条款的不足。

发包人和监理人均可以提出变更。变更指示均通过监理人发出,监理人发出变更指示前应征得发包人同意。承包人收到经发包人签认的变更指示后,方可实施变更。未经许可,承包人不得擅自对工程的任何部分进行变更。

涉及设计变更的,应由设计人提供变更后的图纸和说明。当变更超过原设计标准或批准的建设规模时,发包人应及时办理规划、设计变更等审批手续。

1.合同变更的理由

除专用合同条款另有约定外,合同履行过程中发生以下情形的,应按照本条约定进行变更:

(1)增加或减少合同中任何工作,或追加额外的工作;

(2)取消合同中任何工作,但转由他人实施的工作除外;

(3)改变合同中任何工作的质量标准或其他特性;

(4)改变工程的基线、标高、位置和尺寸;

(5)改变工程的时间安排或实施顺序。

2.合同变更的原则

(1)合同双方都必须遵守合同变更程序,依法进行,任何一方都不得单方面擅自更改合同条款。

(2)合同变更要经过有关专家(监理工程师、设计工程师、现场工程师等)的科学论证和合同双方的协商。在合同变更具有合理性、可行性,而且由此而引起的进度和费用变化得到确认和落实的情况下方可实行。

(3)合同变更的次数应尽量减少,变更的时间亦应尽量提前,并在事件发生后的一定时限内提出,以避免或减少给工程项目建设带来的影响和损失。

(4)合同变更应以监理工程师、业主和承包商共同签订的合同变更书面指令为准,并以此作为结算工程价款的凭据。紧急情况下,监理工程师的口头通知也可接受,但必须在48 h内追补合同变更书。承包人对合同变更若有不同意见可在7~10 d内书面提出,但业主决定继续执行的指令,承包商应继续执行。

(5)合同变更所造成的损失,除依法可以免除的责任外,如由于设计错误、设计所依据的条件与实际不符、图与说明不一致、施工图有遗漏或错误等,应由责任方负责赔偿。

3. 合同变更的程序

合同变更的程序应符合合同文件的有关规定,其示意图见图9-1。

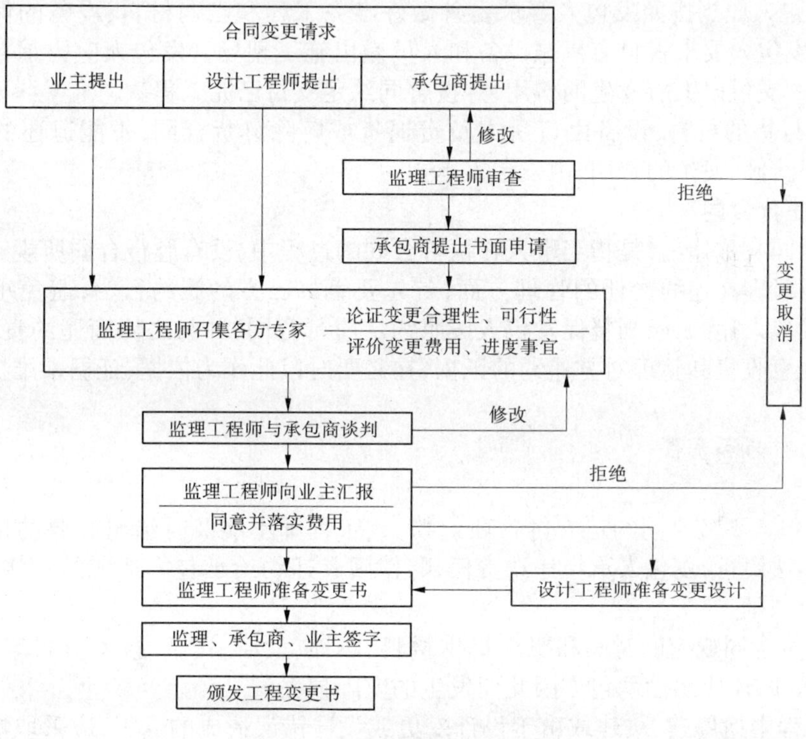

图9-1　合同变更程序示意图

9.3.4.3　合同解除

合同解除是在合同依法成立之后的合同规定的有效期内,合同当事人的一方有充足的理由提出终止合同的要求,并同时出具包括终止合同理由和具体内容的申请,合同双方经过协商,就提前终止合同达成书面协议,宣布解除双方由合同确定的经济承包关系。

1. 合同解除的理由

(1)施工合同当事双方协商,一致同意解除合同关系。

(2)因为不可抗力或者是非合同当事人的因素,造成工程停建或缓建,致使合同无法履行。

(3)由于当事人一方违约致使合同无法履行。违约的主要表现有:①发包人不按合同约定支付工程款(进度款),双方又未达成延期付款协议,导致施工无法进行,承包人停止施工超过56 d,发包人仍不支付工程款(进度款),承包人有权解除合同。②承包人发生将其承包的全部过程,或将其肢解以后以分包的名义分别转包给他人;或将工程的主要部分,或群体工程的半数以上的单位工程倒手转包给其他施工单位等转包行为时,发包人有权解除合同。③合同当事人一方的其他违约行为致使合同无法履行,合同双方可以解除合同。

当合同当事一方主张解除合同时,应向对方发出解除合同的书面通知,并在发出通知前7 d告知对方。通知到达对方时合同解除。对解除合同有异议时,按照解决合同争议的程序处理。

2. 合同解除后的善后处理

(1)合同解除后,当事人双方约定的结算和清理条款仍然有效。

(2)承包人应当按照发包人要求妥善做好已完工程和已购材料、设备的保护和移交工作,按照发包人要求将自有机械设备和人员撤出施工现场。发包人应为承包人撤出提供必要条件,支付以上所发生的费用,并按合同约定支付已完工程款。

(3)已订货的材料、设备由订货方负责退货或解除订货合同,不能退还的货款和退货、解除订货合同发生的费用,由发包人承担。

9.3.4.4 违背合同

违背合同又称违约,是指当事人在执行合同的过程中,没有履行合同所规定的义务的行为。项目经理在违约责任的管理方面,首先要管好己方的履约行为,避免承担违约责任。如果发包人违约,应当督促发包人按照约定履行合同,并与之协商违约责任的承担。特别应当注意收集和整理对方违约的证据,在必要时以此作为依据、证据来维护自己的合法权益。

1. 违约行为和责任

1)发包人违约

(1)发包人不按合同约定支付各项价款,或工程师不能及时给出必要的指令、确认,致使合同无法履行,发包人承担违约责任,赔偿因其违约给承包人造成的直接损失,延误的工期相应顺延。

(2)未按合同规定的时间和要求提供材料、场地、设备、资金、技术资料等,除竣工日期得以顺延外,还应赔偿承包方因此而发生的实际损失。

(3)工程中途停建、缓建或由于设计变更或设计错误造成的返工,应采取措施弥补或减少损失。同时,应赔偿承包方因停工、窝工、返工和倒运、人员、机械设备调迁、材料和构件积压等实际损失。

(4)工程未经竣工验收,发包单位提前使用或擅自动用,由此发生的质量问题或其他问题,由发包方自己负责。

(5)超过承包合同规定的日期验收,按合同的违约责任条款的规定,应偿付逾期违约金。

2)承包人违约

(1)承包工程质量不符合合同规定,负责无偿修理和返工。由于修理和返工造成逾期交付的，应偿付逾期违约金。

(2)承包工程的交工时间不符合合同规定的期限，应按合同中违约责任条款，偿付逾期违约金。

(3)由于承包方的责任，造成发包方提供的材料、设备等丢失或损坏，应承担赔偿责任。

2. 违约责任处理原则

(1)承担违约责任应按“严格责任原则”处理，无论合同当事人主观上是否有过错，只要合同当事人有违约事实，特别是有违约行为并造成损失的，就要承担违约责任。

(2)在订立合同时，双方应当在专用条款内约定发(承)包人赔偿承(发)包人损失的计算方法或者发(承)包人应当支付违约金的数额和计算方法。

(3)当事人一方违约后，另一方可按双方约定的担保条款，要求提供担保的第三方承担相应责任。

(4)当事人一方违约后，另一方要求违约方继续履行合同时，违约方承担继续履行合同、采取补救措施或者赔偿损失等责任。

(5)当事人一方违约后，对方应当采取适当措施防止损失的扩大，否则不得就扩大的损失要求赔偿。

(6)当事人一方因不可抗力不能履行合同时，应对不可抗力的影响部分(或者全部)免除责任，但法律另有规定的除外。当事人延迟履行后发生不可抗力的，不能免除责任。

9.3.4.5 合同争议的解决

合同争议是指当事人双方对合同订立和履行情况以及不履行合同的后果所产生的纠纷。

1. 施工合同争议的解决方式

合同当事人在履行施工合同时，解决所发生争议、纠纷的方式有和解、调解、仲裁和诉讼等。

(1)和解。是指争议的合同当事人依据有关法律规定或合同约定，以合法、自愿、平等为原则，在互谅互让的基础上，经过谈判和磋商，自愿对争议事项达成协议，从而解决分歧和矛盾的一种方法。和解方式无须第三者介入，简便易行，能及时解决争议，避免当事人经济损失扩大，有利于双方的协作和合同的继续履行。

(2)调解。是指争议的合同当事人在第三方的主持下，通过其劝说引导，以合法、自愿、平等为原则，在分清是非的基础上，自愿达成协议，以解决合同争议的一种方法。调解有民间调解、仲裁机构调解和法庭调解三种。调解协议书对当事人具有与合同一样的法律约束力。运用调解方式解决争议，双方不伤和气，有利于今后继续履行合同。

(3)仲裁。也称公断，是双方当事人通过协议自愿将争议提交第三者(仲裁机构)做出裁决，并负有履行裁决义务的一种解决争议的方式。仲裁包括国内仲裁和国际仲裁。仲裁须经双方同意并约定具体的仲裁委员会。仲裁可以不公开审理从而保守当事人的商业秘密，节省费用，一般不会影响双方日后的正常交往。

(4)诉讼。是指合同当事人相互间发生争议后，只要不存在有效的仲裁协议，任何一方向有管辖权的法院起诉并在其主持下，为维护自己的合法权益的活动。通过诉讼，当事人的权力可得到法律的严格保护。

(5)除上述四种主要的合同争议解决方式外,在国际工程承包中,又出现了一些新的有效的解决方式,正在被广泛应用。比如 FIDIC《土木工程施工合同条件》(红皮书)中有关"工程师的决定"的规定。当业主和承包商之间发生任何争端,均应首先提交工程师处理。工程师对争端的处理决定通知双方后,在规定的期限内,双方均未发出仲裁意向通知,则工程师的决定即被视为最后的决定并对双方产生约束力。又如,在 FIDIC《设计-建造与交钥匙工程合同条件》(橘皮书)中规定业主和承包商之间发生任何争端,应首先以书面形式提交由合同双方共同任命的争端审议委员会(DRB)裁定。争端审议委员会对争端做出决定并通知双方后,在规定的期限内,如果任何一方未将其不满事宜通知对方,则该决定即被视为最终的决定并对双方产生约束力。无论工程师的决定,还是争端审议委员会的决定,都与合同具有同等的约束力。任何一方不执行决定,另一方即可将其不执行决定的行为提交仲裁。这种方式不同于调解,因其决定不是争端双方达成的协议;也不同于仲裁,因工程师和争端审议委员会只能以专家的身份做出决定,不能以仲裁人的身份做出裁决,其决定的效力不同于仲裁裁决的效力。

当承包商与业主(或分包商)在合同履行的过程中发生争议和纠纷时,应根据平等协商的原则先行和解,尽量取得一致意见。若双方和解不成,则可要求有关主管部门调解。双方属于同一部门或行业,可由行业或部门的主管单位负责调解;不属于上述情况的可由工程所在地的建设主管部门负责调解;若调解无效,根据当事人的申请,在受到侵害之日起一年之内,可送交工程所在地工商行政管理部门的经济合同仲裁委员会进行仲裁,超过一年期限者,一般不予受理。仲裁是解决经济合同的一项行政措施,是维护合同法律效力的必要手段。仲裁是依据法律、法令及有关政策,处理合同纠纷,责令责任方赔偿、罚款,直至追究有关单位或人员的行政责任或法律责任。处理合同纠纷也可不经仲裁,而直接向人民法院起诉。

一旦合同争议进入仲裁或诉讼,项目经理应及时向企业领导汇报和请示。因为仲裁和诉讼必须以企业(具有法人资格)的名义进行,由企业做出决策。

2. 争议发生后履行合同情况

一般情况下,发生争议后,双方都应继续履行合同,保持施工连续,保护好已完工程。只有发生下列情况时,当事人方可停止履行施工合同:

(1)单方违约导致合同确已无法履行,双方协议停止施工。

(2)调解要求停止施工,且为双方接受。

(3)仲裁机关要求停止施工。

(4)法院要求停止施工。

9.3.4.6 合同履行的评价

合同终止后,承包人应对从投标开始直至合同终止的整个过程或达到规定目标的适宜性、充分性、有效性进行合同管理评价,其评价内容有:

(1)合同订立过程情况评价。

(2)合同条款评价。

(3)合同履行情况评价。

(4)合同管理工作评价。

任务9.4 施工索赔

9.4.1 施工索赔的概念

索赔是在经济活动中,合同当事人一方因对方违约,或其他过错,或无法防止的外因而受到损失时,要求对方给予赔偿或补偿的活动。

在施工项目合同管理中的施工索赔,一般是指承包商(或分包商)向业主(或总承包商)提出的索赔,而把业主(或总承包商)向承包商(或分包商)提出的索赔称为反索赔,广义上统称索赔。

施工索赔是承包商由于非自身原因,发生合同规定之外的额外工作或损失时,向业主提出费用或时间补偿要求的活动。

9.4.2 通常可能发生的索赔事件

(1)业主没有按合同规定的时间交付设计图纸数量和资料,未按时交付合格的施工现场等,造成工程拖延和损失。

(2)工程地质条件与合同规定、设计文件不一致。

(3)业主或监理工程师变更原合同规定的施工顺序,扰乱了施工计划及施工方案,使工程数量有较大增加。

(4)业主指令提高设计、施工、材料的质量标准。

(5)由于设计错误或业主、工程师错误指令,造成工程修改、返工、窝工等损失。

(6)业主和监理工程师指令增加额外工程,或指令工程加速。

(7)业主未能及时支付工程款。

(8)物价上涨,汇率浮动,造成材料价格、工人工资上涨,承包商蒙受较大损失。

(9)国家政策、法令修改。

(10)不可抗力因素等。

9.4.3 施工索赔的分类

施工索赔的主要分类见表9-3。

表9-3 施工索赔的分类

分类标准	索赔类别	说明
按索赔的目的分类	工期延长索赔	由于非承包商方面因素造成工程延期时,承包商向业主提出的推迟竣工日期的索赔
	费用损失索赔	承包商向业主提出的,要求补偿因索赔事件发生而引起的额外开支和费用损失的索赔

续表 9-3

分类标准	索赔类别	说明
按索赔的原因分类	延期索赔	由于业主因素不能按原定计划的时间进行施工所引起的索赔。 主要有发包人未按照约定的时间和要求提供材料设备、场地、资金、技术资料，或由于设计图纸的错误和遗漏等引起停工、窝工
	工程变更索赔	由于对合同中规定施工工作范围的变化而引起的索赔： 主要是由于发包人或监理工程师提出的工程变更，由承包人提出但经发包人或监理工程师同意的工程变更；设计变更，或设计错误、遗漏，导致工程变更，工作范围改变
	施工加速索赔（又称赶工索赔、劳动生产率损失索赔）	如果业主要求比合同规定工期提前，或因前段的工程拖期，要求后一阶段弥补已经损失工期，使整个工程按期完工，需加快施工速度而引起的索赔： (1)一般是延期或工程变更索赔的结果。 (2)施工加速应考虑加班工资、提供额外监管人员、雇用额外劳动力、采用额外设备、改变施工方法造成现场拥挤、疲劳作业等使劳动生产率降低
	不利现场条件索赔	因合同的图纸和技术规范中所描述的条件与实际情况有实质性不同，或合同中未作描述，但发生的情况是一个有经验的承包商无法预料时，所引起的索赔，如复杂的现场水文地质条件或隐藏的不可知的地面条件等
按索赔的合同依据分类	合同内索赔	索赔依据可在合同条款中找到明文规定的索赔。 这类索赔争议少，监理工程师即可全权处理
	合同外索赔	索赔权利在合同条款内很难找到直接依据，但可来自普通法律，承包商须有丰富的索赔经验方能实现。 索赔表现多为违约或违反担保造成的损害。 此项索赔由业主决定是否索赔、监理工程师无权决定
	道义索赔（又称额外支付）	承包商对标价估计不足，虽然圆满完成了合同规定的施工任务，但期间由于克服了巨大困难而蒙受了重大损失，为此向业主寻求优惠性质的额外付款。 这是以道义为基础的索赔，既无合同依据，也无法律依据。 这类索赔监理工程师无权决定，只是在业主通情达理，出于同情时才会超越合同条款给予承包商一定的经济补偿
按索赔的处理方式分类	单项索赔	在一项索赔事件发生时或发生后的有效期间内，立即进行的索赔。 索赔原因单一、责任单一、处理容易
	总索赔（又称一揽子索赔）	承包商在竣工之前，就施工中未解决的单项索赔，综合起来提出的总索赔。 总索赔中的各单项索赔常常是因为较复杂而遗留下来的，加之各单项索赔事件相互影响，使总索赔处理难度大，金额也大

9.4.4 施工索赔的程序

9.4.4.1 意向通知

索赔事件发生时或发生后，承包商应立即通知监理工程师，表明索赔意向，争取支持。

9.4.4.2 提出索赔申请

索赔事件发生后的有效期内，承包商要向监理工程师提出正式书面索赔申请，并抄送业主。其内容主要是索赔事件发生的时间、实际情况及事件影响程度，同时提出索赔依据的合同条款等。

9.4.4.3 提交索赔报告

承包商在索赔事件发生后，要立即收集证据，寻找合同依据，进行责任分析，计算索赔金额，最后形成索赔报告，在规定期限内报送监理工程师，抄送业主。

9.4.4.4 索赔处理

承包商在索赔报告提交之后，还应每隔一段时间主动向对方了解情况并督促其快速处理，根据所提出意见随时提供补充资料，为监理工程师处理索赔提供帮助、支持与合作。

监理工程师（业主）接到索赔报告后，应认真阅读和评审，对不合理、证据不足之处提出反驳和质疑，与承包商经常沟通、协商。最后由监理工程师起草索赔处理意见，双方就有关问题协商、谈判，合同内单项索赔一般协商就可以解决。对于双方争议较大的索赔问题，可由中间人调解解决，或进而由仲裁诉讼解决。

施工索赔的程序见图9-2。

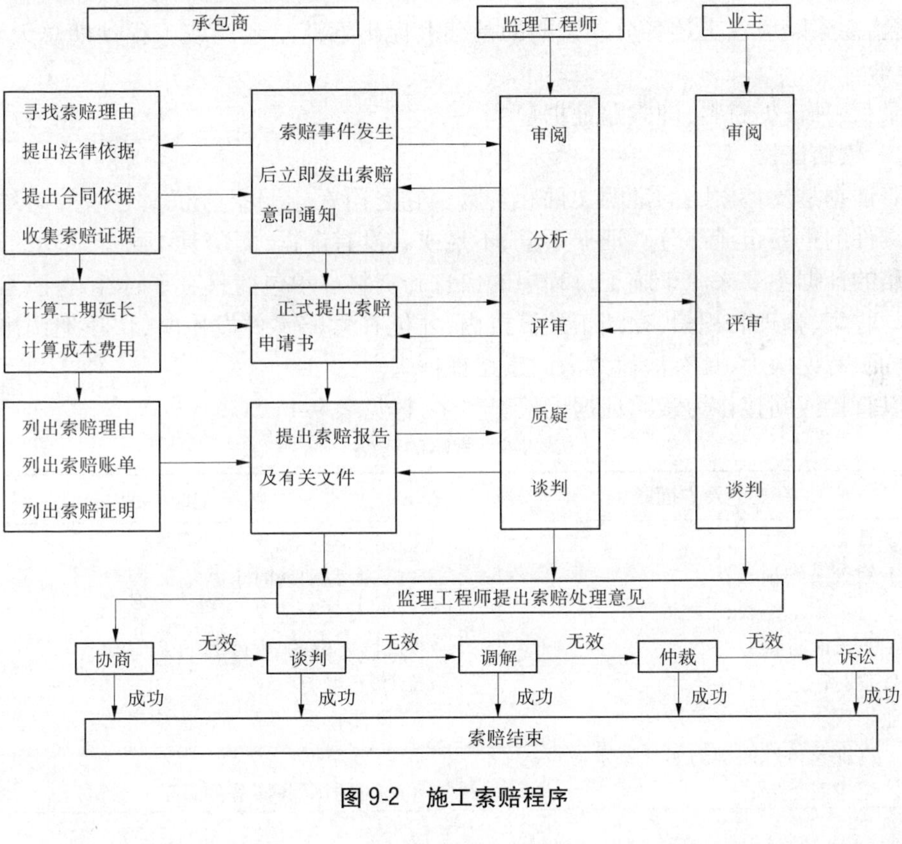

图9-2　施工索赔程序

9.4.5 索赔报告

索赔报告由承包商编写，应简明扼要、符合实际、责任清晰、证据可靠、计算方法正确、结果无误。索赔报告编制得好坏是索赔成败的关键。

9.4.5.1 索赔报告的报送时间和方式

索赔报告一定要在索赔事件发生后的有效期(一般为28 d)内报送，过期索赔无效。

对于新增工程量、附加工作等应一次性提出索赔要求，并在该项工程进行到一定程度，能计算出索赔额时提交索赔报告；对于已征得监理工程师同意的合同外工作项目的索赔，可以在每月上报完成工程量结算单同时报送。

9.4.5.2 索赔报告的基本内容

题目：高度概括索赔的核心内容，如"关于×××事件的索赔"。

事件：陈述事件发生的过程，如工程变更情况、不可抗力发生的过程，以及期间监理工程师的指令，双方往来信函、会谈的经过及纪要，着重指出业主(监理工程师)应承担的责任。

理由：提出作为索赔依据的具体合同条款、法律、法规依据。

结论：指出索赔事件给承包商造成的影响和带来的损失。

计算：列出费用损失或工程延期的计算公式(方法)、数据、表格和计算结果，并依此提出索赔要求。

综合：总索赔应在上述各分项索赔的基础上提出索赔总金额或工程延期总天数的要求。

附录：各种证据材料，即索赔证据。

9.4.5.3 索赔证据

索赔证据是支持索赔的证明文件和资料。它是附在索赔报告正文之后的附录部分，是索赔文件的重要组成部分。证据不全、不足或者没有证据，索赔是不可能成功的。

索赔的证据主要来源于施工过程中的信息和资料。承包商只有平时经常注意这些信息资料的收集、整理和积累，存档于计算机内，才能在索赔事件发生时，快速地调出真实、准确、全面、有说服力、具有法律效力的索赔证据来。

可以直接或间接作为索赔证据的资料很多，详见表9-4。

表9-4 索赔的证据

施工记录方面	财务记录方面
(1)施工日志；	(1)施工进度款支付申请单；
(2)施工检查员的报告；	(2)工人劳动计时卡；
(3)逐月分项施工纪要；	(3)工人分布记录；
(4)施工工长的日报；	(4)材料、设备、配件等的采购单；
(5)每日工时记录；	(5)工人工资单；
(6)同业主代表的往来信函及文件；	(6)付款收据；
(7)施工进度及特殊问题的照片或录像带；	(7)收款单据；
(8)会议记录或纪要；	(8)标书中财务部分的章节；

续表 9-4

施工记录方面	财务记录方面
(9)施工图纸； (10)业主或其代表的电话记录； (11)投标时的施工进度表； (12)修正后的施工进度表； (13)施工质量检查记录； (14)施工设备使用记录； (15)施工材料使用记录； (16)气象报告； (17)验收报告和技术鉴定报告	(9)工地的施工预算； (10)工地开支报告； (11)会计日报表； (12)会计总账； (13)批准的财务报告； (14)会计往来信函及文件； (15)通用货币汇率变化表； (16)官方的物价指数、工资指数

9.4.6　索赔计算

9.4.6.1　工期索赔及计算

1. 工期索赔的目的

工期索赔的目的是取得业主对于合理延长工期的合法性的确认。施工过程中，许多原因都可能导致工期拖延，但只有在某些情况下才能进行工期索赔，详见表9-5。

表 9-5　工期拖延与索赔处理

种类	原因责任者	处理
可原谅不补偿延期	责任不在任何一方，如不可抗力、恶性自然灾害	工期索赔
可原谅应补偿延期	业主违约导致非关键线路上工程延期引起费用损失	费用索赔
	业主违约导致整个工程延期	工期及费用索赔
不可原谅延期	承包商违约导致整个工程延期	承包商承担违约罚款并承担违约后业主要求加快施工或终止合同所引起的一切经济损失

2. 常用的计算索赔工期的方法

在工期索赔中，首先要确定索赔事件发生对施工活动的影响及引起的变化，然后分析施工活动变化对总工期的影响。

1）网络分析法

网络分析法是通过分析索赔事件发生前后网络计划工期的差异计算索赔工期的。这是一种科学合理的计算方法，适用于各类工期索赔。

2）对比分析法

对比分析法比较简单，适用于索赔事件仅影响单位工程或分部（分项）工程的工期，需由此而计算对总工期的影响，计算公式是

$$总工期索赔 = 原合同总工期 \times \frac{额外或新增工程量价格}{原合同总价} \qquad (9\text{-}1)$$

3)劳动生产率降低计算法

在索赔事件干扰正常施工导致劳动生产率降低而使工期拖延时,可按下式计算索赔工期。

$$索赔工期 = 计划工期 \times \frac{预期劳动生产率 - 实际劳动生产率}{预期劳动生产率} \qquad (9\text{-}2)$$

4)简单加总法

在施工过程中,由于恶劣气候、停电、停水及意外风险造成全面停工而导致工期拖延时,可以一一列举各种原因引起的停工天数,累加结果,即可作为索赔天数。

应该注意的是,由多项索赔事件引起的总工期索赔,不可以用各单项工期索赔天数简单相加,最好用网络分析法计算索赔工期。

9.4.6.2 费用索赔及计算

1.费用索赔及其费用项目构成

费用索赔是施工索赔的主要内容。承包商通过费用索赔要求业主对索赔事件引起的直接损失和间接损失给予合理的经济补偿。

计算索赔额时,一般是先计算与事件有关的直接费,然后计算应摊到的管理费。费用项目构成、计算方法与合同报价中基本相同,但具体的费用构成内容却因索赔事件性质不同而有所不同。表9-6中列出了工期延长、业主指令工程加速、工程中断、工程量增加和附加工程等类型索赔事件的可能费用损失项目的构成及其示例。

表9-6 索赔事件的费用项目构成示例

索赔事件	可能的费用损失项目	示例
工期延长	(1)人工费增加; (2)材料费增加; (3)现场施工机械设备停置费; (4)现场管理费增加; (5)因工期延长和通货膨胀使原工程成本增加; (6)相应保险费、保函费用增加; (7)分包商索赔; (8)总部管理费分摊; (9)推迟支付引起的兑换率损失; (10)银行手续费和利息支出	包括工资上涨,现场停工、窝工,生产效率降低,不合理使用劳动力等的损失; 因工期延长,材料价格上涨; 设备因延期所引起的折旧费、保养费或租赁费等; 包括现场管理人员的工资及其附加支出,生活补贴,现场办公设施支出,交通费用等; 分包商因延期向承包商提出的费用索赔; 因延期造成公司总部管理费增加; 工程延期引起支付延迟
业主指令工程加速	(1)人工费增加; (2)材料费增加; (3)机械使用费增加; (4)因加速增加现场管理人员的费用; (5)总部管理费增加; (6)资金成本增加	因业主指令工程加速造成增加劳动力投入,不经济地使用劳动力,生产率降低和损失等; 不经济地使用材料,材料提前交货的费用补偿,材料运输费增加; 增加机械投入,不经济地使用机械; 使费用增加和支出提前引起负现金流量所支付的利息

续表 9-6

索赔事件	可能的费用损失项目	示例
工程中断	(1)人工费； (2)机械使用费； (3)保函、保险费、银行手续费； (4)贷款利息； (5)总部管理费； (6)其他额外费用	如留守人员工资，人员的遣返和重新招雇费，给工人的赔偿金等； 如设备停置费，额外的进出场费，租赁机械的费用损失等； 如停工、复工所产生的额外费用，工地重新整理费用等
工程量增加或附加工程	(1)工程量增加所引起的索赔额，其构成与合同报价组成相似； (2)附加工程的索赔额，其构成与合同报价组成相似	工程量增加小于合同总额的5%，为合同规定的承包商应承担的风险，不予补偿； 工程量增加超过合同规定的范围（如合同额的15%～20%），承包商可要求调整单价，否则合同单价不变

2. 费用索赔额的计算

1）总索赔额的计算方法

(1)总费用法。是以承包商的额外增加成本为基础，加上管理费、利息及利润作为总索赔值的计算方法。这种方法要求原合同总费用计算准确，承包商报价合理，并且在施工过程中没有任何失误，合同总成本超支均为非承包商原因所致等条件，这一般在实践中是不可能的，因而应用较少。

(2)分项法。是先对每个引起损失的索赔事件和各费用项目单独分析计算，最终求和。这种方法能反映实际情况，清晰合理，虽然计算复杂，但仍被广泛采用。

2）人工费索赔额的计算方法

计算各项索赔费用的方法与工程报价时计算方法基本相同，在此不再赘述。但其中人工费索赔额计算有两种情况，现分述如下：

(1)增加或损失工时的索赔计算。

$$\text{额外劳务人员雇用、加班人工费索赔额} = \text{增加工时} \times \text{投标时人工单价} \tag{9-3}$$

$$\text{闲置人员人工费索赔额} = \text{闲置工时} \times \text{投标时人工单价} \times \text{折扣系数(一般为0.75)} \tag{9-4}$$

(2)劳动生产率降低导致额外支出人工费的索赔计算。

①实际成本和预算成本比较法。是用受干扰后的实际成本与合同中的预算成本比较，计算出由于劳动生产率降低造成的损失金额。计算时需要详细的施工记录和合理的估价体系，只要两种成本的计算准确，而且成本增加确系业主原因时，索赔成功的把握性很大。

②正常施工期与受影响施工期比较法。是分别计算出正常施工期内和受干扰时施工期内的平均劳动生产率，求出劳动生产率降低值，而后求出索赔额：

$$\text{人工费索赔额} = \frac{\text{计划工时} \times \text{劳动生产率降低值}}{\text{正常情况下平均劳动生产率}} \times \text{相应人工单价} \tag{9-5}$$

3)费用索赔中管理费的分摊办法

(1)公司管理费索赔额计算。

公司管理费索赔额一般用恩特勒法计算,它得名于 Eichleay 公司一桩成功的索赔案例。

①日费率分摊法。在延期索赔中采用,计算公式为:

$$\text{延期合同应分摊的管理费}(A) = \frac{\text{延期合同额}}{\text{同时期公司所有合同额之和}} \times \text{同期公司总计划管理费} \tag{9-6}$$

$$\text{单位时间(日或周)管理费率}(B) = A/\text{计划合同期(日或周)} \tag{9-7}$$

$$\text{管理费索赔额}(C) = B \times \text{延期时间(日或周)} \tag{9-8}$$

②总直接费分摊法。在工作范围变更索赔中采用,计算公式为

$$\text{被索赔合同应分摊的管理费}(A_1) = \frac{\text{被索赔合同原计划直接费}}{\text{同期公司所有合同直接费总和}} \times \text{同期公司计划管理费总和} \tag{9-9}$$

$$\text{每元直接费包含管理费率}(B_1) = A_1/\text{被索合同原计划直接费} \tag{9-10}$$

$$\text{应索赔的公司管理费}(C_1) = B_1 \times \text{工作范围变更索赔的直接费} \tag{9-11}$$

③分摊基础法。是将管理费支出按用途分成若干分项,并规定了相应的分摊基础,分别计算出各分项的管理费索赔额,加总后即为公司管理费总索赔额,其计算结果精确,但比较烦琐,实践中应用较少,仅用于风险高的大型项目。表 9-7 列举了管理费各构成项目的分摊基础。

表 9-7 管理费各构成项目的分摊基础

管理费分项	分摊基础
管理人员工资及有关费用	直接人工工时
固定资产使用费	总直接费
利息支出	总直接费
机械设备配件及各种供应	机械工作时间
材料的采购	直接材料费

(2)现场管理费索赔额计算。

现场管理费又称工地管理费。一般占工程直接成本的 8% ~15% 。其索赔额用下式计算:

$$\text{现场管理费索赔额} = \text{索赔的直接成本费} \times \text{现场管理费率} \tag{9-12}$$

现场管理费率的确定可选用下面的方法:①合同百分比法。按合同中规定的现场管理费率。②行业平均水平法。选用公开认可的行业标准现场管理费率。③原始估价法。采用承包时,报价时确定的现场管理费率。④历史数据法。采用以往相似工程的现场管理费率。

★案例分析

背景

某施工单位(乙方)与某建设单位(甲方)签订了某项工业建筑的地基强夯处理与基础工程施工合同。由于工程量无法准确确定,根据施工合同专用条款的规定,按施工图预算方式计价,乙方必须严格按照施工图及施工合同规定的内容及技术要求施工。乙方的分项工程首先向监理工程师申请质量认证,取得质量认证后,向造价工程师提出计量申请和支付工程款。工程开工前,乙方提交了施工组织设计并得到批准。

问题

1. 在工程施工过程中,当进行到施工图所规定的处理范围边缘时,乙方在取得在场的监理工程师认可的情况下,为了使夯击质量得到保证,将夯击范围适当扩大。施工完成后,乙方将扩大范围内的施工工程量向造价工程师提出计量付款的要求,但遭到拒绝。试问造价工程师拒绝承包商的要求是否合理?为什么?

2. 在工程施工过程中,乙方根据监理工程师指示就部分工程进行了变更施工。试问变更部分合同价款应根据什么原则确定?

3. 在开挖土方过程中,有两项重大事件使工期发生较大的拖延:一是土方开挖时遇到了一些工程地质勘探没有探明的孤石,排除孤石拖延了一定的时间;二是施工过程中遇到数天季节性大雨后又转为特大暴雨引起山洪暴发,造成现场临时道路、管网和施工用房等设施以及已施工的部分基础被冲坏,施工设备损坏,运进现场的部分材料被冲走,乙方数名施工人员受伤,雨后乙方用了很多工时清理现场和恢复施工条件。为此乙方按照索赔程序提出了延长工期和费用补偿要求。试问造价工程师应如何审理?

答案及解析:

问题1:造价工程师的拒绝正确。

其原因是该部分的工程量超出了施工图的要求,一般来讲,也就超出了工程合同约定的工程范围。对该部分的工程量监理工程师可以认为是承包商的保证施工质量的技术措施,一般在业主没有批准追加相应费用的情况下,技术措施费用应由乙方自己承担。

问题2:变更价款的确定原则如下:

(1)合同中已有适用于变更工程的价格,按合同已有的价格计算、变更合同价款。

(2)合同中只有类似于变更工程的价格,可以参照类似价格变更合同价款。

(3)合同中没有适用或类似于变更工程的价格,由承包商提出适当的变更价格,造价工程师批准执行,这一批准的变更价格应与承包商达成一致,否则按合同争议的处理方法解决。

问题3:造价工程师应对两项索赔事件做出处理如下:

(1)对处理孤石引起的索赔,这是预先无法估计的地质条件变化,属于甲方应承担的风险,应给予乙方工期顺延和费用补偿。

(2)对于天气条件变化引起的索赔应分两种情况处理:①对于前期的季节性大雨,这是一个有经验的承包商预先能够合理估计的因素,应在合同工期内考虑,由此造成的时间和费用损失不能给予补偿。②对于后期特大暴雨引起的山洪暴发,不能视为一个有经验的承包商预先能够合理估计的因素,应按不可抗力处理由此引起的索赔问题。被冲坏的现场临时道路、管网和施工用房等设施以及已施工的部分基础，被冲走的部分材料，清理现场和恢复施工条件等经济损失由甲方承担；损坏的施工设备，受伤的施工人员以及由此造成的人员窝工和设备闲置等经济损失应由乙方承担；工期顺延。

思考题

9-1 简述合同的作用与合同法律原则之间的联系。

9-2 简述施工合同的主要内容。

9-3 试分析工程分包合同与总包合同的关系。

9-4 索赔证据有哪些基本要求？

9-5 试对比在如下几种情况下由于物价上涨所导致的费用索赔计算方法的差异：采用固定总价合同，在工程施工中现场完全停工2个月；采用固定总价合同，由于业主因素造成施工现场低效率施工，工期延长2个月；采用可调价合同，分别在施工按计划进行、施工现场完全停工、由于业主因素造成施工现场低效率施工三种状态下。

9-6 背景

某汽车制造厂土方工程中，承包商在合同标明有松软石的地方没有遇到松软石，因此工期提前1个月。但在合同中另一未标明有坚硬岩石的地方遇到更多的坚硬岩石，开挖工作变得更加困难，由此造成了实际生产率比原计划低得多，经测算影响工期3个月。由于施工速度过慢，使得部分施工任务拖到雨季进行，按一般公认标准推算，又影响工期2个月。为此承包商准备提出索赔。

问题

1. 该项施工索赔能否成立？为什么？

2. 在该索赔事件中，应提出的索赔内容包括哪两方面？

3. 在工程施工中，通常可以提供的索赔证据有哪些？

4. 承包商应提供的索赔文件有哪些？请协助承包商拟定一份索赔通知。

参考文献

[1] 中华人民共和国水利部. SL 303—2004 水利水电工程施工组织设计规范[S]. 北京:中国水利水电出版社,2004.

[2] 中华人民共和国水利部. SL 223—2008 水利水电建设工程验收规程[S]. 北京:中国水利水电出版社,2008.

[3] 中华人民共和国水利部. SL 176—2007 水利水电工程施工质量检验与评定规程[S]. 北京:中国水利水电出版社,2007.

[4] 钟汉华,薛建荣. 水利水电工程施工组织与管理[M]. 北京:中国水利水电出版社,2005.

[5] 武长玉. 水利工程施工组织设计与施工项目管理实务全书[M]. 北京:当代中国出版社,2004.

[6] 中华人民共和国住房和城乡建设部. GB 50300—2013 建筑工程施工质量验收统一标准[S]. 北京:中国建筑工业出版社,2014.

[7] 毛鹤琴. 土木工程施工[M]. 2 版. 武汉:武汉理工大学出版社,2004.

[8] 关柯,王宝仁,从培经. 建筑工程经济与企业管理[M]. 2 版. 北京:中国建筑工业出版社,1997.

[9] 高民欢. 工程项目施工组织设计原理及实例[M]. 北京:中国建材工业出版社,2004.

[10] 钟汉华. 水利工程施工与概预算[M]. 北京:中国水利水电出版社,2003.

[11] 李忠富. 建筑施工组织与管理[M]. 北京:机械工业出版社,2004.

[12] 中国建筑学会,建筑统筹管理分会. 工程网络计划技术规程教程[M]. 北京:中国建筑工业出版社,2000.

[13] 中国建设监理协会. 建设工程进度控制[M]. 北京:中国建筑工业出版社,2003.

[14] 全国一级建造师执业资格考试用书编写委员会. 建设工程项目管理[M]. 北京:中国建筑工业出版社,2014.

[15] 全国二级建造师执业资格考试用书编写委员会. 建设工程项目管理[M]. 北京:中国建筑工业出版社,2014.

[16] 全国一级建造师执业资格考试用书编写委员会. 水利水电管理与实务[M]. 北京:中国建筑工业出版社,2014.

[17] 全国二级建造师执业资格考试用书编写委员会. 水利水电管理与实务[M]. 北京:中国建筑工业出版社,2014.

[18] 毛小玲,涂胜,危道军. 建筑施工组织[M]. 2 版. 武汉:武汉理工大学出版社,2004.

[19] 曹吉鸣,林知炎. 工程施工组织与管理[M]. 上海:同济大学出版社,2002.

[20] 赵香贵. 建筑施工组织与进度控制[M]. 北京:金盾出版社,2002.

[21] 余群舟,刘元珍. 建筑工程施工组织与管理[M]. 北京:北京大学出版社,2006.